環境哲学のラディカリズム

3.11をうけとめ脱近代へ向けて

尾関周二　武田一博 編

RADICALISM OF
ENVIRONMENTAL PHILOSOPHY

学文社

序

最近「3・11以後」という言葉がよく聞かれるが、この言い回しは、われわれにこれまでの日本や世界のあり方を一度真摯に深く顧みて、新たな展望を切り開く思考と感性が必要だということを突き付けているように思われる。ラディカルに考えるということは本来哲学の大きな役割であり、その意味では今こそ哲学の出番ともいえる。

本書は、3・11の衝撃を受け止めながら、それを環境哲学の視座からより広く、あるいは近現代批判を通じて、脱近代の展望を探求しようとするものである。

環境哲学と環境倫理学

まず、そもそも「環境哲学」という言葉は「環境倫理学」とどう違うのか、疑問を抱かれる読者も多いことと思う。「環境倫理学」ほどには「環境哲学」という言葉は一般にはなじみがないから、そう思われるのも当然であろう。

「環境倫理学」という言葉が日本でよく知られるようになったのは、おそらく加藤尚武の『環境倫理学のすすめ』（一九九一年）が世に出た頃であろう。米国では、レイチェル・カーソンの『沈黙の春』（一九六二年）の発刊以来、自然保護運動の長い伝統をもつが、一九七〇年代以降、環境問題への理論的、実践的意識から哲学的基礎づけへの関心が高まった。とりわけ、人間が自然に対してどのような実践的関わりをもつべきかということが、倫理的な視点から問題とされたのである。

先の加藤尚武の本は、そういった米国の環境倫理学の動向を取り入れながら、論点をわかりやすく提起したこともあって、広く読まれた。しかし、そこでの議論は実際には倫理学的というよりも哲学的な議論として展開され、むしろ『環境哲学のすすめ』と言ってもいいような内容であった。

もとより哲学と倫理学との関係に関していえば、倫理学あるいは道徳哲学は哲学の一部門をなすものである。しかし、不幸なことに日本では、「フィロソフィア（philosophia）」の訳語である「哲学」は非常に狭い意味をもたされてきた。明治以来、わが国の大学哲学科における研究・教育は、ドイツ哲学を中心とする西洋哲学の古典的文献研究が主流を占めていたこともあり、「哲学」のなかに環境・エコロジー問題というきわめて実践的な現代的問題へのアプローチはなじまないかのように、講壇哲学にみなされ続けてきた。その一方で、倫理学の主たる問題は行為の規範性であるところから、日本では道徳教育の重視と深く結びついて、倫理学は中等教育でも学ばれる現状がある。

したがって、深刻な環境問題へどう関わるかという点で、倫理学的アプローチの方が一般のひとには理解しやすく、そこから「環境倫理学」という形で議論が進展していったと思われる。しかし、「倫理的関心」を主とする議論の仕方をとることによって、わが国の哲学・倫理学研究者の間で環境問題が社会経済システムや政治体制に深く結びついているという問題意識が希薄になる傾向をもたらしたといえる。

このような傾向があったとはいえ、七〇年代以降、「環境倫理学」としてはじまったわが国の環境やエコロジーをめぐる議論は、その深化のなかで、より広くまた深く論点を追求していくためには、社会哲学や認識論や存在論など哲学の諸部門を包括して、「環境哲学」（あるいは、「エコフィロソフィ」）として議論すべきという主張が現れてくるようになった。つまりここでは、「環境倫理学」は「環境哲学」の一部門として自覚的に理解されることによって、適正な議論ができることになると考えられたのである。

こういった状況のなかで、本書の編者たちは他の研究者とともに、一九九六年に『環境哲学の探求』を出版した。おそらくこの本が、「環境哲学」という名前を冠した本格的な本としては、日本では初めてではなかったかと思う。その一六年後の今回の『環境哲学のラディカリズム』は、ある意味で、この『環境哲学の探求』の姉妹編としての位置づけができるが、今回の出版は、『環境哲学の探求』で始まった研究が、国際的な共同の輪を広げ、若手にも大きく広がったことを示すものでもある。

環境哲学を探求することは、環境・エコロジー問題に関係する社会学、政治学、経済学、教育学、法学、科学論など種々の分野の諸関心を結び付ける役割をも果たし、新たな学際的な領域として「環境思想」を成立させることに寄与している。その意味で、「環境哲学」は「環境思想」の核であるとともに、諸学の論点や問題意識を媒介する責務を負ってもいる。そしてまた、今回の3・11は、ラディカルな環境哲学の登場を要請していると考えるのである。

近代批判と環境哲学のラディカリズム

われわれ編者たちは、これまで環境哲学にかかわるいくつかの著書や論文を書いてきたが、その際に、環境倫理学で提起された哲学的問題と社会哲学的な問題との相互連関に光をあてようと努力してきた。そこでの議論の特徴は、環境・エコロジー問題の認識は、〈近代〉という社会や時代を文明の問題として捉えることが必要であり、その解決のためには、近現代の文明や社会を批判する〈脱近代〉の視座が不可欠であるということを多面的に明らかにしようとしたことである。そして、そのことは同時に、古代ギリシアに起源をもつ哲学そのものを自己反省する必要性を認識することであり、環境哲学の進展のために、現代哲学のあり方を変革することを意味すると自覚したことである。

たとえばそのことは、二〇世紀初頭以来提起されてきた哲学の「コミュニケーション論的転回」(「言語論的転回」)に続く、哲学の「環境論的転回」(「エコロジー的転回」)とも呼べるものである。「コミュニケーション論的転回」とは、西欧近代がもたらした、近代的人間観の核である個人の自立の背景をなす〈自己意識〉は、デカルトがいうような、「我思う、故に我有り」という自存自立するものでなく、それに先行する原初的なコミュニケーション関係や言語共同体がその基底をなすものだということである。「環境論的転回」と呼べるものも、西欧近代がもたらした人間－自然関係を根本から、すなわちラディカルに見直そうとするものである。近代の科学技術革命や市場経済の全面化がもたらした社会状況のなかで、自然の見方や自然への人間のかかわり、つまりは人間－自然関係に関する常識となった通念を徹底的に疑い、そこからの転回をめざそうとするものである。ちなみに、マルクスが「ラディカルに考える」とは、「人間の根本を把握すること」と主張したことを、ここで思い出すことができよう。この本のタイトルを「環境哲学のラディカリズム」とした意味の一つはそこにある。

現代社会の二つの大きな思想的問題である、環境・エコロジーの問題と言語・コミュニケーションの問題は、これまでしばしば別々の問題として理解されてきたが、じつは、この両者はもともと相互に内的に深く連関しているというのがわれわれの基本視点である。そして、これが同時にまた、この本のラディカリズムの意味でもある。人間存在の根本を捉えるとき、この両者は深く結びついていることが理解されるのである。

さて、われわれの「ラディカリズム」は、もう一点、重要な実践的意味をもっている。二〇世紀末に新自由主義やグローバル資本主義が大きな力をもってくるにつれて、環境保護と経済成長の両立が強調されてきた。それにともない、キャロリン・マーチャントが主張したような、「ラディカル・エコロジー」で包括された種々の先進的なエコロジーの潮流が弱められ、それに代わって「シャロウ・エコロジー」（アルネ・ネス）の潮流が再び支配的になってきた。本論のいくつかの章でふれられることになるが、その代表的なものに「エコロジー的近代化論」や「環境プラグマティズム」がある。

二〇〇八年のリーマン・ショックや最近のギリシアに象徴される金融危機などを通じ、グローバル資本主義の深刻な問題性も明らかになってきているなかで、昨年の日本での3・11は、これまでの支配的なものの考え方や価値観を大きく問うことになった。とりわけフクシマの原発震災は、近現代文明を鋭く問うことになったのである。改めて、環境・エコロジー問題がラディカルに問われねばならないという状況が、いま鋭く出現しているといえる。これに真に応答しうる「環境哲学」を構築することが必須と考えるのである。

めざす「環境哲学」の構築へ向けて

以上のことをふまえて、われわれが考える環境哲学の基本的な性格を、以下で簡単にまとめておきたい。

第一は、環境哲学は〈脱近代〉の思想だということである。しかし、そのためには、近代の人間観・自然観・社会観を批判的に踏まえながら、新たな人間観・自然観・社会観を、他の学問諸分野の研究と連携して構築していく必要がある。ともかく、人類史六五〇万年の歴史のなかでたかだか四、五百年ほど前に西欧で始まった資本主義的近代化が、世界をこれほど根底から変えてしまうとは誰も予想できなかったといえる。今日の地球環境問題がこの〈近代化〉と関わりのあることを、今日では誰も否定することはできないであろう。そして、この〈近代化〉は、複合的なアスペクトをもつとはいえ、その主軸は資本主義であり、したがって、資本主義を問題にし、その克服を考えることなくしては、〈脱近代〉を真に語ることはできないと思われる。さもなければ、近代批判は、結局のところ、前近代志向へと回収されてしまうであろう。

第二は、環境哲学の構築に関してわれわれのとる視点は、日本の現実や歴史に根差すとともに、同時に国際的・グローバルな視点をもつことであろう。つまり、日本の研究者として環境哲学の構築にあたって意識さるべき独自の立脚点は、〈環境〉や〈自然〉を巡る日本人としてのこれまでの〈経験〉や〈伝統〉との接合であろう。ただ、このとき注意すべきは、こういった視点が、近代の積極面を理解できないで、ただ「近代」をカリカチュア化して批判するだけで、日本型伝統主義賛美の前近代志向に陥りがちなことである。日本のどういう経験や伝統を重視するかは、脱近代を志向するうえできわめて重要といえよう。

日本の〈経験〉には、水俣公害訴訟、さらにさかのぼれば足尾鉱毒事件など、公害反対運動の伝統が環境問題の根底にある。この点にしっかり根差すことが、問題を考える際の基軸になるべきであろう。まさに3・11やフクシマ原発問題は、そういった問題として理解することが必要である。

それと同時に、地球環境問題の現実的な解決が、グローバルな視点や国際的な協力抜きに解決できないように、環境哲学においても研究者の国際的な連携や交流が不可欠であろう。そして、そういった国際的な相互協力のなかで、上述のわれわれの独自の立脚点も反照的に明らかになると考える。

本書では、何人かの海外の研究者の論考を掲載したが、それはたんに海外の思想紹介のためでなく、これらの研究者たちは実際に編者たちの研究会や雑誌を通じて相互交流を続けている研究者であり、相互に影響し合っていることを形あるものとして示すためでもある。ただ、残念なことに、紙数の関係で、当初予定した各国の研究者のいくつかの論文を掲載できなかった。これら省略した論文に関心をもたれる方は、『環境思想・教育研究』のバックナンバーを参照してもらえればと思う。

第三は、倫理学的志向と政治経済学的志向の分裂を克服し架橋するような環境哲学のあり方を模索している点である。たとえば、環境倫理学において主たる問題とされた「人間中心主義と自然中心主義（非人間中心主義）」の対立を生み出す背景でもあるが、近代以降の、生活世界（人間に関わる自然も含む）と社会経済システムとの対立という構造を社会哲学的にどのように捉えるかということがある。その関係で近代以降の人間関係における「物象化」「商品化」と呼ばれる事態が、本書で多く取り上げられることになるが、倫理的な問題もこういった物象化された社会関係を抜きには議論できないというのが、われわれの共通の見解である。ここではこれ以上はふれられないが、それをも念頭において読んで頂ければと思う。

本の構成について

本書は大きく三つに分かれ、十一の章からなるが、それぞれの特徴を以下に簡単に述べておこう。

第Ⅰ部「エコロジー再考のラディカリズム」では、世界的な視点からエコロジーについて改めて問い直すべく三本の論考を収録した。

1章（武田）は、環境を守るということが何を意味するかということを、進化論の観点から考えようとし、それを「自然に従う」こととする。そして、そのことの真の意味を、一方で、ディープ・エコロジストと突き合わせ、他方で、今日支配的な環境思想になりつつある環境プラグマティストの思想を批判的に検討するなかで、明らかにしようとする。

次に収録したエッセイは、ノルウェーのアルネ・ネスが九一歳で逝去した際、追悼記念にパートナー（妻）のキット - ファイさんから寄稿していただいた貴重なものである。ラディカルな環境哲学の創始者の一人であるアルネ・ネスの人柄や姿が生き生きと蘇ってくるものである。

2章（アラン・ゲイ）は、既成のマルクス理解に捉われずに、新たなマルクス理解を、〈近代〉の大きな二つの思想的な流れに言及することを通じて、革新しようとする。そして、マルクスが自然と人間の創造性や多層的なコミュニティを重視していることを明らかにし、それに基づいて持続可能な文明を構想するものである。

3章（オプヒュルス鹿島）は、「共生」と「エコロジー」という言葉を日本とドイツを横断しながら、ディスクール分析を交えて解明しようとするものである。日本独自の「共生」概念をドイツ人研究者の立場から注目して、その国際的な意義を解明しようとする。

第Ⅱ部の「近代批判から脱近代へ——現代社会の諸相をめぐって」では、第Ⅰ部でのエコロジー再考をふまえて、「近代批判から脱近代へ」という課題を共通の問題意識にする若手の研究者の論考を掲載した。それらは環境哲学の視点から現代社会のさまざまなアスペクトの問題性を論じたものである。

4章（穴見）は、人間と自然の共生の意味を問い直し、それを、自然（フュシス）と作為（ノモス）を関係づける議論から応答し、脱近代に定位しようとする。作為には自然に適った「自然的作為」と、そうではない「作為的自然」があり、そうした視座からマルクスの「物象化」論を把握すると、「物神崇拝」を引き起こす「物化」のメカニズムこそ、後者の現象であるとして批判する。

5章（永谷）は、人間が自然に働きかける「自然の社会化」は人間の生存において不可欠なものであるが、近代以降、資本主義の形成によって特殊な形態となり、全地球規模の環境破壊などの問題に直面するようになったと考える。なぜそのような事態となったのかを解き明かすために、マルクスの『資本論』の商品論、物象化論に着目する。

6章（東方）は、資本主義社会の下では、個々人が自身の環境を改善し、環境問題を解決していけるような行為主体になることを阻害するような構造があるのではないかと考える。それを「根こぎ」と呼び、根こぎの三つの種類を明らかにし、それらを克服する第一歩として、「共感」の可能性に注目する。

7章（大倉）は、近代以降、機械論的世界観が自然観のみならず、人間・社会観にも浸透していくにつれ、人間存在の三側面としての「生命性」、「意識性」、「共同性」に大きな変容が起こったとし、生命性と共同性を基礎とする意識性を踏まえた「個人」概念をエコロジー的主体として提起し、そういった「個人」が十全に発揮されうるエコロジー社会像を検討する。

8章（吉田）は、現代社会における情報化をコミュニケーションの観点から解体／再構成しつつ、とくにグローバルな関係性のなかで生じている地球環境問題に対して、情報思想がいかなる応答の可能性を持ち得るのかを論じる。情報化のなかにも、他者との出会いが本来持っている恐怖や苦痛の感覚が残されていること、そしてそこにこそ、遠く離れた他者への責任関係を構築する希望があるとする。

第Ⅲ部「脱近代の文明・社会へ向けて――3・11以後の世界」では、環境哲学の立場から3・11の事態を捉え、それを踏まえて脱近代の文明や社会の構想を試みる。

9章（尾関）は、フクシマ原発震災は文明のあり方を問いかけ、脱近代の文明をラディカルに構想させるとし、それを「〈農〉を基礎にしたエコロジー文明」と呼ぶ。それは、一万年前の「農業革命」を人類史の第一の転換点、そして、近代文明を形成した「工業（産業）革命」を第二の転換点と考えるならば、今日は、第三の転換点に入りつつあるとして、脱近代の新たな文明への条件を考える。

10章（オプヒュルス鹿島）は、3・11フクシマ原発事故に臨んでドイツのジャーナリスト、政治家、思想家、市民などさまざまな人々が、どのように反応したかを論じるとともに、それを通じて、脱原発に大胆に方向転換したドイツ国家に生きる人々の思想や心情を探り、浮かび上がらせる。

11章〈布施〉では、〈公〉（国家など）や〈私〉（企業など）が主たる役割を演ずる現代社会の構造を、それらと区別される〈共〉（共同体や公共圏など）の視座をもとにして、社会哲学的視点から批判的に検討し、旧来の（近代の）社会構造に代わる新たな（脱近代の）社会構造を、人間と自然の新たな関係を考察するなかで追究する。
以上、各章の要点を簡単にみたが、各章はまた独立した論文としても読めるものであるので、関心をもたれた章から読み進まれることも可能であろう。

二〇一二年一〇月

編者　尾関周二・武田一博

目次

第Ⅱ部　近代批判から脱近代へ——現代社会の諸相をめぐって

第Ⅲ部　脱近代の文明・社会へ向けて——3・11以後の世界

第I部

エコロジー再考のラディカリズム

1 真の環境ラディカリズムとは何か

――「自然に従う」ということ

武田　一博

はじめに

リチャード・ドーキンスは、熱烈なダーウィン主義者として、つとに有名である。彼は、人間も含めあらゆる生物は、突然変異と自然選択（淘汰）のみによってその生存が左右され決定される（適者生存）という、自然界における進化の法則的支配を無条件に承認する論者であると、一般に思われている。しかし、彼の次のことばを読むと、その世評は多少変更せざるをえなくなってくる。

「しかし私は、科学者としてダーウィン主義を支持すると同時に、こと政治の話になり、人間界の諸問題にどう対処すべきかということになれば、私は熱烈な反ダーウィン主義者である。……同時に私は、私の最初の本［『利己的な遺伝子』］の結びの『この地上で、唯一われわれ［人間］だけが、利己的な自己複製子たちの専制支配に反逆できるのである』という言葉を忠実に守ってきた。／もし、［そのことを］首尾一貫しないとか、矛盾の気配さえあると思う人があれば、それは間違いである。学問にたずさわる科学者としてダーウィン主義を選ぶ一方で、人間としてそれに反対することのあいだに、なにも矛盾したところはない。学問にたずさわる医師としてガンを説明しながら、臨床医師としてそれと戦うことに、なんの矛盾もない」（ドーキンス 二〇〇四：二七、強調は武田）。

だが、本当にそう言えるだろうか。人間のみは、自己の生存をダーウィン的原理に支配されず、むしろ自然選択に（意識的・意志的・技術的に）背くことができるという点に、人間の特性があるのだろうか。あるいは、そこに人間の未来への「希望が横たわっている」（同前：二八）のだろうか。もしそうだとすると、人間はもはや生物学的存在ではなく、われわれの未来は技術にのみ依存して（人為的に）決まる、ということになりはしないだろうか。

もちろん、たとえば重度の先天性心臓弁膜症児を医療技術によってその生命を救い、福祉制度によって彼らの生存権を保障することは、自然界では起こらないことである。放っておけば生きられない生命を、「自然に逆らって」生きながらえさせることは、人間だけがなしうる崇高な行為である。しかし、そうした行為も、人間が自らの自然本性（human nature）に反して行なうのでは決してない。むしろ人間本性に根差したものである。というのも、同種の存在への共感・配慮・尊重を特徴とする人間の社会的共同性は、長い進化の過程で人間の自然的本性の一つとなったものだからである。それによって、ハンディを負った同種の存在が、医療技術によって救済可能であるなら、等しく社会によってその生存を保障される権利を有するべきという認識や行為が、われわれに可能になるのである。そして、そのような社会的共同性を有する存在として、人類は（少なくともこれまでは）淘汰を免れ、繁栄することができたのである（武田 一九九八、二〇〇一参照）。そのことは、ダーウィン主義と何ら矛盾するものではない。

また、ドーキンスが挙げている「ガンと闘う」例で言っても、ガンを発症する自然的メカニズムを無視した形でガンと闘うことはできないはずである。というのも、どんなに医療技術が高度化し、ガンの早期発見・摘出手術などが今以上に精密に行なわれるようになったとしても、われわれの身体を取り巻く環境や食べ物や生活が、正常な遺伝子をガン遺伝子へと変異させる確率が高ければ、われわれの身体は自然の原理に従って、ガン化するしかないからである。したがって、われわれがガンに対してなすべきことは、ガン・リスクをできるだけ減らすような社会環境・生活環境・ライフスタイルを確立することであり、それを可能にする社会制度を整備することなのである。こうした「ガンとの闘い」は、けっしてダーウィン主義的原理の専制支配に「反逆」することではない。

ともかく、筋金入りのダーウィン主義者であるはずのドーキンスでさえ、こと人間の問題となると、「自然に背く」ことが解決の方策とされるように、「自然に従って生きる」生き方は、どこかネガティブなニュアンス、つまり人間性否定と受け止められる傾向がある。しかし、人間の存在が、その身体的なあり方においては言うまでもなく、文明や社会の存続においても、進化すなわち変異と淘汰（自然選択）によって左右されるとすれば――少なくとも自然を地球規模で破壊する近代文明が持続可能でないということは、現代では多くの人が首肯し始めている――、人類の生存にとって何が理に適ったあり方かを最終的に決めるものは自然メカニズムでしかない、と私には思える。自然界を支配する法則を無視し、それに背くものは、病気による個体の死、社会の衰亡、文明の崩壊などでもって淘汰され、持続可能性を失うのである（過去の文明の壮大な衰亡史に関しては、ダイヤモンド 二〇〇〇、二〇〇五参照）。

こうして、エコロジーが科学であるためには、人間が生物であるかぎり、ダーウィン主義と接合されなければならないのである。本小論は、そうしたエコロジーのあり方を「自然に従う」という点から原理的に捉え直し、そのことが何を意味するかを、ディープ・エコロジーと環境プラグマティズムという、これまでエコロジー思想に大きな影響力をもってきた二つの対極的な潮流を批判的に吟味することを通じて、検討していきたい。

I　ディープ・エコロジーをどう評価するか

さて、現代において「自然に従う」ということを最も強調する議論は、なんといってもディープ・エコロジーをおいて他にないだろう。というのも、ディープ・エコロジーの根本思想は、人間は自己を取り巻く環境世界の一部であり、人間の生存・活動・思想は自然から切り離されてはならないと見なす点にあるからである。たとえば、フリッチョフ・カプラとアーネスト・カレンバックはこう述べている。
「皮相的［シャロー］エコロジーは人類至上主義（人間中心主義）的である。それは人間を自然の上ないし外側にあるもの、あるいはあらゆる価値の源泉［資源］と見て、自然に対して道具としての価値や使用価値しか認めない。／これに対して、ディープ・エコロジーは人間を自然環境から切り離さないだけでなく、自然環境からなにものをも切り離さない。世界をバラバラなものの集合体と見る代わりに、根本的に相互につながり依存し合った現象のネットワークと見る。ディープ・エコロジーは生きとし生けるものに固有の価値を認め、人間を生命の織物の一本の糸に過ぎないと見る。われわれすべては自然の循環的プロセスの一部分であり、究極的にそれに依存しているととらえている」（カプラ&カレンバック　一九九五、一九・二〇）
このようなディープ・エコロジーの立場からすれば、自然環境に対するわれわれの態度は、自然界（循環ネットワーク）を構成する生命すべてに「固有の価値」があることを認め、それを尊重するというものでなければならない。そして、自然界の生命すべてを尊重することが、アルネ・ネスのことばで言えば、人間の「自己実現」と見なされる（ネス　一九九七）。というのも、人間は狭い主観的で利己主義的な自己として存在している／できるのではなく、自然の生命ネットワークとの「深い《ディープな》一体性」において自己の存在を成り立たせているからである。つまり、自己の欲求の実現は、自己自身のみでなく、環境世界の「必要」を実現する行為でもあるし、またなければならないのである。その逆に、自然環境を破壊し汚染する行為が非難されるのも、単なる外的世界に対する破壊や汚染からだけでなく、自己自身、人間自身に対する破壊を行なうことにほかならないからである。こうして、自然を保護するという運動は、「単に自分の外側にある何かを守るというだけでなく、自分自身を守るというきわめて重要な利益のためという強い確信をもって、運動」（ドレグソン＆井上編　二〇〇一：五八）することとなのである。「この土地が破壊されるなら、わたしのなかの何かが殺されることになる」（同前：五七）のだ。

このようなディープ・エコロジーの立場だからこそ、次のようなラディカルな――そして、積極的な――議論が可能になる。そのまず第一は、経済成長至上主義に対する根本的批判である。ネスの見るところ、「GNPは………価値に無関係の量である。活動に関する一つの尺度ではあるが、価値のある活動の尺度ではない。……GNPは創造されたものの有意義については何の保証も与えない。GNPの成長は固有の価値へと近づく成長も、自己実現の道を行く進歩も、いずれも全く含んでいない」（ネス　一九九七：一七九、強調もネス）。というのも、環境破壊や汚染が深刻化してその対策に追われても、交通事故が多発して死傷者が激増しても、犯罪が多発して刑務所が足りなくなっても、いずれもそれらは経済を拡大することにつながるからである。つまり、経済成長が起こっても、それは人々の生活の質ないし幸福度の向上を意味するとは限らないのである。いや、「たとえば国民の九五％が全くの貧困で五％が極端に富裕であっても、すべての人が同じ生活水準であっても、GNPの値は同じ［で］ありうるから、この『すべての（gross）』という言葉」（同前）自体、まやかしを含んでいるのである。

第二に、ネスにとって経済成長至上主義を推進する中心的な要因であるがゆえに、巨大技術ないし高度技術もまた、強く批判されなければならない。それは、単に環境保護という面からだけでなく、ライフスタイルの面からも批判される点に、大きな特徴がある。
「現代の産業社会の技術発展は……好ましくないようなライフスタイルへ、たえず押しやる結果になってしまった。……現代の産業技術［は］集中化を起こす主因であって、それは大きいことを目指し、人々が自家製のもので満足だといえる領域を減らし、私たちを巨大な市場に従属させ、絶えず収入の増大を求めるように駆り立てる。管理技術は自然科学から生まれた技術に適合させられ、ますます非人格的な関係を促進している」（同前：一四九）
つまり、産業化社会における絶えざる技術の高度化は、有限な資源やエネルギーおよび商品消費の増大を助長するだけで、「有限な資源を使うという自覚」＝節約の感覚を失わせ、所得や生活の格差を拡大し、「貧しい、恵まれぬ人たちへの配慮」を減退させることになるのである（同前：一五〇）。ここからネスは現代技術に対して、「純粋に技術的な進歩というようなことは存在しない」（同前：一五三、強調もネス）と断じている。こうした徹底した巨大技術・高度技術への批判と新しいライフスタイルの提唱とは、現代の資本主義的産業化社会を乗りこえる試金石であると同時に、「生産手段の技術的発展が実質的に他のすべての発展を決定する、と決めてかかっている」マルクス主義者にも向けられているが（同前：一五二）、そうした批判を通してネスは、自己の説くエコソフィー（ネス独自のエコロジカル・フィロソフィーの呼称として造語されたもの）の中核的内容を展開していく。そこでの議論も、ネスがドヴァールとセッションズに倣って打ち出した、技術評価に関する次の一〇の基準が中心となっている（同前：一五四–五五、記述は簡略化した）。
（1）健康に役立つか、危険か
（2）労働者の自己決定や創意にどれほど貢献するか

(3) 労働者の協力、調和のある共存を強化するか
(4) その技術が効果を上げるのに、他のどんな性質の技術を必要とするか
(5) その地方や地域で容易に入手可能な原材料や道具を利用可能か
(6) 利用する際のエネルギーの必要量、および廃棄物の排出量とその処理の際のエネルギーの種類と必要量
(7) どのような種類および程度の汚染を、直接あるいは間接的に引き起こすか
(8) どの程度の資本・事業規模を必要とするか、危機の際の耐久力はあるか
(9) どのような管理形態が必要か、階級制に依存した調整に依存するか
(10) 労働の現場やその他の場で、平等を促進するか、階級差別を拡大するか

こうしたネスの技術の評価基準は、一見してE・F・シューマッハーの「中間技術」ないし「適正技術」の影響を受けたものである。すなわち、エコロジー的技術とは、小規模・分散的で、安価で、専門家や巨大企業に依存しない（=支配されない）、資源・エネルギー節約型で、環境負荷の小さい、市民の健康や安全、自律的生活を促進し、民主主義や平等を拡大する、非軍事的な、ソフトテクノロジー的なものでなければならない（シューマッハー 一九八六）。

第三に、このような技術観の延長線上に、新しいエコロジカルなライフスタイルが説かれることになる。すなわち、省資源・エネルギー節約型の簡素で質素な暮らし、地域の気候・風土に密着した暮らし、市場社会の流行や強制に従わない自律的な自己決定に基づく価値観や消費スタイル、男女・子ども・老人・障がい者などが互いを尊重し合いながら協働する地域や家庭での人間関係、「先進」工業国で豊かに暮らす

人間は生活水準を引き下げることによって、貧しい人々および途上国の人々との間における経済格差・生活格差による支配や収奪を是正し、人々が平和に共存・共栄をはかっていく、などがディープ・エコロジストのめざすライフスタイルとされる。これらはまったく正当な主張である。

ネスは特段、議論はしていないが、ディープ・エコロジストの説くこうしたライフスタイルから来る一つの象徴的な帰結は、徹底的な自動車社会に対する批判であろう。たとえば、カプラやカレンバックは次のように述べている。「自動車によって生活する人は、自動車によって死ぬ。……アメリカ文明の運命は、われわれがマイカー中毒から立ち直れるかどうかにかかっている」（カプラ&カレンバック　一九九五：一三八）。

私は長らく、自動車（社会）に対してどのようなスタンスを取るかが、その人のエコロジー度を測るバロメータをなす、と考えてきたが（武田　一九九八参照）、ディープ・エコロジストたちはこの点から見ても、まさしく環境ラディカリストと言える。

＊

しかし、他方で私がディープ・エコロジーに関して大いに問題だと感じるのは、次のように言われている点である。「ディープ・エコロジー運動の規範や性格は、「科学としての」生態学からの論理や帰納によって導き出されるものではない」（ドレングソン&井上　二〇〇一：三七）。「ディープ・エコロジー理論のなかでは感覚や感情が高く評価され、いわゆる『客観化』はそれほど評価されていない」（同前：五四）。ネスのことばで言えば、こうなる。「エコロジーを自然科学の枠組みに位置づけるの［は、］シャロー・エコロジー運動」（ネス　一九九七：六六）の立場であり、「客観的科学［から］は［エコロジー的］行動の原理を与えられない」（同前：六七）。それに対し、ネスの説くエコソフィは、「エコロジーに刺激を受けているが、エコソフィはエコロジーやその他の科学から導き出されるものではない」（同前：六五）。

こうしたディープ・エコロジーの立場は、端的に言って、反科学的である。そして、この反科学的志向をディープ・エコロジストたちが取りたがる理由は、現代科学が技術とほとんどの場合結びつき、それが生産や技術の巨大化・高度化を過度に推し進めたとともに、そのことによって自然破壊・環境汚染を深刻化させ、人間に対する支配と抑圧を強化してきたという認識である。科学を技術と不可分のものと捉え、ともに批判するというスタンスは、何もディープ・エコロジストに限ったものではないが（エコ・フェミニストたちの多くもそうである〔武田　一九九六、二〇〇九参照〕）、しかし、そうした見方は誤っている。たしかに現代の巨大技術や高度技術は現代科学の諸発見なしには不可能であったが、だからといって、現代技術に向けられる批判が――その批判は正当であると私は考えるが（武田　一九九五、一九九八参照）――すべての現代科学にもまた適用可能かというと、そうではなかろう。もっとも宇宙工学など、巨大技術と直結した中で研究がなされるビッグ・サイエンスは、批判されてしかるべきと思うが（第3節参照）、相対性理論やＤＮＡなどの理論的発見は、新しい世界認識をもたらした、偉大な人間理性の功績である。たとえ、相対性理論に基づく重力波の検出に莫大な費用と巨大な装置が必要であろうとも、それらは直接環境破壊を深刻化させるものでも、人間支配を強化するものでもない。むしろ、より客観的に、より深く世界を認識できるようになるという、人間の知を拡大することによる利益の方が、ずっと大きいと思われる。

にもかかわらず、ディープ・エコロジストたちが科学を批判するのは、彼らの根底に非合理的・宗教的感情が働いているからである（ディープ・エコロジーはまさしくこの点で、客観的認識ではなく、感覚や感情的なものに根差すとされたのである）。でも、なぜディープ・エコロジストは非合理的な感情を重視するのか。例えばネスの考えでは、人間がある思考や行為を行なおうとする場合、それは常にある規範や仮定に基づいているが、人間は「何らかの曖昧さと多義性を好む」（ネス　一九九七：七〇、強調もネス）傾向があり、人間は規範や仮定を選択する際にも、「厳密さ」よりも「好ましさ」でもって選ぶことの方が多いからだ、と。そうした人間の「曖昧さ」が、エコロジーにも必要とされるのである。

「エコロジー運動の行動主義はしばしば非合理なものとして、現代の西洋社会の合理性に対する『単なる』感情的な反動として解釈されている。……［しかし、］あるエコロジストたちは『宗教的な感情主義』、すなわち『自然に接したときの宗教的な謙虚さ』に対して注意を促している……。深層にある宗教的な動機は世界的な反応をよびおこすことができる［からだ］。『沈黙の春』を書いたときのレイチェル・カーソンの動機の一部には、深い謙遜があった。『生命の流れの一滴』である人類は浅はかにも、この流れを変えようとしてはならない。／価値の思考を論じるときは、おのずからなる感情、それらの生き生きとした声による表現、強い感情で動機づけられている……」（同前：一〇四、強調はいずれもネス）。

このようにネスは、ディープ・エコロジーが深い宗教的な感情に裏打ちされる必要性を説くのだが、それでもまだ十分に「ディープ」ではない、と考える論者もいる。たとえばワーウィック・フォックスは、ネスの立場をさらに超えて、「よりラディカルで自然中心的《エコセントリック》なアプローチ」を「トランスパーソナル」な世界に求めようとしている。そこではネスよりもはっきりと「神に従うべし！」ということが、エコフィロソフィO（Oは神の意志や道への服従 Obedience を表す）の第一原理（N1）とされている（フォックス 一九九四：一八三）。もちろんフォックスは、この神をユダヤ教やキリスト教の人間中心主義的な神としてではなく――というのも、ユダヤ・キリストの神は人間のみを救済するために存在するのだから――、徹底的に自然中心主義的な神でなければならないとする。この点で、ネスのディープ・エコロジーの「原理から［は、］自然中心的《エコセントリック》なものの見方と人間中心的なものの見方が両方とも導き出せる」（同前：一九三）という不徹底さがあると見なすのである。

だが、フォックスは返す刀で、進化論的エコロジーに対しても容赦のない批判を加える。進化論的エコロジーの第一原理は、「進化！」すなわち「進化（そのプロセスと産物の両方）を尊重せよ！」ないし「進化（そのプロセスと産物の両方）をさらに推し進めよ！」というものであり、それは一見自然中心主義に見える。しかし、この立場をとる、たとえばH・スコリモフスキーのように（スコリモフスキー　一九九九参照）、「進化こそ万物を神の状態へ導く手段だ」ということ、そして「われわれ［人類が］〝生成途上の神〟」だと主張することによって、結局、進化論的エコロジーは、進化のプロセスを人間中心主義的に歪曲してしまう。それだけでなく、進化のプロセスを加速するためなら、人間は自己や他の生命にどんな遺伝子工学的な干渉を行なってもいい、いやむしろ行なうべきであるとする、典型的な〝エコロジー的ヒューマニズム〟に陥ることになる、と断罪するのである（フォックス　一九九四：一八八－九二）。こうしてフォックスは、ネスとスコリモフスキーらへの批判を通じて、「ディープ・エコロジーに勝算はない」（同前：一九三）と結論づけ、ディープ・エコロジーよりもさらに「深い」、トランスパーソナルな立場（そこでは一切の人間的目的さえあってはならない）へと移行するのである。

ともかく、このようにディープ・エコロジーの議論は、それがディープになればなるほど「神懸かり」、「人間嫌い」になっていく。そして、当然のことながら、現実政治から遠ざかり、環境破壊や人間破壊を推し進める現代社会を変革するためにはどのような具体的な変革や政策が必要か、その取り組みから目を背けてしまう傾向がある。

だが、他方で、ディープ・エコロジーに対するこうした批判は、エコロジー内部からも繰り返しなされてきた（武田　一九九八、二〇〇一など参照）ために、最近ではディープ・エコロジストたちのなかにも、社会的・政治的な問題を解決しようとする希薄さこそディープ・エコロジーの克服すべき弱点と、認める者も出てきている。たとえば井上有一は次のように述べている。
「…人間中心主義に対する批判は、ディープ・エコロジー運動を支える思想的な柱といえる。しかし、ここに致命的なかたちで欠落しているものがある。それは、人間による人間の支配や搾取に対する、さらに男性による女性の支配や搾取に対する問題である。これらの支配や搾取の問題は、今日のエコロジーの危機、すなわち現代の環境／社会問題の根本要因をなすものであり、人間の支配という根本的問題を解決することなくして、今日の環境／社会の危機を脱しエコロジカルな未来を築くことはできない。…（中略）…しかし、ディープ・エコロジーの名で呼ばれる運動全体として、人間による人間の支配ではなく人間による自然の支配にかかわる問題の側に重心が振れており、その意味での社会性、政治性が希薄であることも事実であった」（ドレグソン&井上編 二〇〇一：一七－一九）
しかし、ディープ・エコロジストたちがその後、実際にどこまで具体的に社会変革のためのプログラムを提示してきたかには、問題がある。むしろこの点で積極的な議論を展開しているのは、やはりソーシャル・エコロジストやエコ・フェミニストたちであろう（武田 一九九六、一九九八、二〇〇一参照）。だが、ここでは、人間中心的なエコロジーを展開している別のエコロジストたちの議論を検討してみたい。それは、環境プラグマティズムである。

Ⅱ　環境プラグマティズムの反ラディカリズム

ベン・ミンティアによれば、アメリカの環境思想は長らく、真っ向から対立する二つの見方に引き裂かれてきた。一つは、環境を人間の利害（あるいは経済的利益）を通して見る人間中心主義、もう一つは、野生生物種や生態系など自然固有の価値を頑なに守ろうとする自然（生態系）中心主義に。しかし、こうした人間中心主義とか自然中心主義といった枠組みは、ミンティアの見るところ、「実際には［もっと］複雑で豊かな思想的伝統を、過度に単純化した」（Minteer 2006: 2）ものでしかなかった。

「とりわけ、こうした言い回しのもつ『白か黒か』という性格は、環境倫理や環境政策に対してもっと節度をもった、哲学的に多元主義的なアプローチの可能性を、閉め出してしまう結果をもたらした。……［そのような］熱狂的な『人間こそ第一だ！（humans first !）』とか『自然こそ優先せよ！（nature first !）』という陣営の間に割って入ったのが、［環境］プラグマティズムというもう一つの選択肢なのである」（ibid.）。

もちろん、環境プラグマティズムは、アメリカの伝統である哲学的プラグマティズムの流れを汲むものである。ミンティアは、その特徴を次の四点にあるとしている。第一は、道具主義的性格である。すなわち、「思想は、価値や道徳原理と同様の、抽象物ではない。それは、人間の［生存］条件を改善し、われわれの環境への文化的適応を高めるという目的をもった、社会的実験のための道具なのである」（ibid. 6）。第二は、多元主義である。「すなわち、諸個人は、異なる立場・状況に置かれており、かなりの程度まで異なる伝統や経験によって［その人間・人格］形成がなされている。したがって、普遍的ないし単一の『善（good）』［が存在する］という主張はどんなものも、ほとんどのプラグマティストにとっては幻想である」（ibid.）。逆に言えば、「われわれの［どのような］信念も道徳的関与も誤りうるということである。それは、われわれが他者の見解とすり合わせたり、新しい証拠を受け入れる［必要が］出てきた時には［いつでも］、修正や変更できるよう開かれている必要があるということである」（ibid.: 6-7）。第三は、「手段と目的、道具的価値と固有の価値の間に厳密な区別を設けようとすることは、無意味なことだとプラグマティストは信じているということである」(ibid.: 7)。言い換えれば、「プラグマティストは、事実と価値の間の二分法を拒否する」ということ、具体的には「環境の価値は人間の価値として経験される」(ibid.)ということである。第四に、「プラグマティズムにおいては、コミュニティ(共同体)の価値に関して、認識論的にも道徳的にも政治的にも、きわめて高い関心をもつ」(ibid.)という伝統があるという点である。それはパースにおいてもデューイにおいても同じであった。彼らは一致して、人間が働くということは「協同して働くということ」(ibid.: 8)であることを認めていた。そのことは学問研究においても同様で、「(専門家と市民の両方を含む)さまざまな『研究者』の協力組織の方が、事実を同定したり、問題解決を図ったり、重大な誤りを探し出すのに、よりよい立場にある」(ibid.)と考えていた。そして、そのことが彼らプラグマティストたちをして、民主主義へと向かわせたのである。

しかし、ミンティアの見るところ、現代アメリカで進行する環境問題は、プラグマティズムで重視されてきた「共同体的生き方」や「公共の利益」に対する感覚を浸食し、マヒさせつつある。したがって、現代の環境問題を考え、解決の方向性を模索することは、環境プラグマティズムを(再)確立することだとするのである。そして、環境プラグマティズムがとるべき立場は、これまでの環境中心主義が行なったように、環境的価値を人間の利益から切り離して捉えたり、自然固有の価値を人間の道徳的・政治的目的から独立に主張したり、農業を評価しない(顧みない)ものであってはならない(ibid.: 153)。それらはすべて総合されなければならない。言い換えれば、「自然界において価値の多元主義を受け入れ、それらの価値をオープンに同等のものとして含める」(ibid.)こと、すなわち「環境的価値と市民の理想とは両立可能であり、それらは互いを強化する形で関係しており、一方は他方を促進するための道具と考える」(ibid.)必要がある。そしてミンティアは、それを「新しい都市づくり(new urbanism)」と「自然農法(natural systems agriculture)」との二つの領域で模索しようとする。

その議論の前提としてまず、損なわれた自然を人間の手で回復させることは、環境主義者によって、「自然〔固有〕の価値といえるようなものは、そこには存在しない」ゆえに、「大いなる欺瞞」「自然のねつ造」とされてきたが、ミンティアは「それは敗北主義者の議論」でしかない、と言う（ibid.: 156）。というのも、「自然と文化」を二元論的に考えれば、「手つかずの自然」か、さもなければ「人間による自然の利用＝破壊」ということになり、「人間による自然の回復」ということは、意味をなさないだろうが、そのような二元論を採らなければ、すなわち「人間の利益（goods）と自然の利益、人間中心主義的な原理と非人間中心主義的原理、道具的価値と固有の価値をなんら切り離す必要はない」（ibid.）とすれば、損なわれた自然を人間の手によって「回復」することは、意味のないことではないからである。つまり、緑豊かな都市づくりにせよ、自然農法にせよ、「人間が介入したエコシステム」（ibid.: 157）もまた自然と言いうる、と主張するのである。

とはいえ、もちろん、たとえばどんな農法でも、農業はすべてエコだとミンティアが言いたいのではない。一七世紀のヨーロッパ農業で新しく技術的に可能となった「犂でもって土地を深く交差的に耕す」ことは、「土地に対する攻撃」でしかなかった（ibid.: 158）と、ミンティアもそれを指摘したリン・ホワイトに同意する。ましてや、「大量の〔農薬や化学肥料といった〕化学物質の投入、化石燃料の莫大な使用、〔家畜〕動物たちを徹底的に閉じ込めた飼育法、生態的に単純化された単一作物の穀物栽培法などに依存した現代の産業化された農業モデル」（ibid.: 160）に対しては、ミンティアはより強く批判する。彼が追求するのは、あくまでも「持続可能な農業」である。それは、「土壌の保全に対する深い関心、〔農業〕生産にとってのエコロジカルな限界の認識、……人間以外の〔生物〕種、土地および／あるいは未来世代の市民の幸福に対する明確な道徳的配慮」（ibid.）といったものによって追い求められなければならない。そしてミンティアは、アメリカで具体的にそのような農業を実践している、ウェズ・ジャクソンらの「土地協会（The Land Institute）」の事例を紹介しているが（ibid.: 161-170）、ここでは残念ながら省かざるをえない（詳しくは Jackson 2002, 2003 を参照）。

ここまでの話なら、環境プラグマティズムも悪くない思想だと思いたいが、もう一つの領域、新しい都市づくりの議論ではどうか、ミンティアの考えを追ってみよう。

「新しい都市づくり論者は一般に、都市や都市近郊の景観をプラニングしたりデザインしたりするやり方を、個人の住宅や一街区の建物［のあり方］のレベルから、居住地区や都市［全体］、さらには［それらが関係する］生態系領域や河川流域に至るまで、さまざまなレベルで作り変えることを、関心の中心とする」（ibid.: 172）。

つまり環境プラグマティストの都市づくりは、「自然界のシステムと農業、公園、空き地などが、伝統的な居住地区を都市計画する枠組みのなかに、一体のものとして取り込まれながら提案される」（ibid.）ところに特徴があるとする。そのモデルは、「庭園のような都市」ないし「美しい都市づくり運動」（ibid.）である。そして、そのような都市空間で重視されるのは、人間によって「建設された環境の中で審美的感情を向上・改善させようとする、［人間にとって］何より重要な欲求」（ibid.）を充たそうとすること、および、「居住地区やコンパクトなコミュニティ構造が、多様な目的でさまざまに使用されることから生み出される、人々の親和性・緊密な関係性」（ibid.）を保障することである。

このような新しい都市ではしたがって、たとえば現在の大都市で見られるような、自動車通行の優先による渋滞、大気汚染、交通事故、人々は歩かない（歩けない）、肥満人口の増大、貧困層への交通権（移動する権利）の剥奪、老人や障がい者などの買い物難民化、公共交通の衰退などは、根本的に解決されなければならない（ibid.: 174-75）。クルマ社会に代えて、基本的にどこでも歩いて行ける距離で用が足せる町、低エネルギー消費型ビルや住宅、歩行者優先の道路、いたるところにある広場・公園・公共スポーツ施設や集会所、安くどこでも行ける公共交通などが整備される（ibid.: 175）。

「第三の環境主義の道」（＝環境プラグマティズム）によるこのような理想的な新都市構想においては、「人間中心主義と非人間中心主義、文化的価値と自然［固有］の価値が、［人間の］実践のなかでともに交わり、強化される」（ibid.: 184）と主張される――私はそのほとんどに同意したい――が、それを具体的に実現する段になると、どのような政策決定過程で、どれだけの費用をかけて実行するかという問題が避けて通れない。しかし、ミンティアは、環境プラグマティズムでは「それは可能だ」（ibid.: 187）と原則を述べるのみである。

＊

そうした政策決定過程やコストのことをもっと立ち入って論じた環境プラグマティストが、ダニエル・ファーバーである。彼はまず、こう述べる。「［環境］プラグマティズムの環境問題へのアプローチ［の仕方］は、経済的分析は有用であるが、決定的なものではない、というものである。［すなわち、］費用便益《コスト・ベネフィット》分析への批判は正しいのであり、経済効率は環境政策にとっては不十分な基礎でしかないのである」（Farber 1999: 9）。だが、そう言いながら、それに続いてすぐにファーバーはこうも述べる。「しかし、経済と倫理との間に壁を築こうとして［費用便益分析に対して］なされる批判は、［どのようなものでも］誤りだ」（ibid.）と。「実際に、費用便益分析は、さまざまな技術的・専門的［問題を］決定するためには――

それらが倫理的問題を含んでいても――、必要なものである。さらに言えば、より広範な政策的分析のためには、経済的洞察が直接関係していることが明らかなことも多い。したがって、正しく理解しようとするなら、経済的判断と価値判断とを二分法で分けることが誤りであることは明らかだ」(ibid.)。
こうして最終的にファーバーが提出しようとするのは、「環境〔問題への〕決定過程を作り出すのに役立つ分析フレーム」(ibid.: 10) であるが、それは結局、費用便益分析という経済手法に依りながら、同時に、「さまざまな種類の有害化学物質が関係する、国民の健康〔の問題〕をどう決定するかという点に関して、〔財政的・法的に実行可能な〕ある種の統一的基準」(ibid.) を打ち出そうとするものである。だが、そのような折衷主義的なプラグマティズムのやり方で、はたして本当に環境問題が解決できるのだろうか。ファーバーがいくつか取り上げている例のなかから、まず発がん物質の社会的規制の問題を考えてみよう。ファーバーはこう言う。

「われわれが、小さな発がんリスクの原因となる〔たとえば〕防腐剤を除去したとしても、そのことが〔かえって〕食べ物を腐らせ、生命にきわめて有害なリスクをもたらす病原菌の増殖を促進するだけかもしれない。同様に、消費者の安全性の〔ために〕非現実的な規制を〔ある商品に対して〕行なえば、そのことが〔その商品の〕価格をつり上げることになり、人々がもっと危険な、規制されていない物質のほうへ移行することになって、死者の数を増大させかねない」(ibid.: 73-74)。

ここでファーバーが言おうとしているのは、「リスクは、われわれの生活環境の中に〔どこにでも〕含まれている」こと、すなわち「危険・災害はどこにでも存在し、避けることはできない」(ibid.: 74) ということである。リスクが結局のところ除去できないとすると、リスク評価に関しての選択肢としては、費用対効果が残るだけとなる。つまり、財政的・法的に実行可能な統一的基準は、リスクをどこまで除去するのに、どれだけの社会的費用がかかるか、要するに費用の問題でしかなくなる。

たとえば、一九七九年にアメリカの労働安全衛生局（ＯＳＨＡ）および労働局長官が、発ガン物質のベンゼンに労働者が職場でさらされる許容レベル（規制値）を、従来の10 ppmから１ppmに引き下げるべきだと決定した。しかし、ベンゼンの規制値をそれだけ一挙に強化するためには、ＯＳＨＡの計算では、法制化に伴う初期コストで五億ドル、その後も年間三四〇〇万ドルが必要とされた。もっとも、その規制強化によって恩恵を受ける労働者は、約三万五千人と見積もられた。それに対し、産業界からは「その規制は正当化されない」という強い批判が出された。「なぜなら、もっとも控えめなリスク評価法によってさえ、現在の［ベンゼン］被爆レベルによって死ぬ［労働者の］数は、六年間で二人を超えないからだ」(ibid.: 75)。しかし、その規制強化は結局、ＯＳＨＡによって実施されたのだが、この件に関してファーバーは、「規制に係る費用と便益の比較を、ＯＳＨＡの推論は一切無視した」(ibid.) と批判している。その後、連邦最高裁は、その規制値は妥当でないと判決した。「というのも、ＯＳＨＡは低いリスクを過度に重大なものと評価する誤りを犯した［と認められた］からだ」(ibid.: 76)。

もう一つの例。一九八三年にアメリカ環境保護局（ＥＰＡ）が行なったアスベスト調査によれば、たとえばダルート（Duluth）市民——人口約一〇万人——は、水道水から毎日約三三〇〇万本のアスベストを摂取していた（このアスベスト汚染濃度は、その後ＥＰＡが決定した規制値の約五倍の高さであった）。その濃度は、アスベストが原因で（胃ガンか腸ガンに罹って）一〇〇人が死に追いやられている計算になる。だが、一〇万人の都市で数十年（人間の平均寿命）の内に一〇〇人が死ぬ確率（リスク）は、その都市で一年の内に一～二人の死者が増える確率（リスク）に等しく、その都市の人がその年にアスベストで死ぬ確率が一〇〇〇分の一だということである。しかもそのリスクは、歩行者が交通事故にあって死ぬリスクとほぼ同等であり、自宅が火事になって死ぬリスクの半分、飲酒運転のドライバーによって殺されるリスクの三分の一にすぎないのである（ibid.: 80）。もちろん、一〇〇〇分の一の死ぬ確率は、先のベンゼン裁判の連邦最高裁判決でも「無視できない重大なリスク」とされているが、ＥＰＡが言うように、人が重大な汚染によって死ぬリスクは一万分の一以下でなければならないとするのは、「仮説としても受け入れられない」（ibid.）とファーバーは見なすのである。つまり、それは政策的に実行不可能なのだ、と。

「実行可能性分析のもう一つの問題は、次のことである。すなわち、それが産業の経済的健全性とともに、規制の［強さの］程度を変化させるということである。……実行可能性分析は、（法令遵守にかかるコストの総額よりも）銀行の破綻および従業員の解雇を恐れ、エコノミストよりもウエイトを置いて［それらを考慮する］のである」（ibid.: 83）。

結局、そこでファーバーが言おうとしていることは、「経済との調和」である。すなわち、環境規制にかかる社会的費用だけでなく、産業の経済的健全性――企業倒産や従業員解雇をどれだけ少なくすることができるか――が、環境政策が実行可能かどうかを左右するのだ、と。
もっとも、ここには、従来の「費用便益分析」の恣意性に対する批判的視点が、たしかに含まれている。（1）たとえば人の生命の価値をどう評価するのか。生命の価値が一人百万ドルの時と、一千万ドルの時とで、その生命を救うか否か／リスクを除去するか否かが左右されるのではないか。（2）リスクの大きさをどう見積もり、評価するのか。安全性のレベルはどう評価され、決定されるのか。（3）将来［世代］の死者をカウントするか、割り引いて考えるのか。割り引くとしたら、その根拠は？　カウントするとしたら、その価値をどのように見積もり、評価するのか（ibid.: 88）。

費用便益分析の恣意性ないし非決定性に対するこのようなファーバーの批判は、たぶん的を射ているだろう。とはいえ、ここで彼は、（4）環境的価値をどのように見積もり、評価するのか、という点を批判の対象からはずしているのは、バランスを欠いた議論とされねばならない。しかし、ファーバーがそのことを考慮しないのは、リスク評価は――それが人命の価値であれ、環境的価値であれ――「おそらく費用便益分析では、実際に最終的な答えは出てこない」（ibid.: 90）と見なすからである。つまり、「リスクはどんなものでも敵だ」という仕方で対処するか、それとも「多少のリスクは受け入れるべきだ（受け入れるしかない）」という仕方で実際に政策決定するか、その両者で大きな開きがあるが、そのどちら（ないし、どこかの中間点）で政策決定するにしても、どの道、恣意性は免れられない、というのがファーバーのとる思想的スタンスである。

つまり、費用便益分析も実行可能性分析も、「そのどちらの分析形式も、かなりの自由裁量を許すほど十分に可変的である。……実行可能性分析が可変的であるというのは、「かなりの」リスクとか「実行可能な」規制とかの中核語の、定義が困難だからだ。［また、］費用便益分析が可変的であるというのは、生命の価値とか［リスクの］割引率などの決定的に重要なパラメーターに、不確実性が取り憑いているからだ」（ibid.: 92）。こうして、費用便益分析にせよ実行可能性分析にせよ、「そのどれによっても、確かな答えも、正しいとか間違っているとかも、保証されない。そのどちらも、枠組みを与える［のみ］である。それで、正しい枠組みの選択は、プラグマティズム的な選択にならざるをえない。［つまり、］われわれが問わなければならないのは、どの枠組みがベストに働くかということ［だけ］である。その際、ベストというのは、利用できる情報の限界という点で、また、政治的公正や説明可能性という点、さらに重要な点は、問題となっている価値を社会的にもっとも十分に理解しながら捉えているという点で、ベストなものということである」（ibid.）。

だが、そのようなベストの枠組みの選択基準をもうけても、問題は残るとファーバーは考える。それは、対立する利害を前にして、中立的な政策決定がなしうるか、ということである。たとえば、企業家が商業捕鯨をする権利と、環境保護論者が捕鯨を止めさせる権利とが対立している場合、どちらの側にも立つことができる。捕鯨から得られる利益の大きさと、環境保護論者が捕鯨を止めるためには厭わない出費の大きさによって、どちらが社会的に優勢か（選択されるか）が左右されるからである。費用便益分析論者は、これを称して「中立性」と言う。

しかし、そのような中立性は「欺瞞だ」とファーバーは主張する。たとえば、スペリオル湖から安全な水を飲む住民の権利と、スペリオル湖をゴミ捨て場に使用する企業の権利があったとして（実際にこの件は、先のダルート市で争われた（ibid.: 115））、そのどちらの権利が優先されるか、ないし、権利行使に対してどのような規制がかけられるべきかは、中立的とはいかない。というのも、危険な水に「脅える子ども」と「企業活動の自由」とを「同じ道徳性の水準で」論じることはできないからだ（ibid.: 113）。つまり、「人々のこのような［生命の］価値を維持しようとすることと、どんな生命もいないような不毛な世界を好む人々との間で、政府は中立的である必要はないのだ」（ibid.: 109）。

この言い分はまったく正しいと私は思うが、このように言いながら、他方でファーバーは、だからといって「環境主義者の価値が普遍的に支持されるわけではない」（ibid.）と切り返す。なぜなら、「その価値が合理的である限りにおいて、政府は［その価値の実現を］遂行する権限を与えられるべき」（ibid.、強調は武田）と考えるからだ。しかし、ある価値を維持・保護することが「合理的である」ということは、一体、何に基づいて決定される（できる）のか。この肝心な点に関しては、ファーバーはきわめて懐疑的である。

というのも、環境的に重要な規制がどのようにかけられるべきかは、「健康に対する潜在的に重大な脅威があるかどうか」、「リスク除去に技術的・経済的に可能かどうか」、「未来［世代］の便益に対する割引率が低いかどうか」などを、厳密・公正に見積もり、評価する必要があるが、そうしたことはほとんど望めないと見なすからである。そこから、「［そのような］規制は、明らかに正当と認められない」(ibid.: 116）とするのである。結局、「私［ファーバー］が提案しようとしているのは、議会がしばしば是認する実行可能性分析を、われわれは適用し続けること、しかし、何が実行可能かの基準となるのは費用便益分析であり、それを用いることである」(ibid.)。つまり、環境プラグマティズムが提出できる処方箋は、「費用便益分析と実行可能性分析のハイブリッド」(ibid.: 114）でしかない、というわけである。

Ⅲ　真の環境ラディカリズムに向けて

以上、見てきたように、ディープ・エコロジーや環境中心主義に対抗しようとする環境プラグマティズムは、結局のところ、環境保護（または保全）と経済的要因（経済成長ないしコスト評価）との間で、宙ぶらりんの折衷主義に陥るか、決定不全の中に落ち込むしかなかった。この節では、では一体、何のために自然環境を守ることが必要かを、環境プラグマティズムの折衷主義・非決定論に陥ることなしに、またディープ・エコロジーの独断主義（自然固有の価値の無条件的優先権）や宗教的発想を前提することなしに、科学的・合理的に考えてみたい。その時に出発点になるのが、「はじめに」でも記した、われわれの生存を条件づけているものが何であるか、である。その議論をするに当たって、ブライアン・ノートンの見解が参考になる。

ノートンは、弱い人間中心主義と弱い非人間中心主義は、結局のところ、収束を見るはずだ、と主張する（Norton 2008）。すなわち、弱い人間中心主義でエコシステムの保護が説かれるのは、効用や利益からだけでなく、単純に人間が土地を愛するからである。逆に、強い非人間中心主義者では、人間の経済的利害関心だけでなく、人間の自然愛さえも否定される。いや、「『強い』人間中心主義者は、自然を『愛する』ことはできない」とさえ言う（ibid.: 10）。しかし、「利己的」であることと弱い人間中心主義とは区別されなければならない。「弱い人間中心主義の論理は［もちろん］、すべての人間的価値の領域に限定されるが、その［価値の］範囲は、［たとえば］動物や場所への愛着といった、愛情や情感や感情など、人間の情動にまで及んでいる」（ibid.: 11）。逆に言えば、「人間から独立した価値をもつカテゴリー」、たとえばエコシステムや場所やイヌといったものに対して、われわれは人間や人工物に対してと同じように、愛することができるのだ。そこには、「愛する」という、人間の利害関心から帰結するものが、「利己的である」ということを含まない仕方で可能であることを示すのだ、と（ibid.）。

この指摘は重要である。なぜなら、人間にとっての価値は、必ずしも人間の利害関心による「利己的な」ものとしてのみ、否定的に見られるべきものではないからだ。別言すれば、人間が自己の存在や存続をはかるために行なう行為であっても、それが人間から独立した価値を同時に守ることになることも可能だ、ということである。その典型的な例が、人間の健康を守るという価値および行為である。人間が健康に生きることは、個人のレベルでも、家族や社会、広くは人類のレベルにおいても、きわめて重要な価値をもつということは改めて言うまでもないが、その価値は、人間が自分（たち）の生存・安全を図るという、自己の利害関心から発したものでありながら、だからといって、その行為や社会的取り組みのすべてが、他者の犠牲を省みない「利己的な行為」だということにはならないだろう。もちろん、人間の健康にとって有害な、たとえばマラリアや脳炎を媒介するある種の蚊を撲滅するという、人間以外の生物を犠牲にすることはある。しかし、それは、自己の生存と他者（ある種の蚊）の生存の利害関係が、共約不可能（二律背反）の場合に限られる（武田　二〇〇一参照）。むしろ多くの場合、人間の健康は、自己を取り巻く環境の汚染の少なさ、平静さ、多様性の維持など、環境自体の健全性によって可能となるのであり、人間にとっての価値はそれ自体、環境的価値と通底すると言えるであろう。

いや、そもそも人間の生存にとっての価値（たとえば健康）が環境的価値と共約可能であるのは、人間という存在が自然の一部（つまり生物進化の産物）であるということからくるのである。そうした出自を忘れて、われわれは自分にとって重要な価値を、環境的世界とは独立に（対立して）追求可能なものと見なすに至ったのである。その典型が、経済的価値や豊かさという近代社会特有の現象である。しかし、そうした経済的豊かさを、環境的世界を犠牲にしてでも手にしようと追い求めてきた結果、今日の環境危機も人間疎外も生じたことは、何度でも強調する必要がある（武田　一九九八、二〇一一b参照）。

とすれば問題は、自然とは異なる領域で成立する人間的価値をいかに自然環境の価値と架橋するかということではなく、そもそも出発点において自然的・生態的価値と通底していたはずの人間的価値を、その疎外態からいかに回復して、本来的なあり方に戻すべきか、ということになろう。

では、そうした肥大化しすぎた経済的価値をどのように適正なあり方に引き戻せばよいのだろうか。その処方箋とは何か。この問題を考える時、基軸をなすと私に思われるのはやはり、人間の生存の健全さ（①身体的・精神的健康、②共同体的人間関係＝協同・互助、③理性的自由＝個人的能力の社会的保障）である。

たとえば、われわれが健康を維持するのに必要な栄養素や摂取エネルギーは、体重や活動量によっておおよそは決まるとされる。伝統的に「腹八分目」というのは、理に適っているのだ。あるいは、キリスト教で「大食」を七大罪の一つに挙げているのも、理由のあることなのである（武田 二〇〇八参照）。われわれの身体およびその活動が正常に保たれるためには（それを健康と呼ぶ）、どのような生活が望ましいのかは、科学的に議論することが可能だし、客観的に決まるのである。それは、われわれの身体的メカニズムが自然的なものとして成り立っていることから帰結するからである（身土不二）。その逆に、そうした自然的メカニズムに反した生活——昼夜逆転などの不規則な生活リズム、喫煙、過度の飲酒、動物性油脂の摂取過多、運動不足・クルマ漬けの生活など——を日常的に行ないながら、健康を維持できるわけはないのである。環境ラディカリズムとはこの意味で、「自然に従う」ということなのである。

以上のことは、もっと大きなレベルでも適用可能である。たとえば、現在、地球の人口は約七〇億人となったが、この先、どこまで人口増に地球は耐えうるか、適正人口規模はいくらか、いや、そもそもそうしたことは議論が可能か、という問題がある。このいわゆる人口問題は、一八世紀後半にすでにマルサスが論じたものだが（マルサス 一七九八／一九六二）、その結論は、人口の適正規模ないし上限は食糧生産によって制約される、というものである。そして、食糧生産は、耕作面積・耕作法・気象条件などによって客観的に決まるので、人類は自己の生存を結局のところ、そうした自然的なものに依存させるほかないのだ、と。しかし、われわれはそうした自然的条件とは無関係に、自己の増殖を（本能的に）図ろうとする。そこで、人口とそれを維持するのに必要な食糧生産高との間にギャップがしばしば生まれる。しかし、過剰な人口は、飢餓や疾病、戦争などによって調節させられる。こうしてマルサスは、「地上における人間の死亡率は、他に例のないほど、立派に成立している一つの自然法で、そのうちでもいちばん不変のものである」（同前：一四六）と結論づけたのである。

現代の優れた人口学者は、もう少し複雑な議論を展開しているが、マルサスと共通するのは、適切な人口規模は客観的に決まるという点である。たとえば、ポール・エーリックとアン・エーリックは、人間が環境に与える負荷の大きさは、次の方程式によって求められると言う（エーリック&エーリック　一九九四：六〇）。

Ｉ＝ＰＡＴ　　Ｉ…環境影響、Ｐ…人口、Ａ…豊かさ（一人あたりの消費量）、Ｔ…技術の質

この式が示しているのは、人間が環境に与える負荷の大きさは、単に人口の多さによって決まるのではなく、その社会が一人当たり消費する資源やエネルギー量、および、その社会が生産活動や生活で使用している技術が環境負荷をどれくらい与えているか、技術の質によっても決まる、ということである。その点から言うと、アメリカ合州国や日本、ＥＵなど先進国の人口は、世界人口のわずか一三・四％（二〇〇七年）しかなくても、一人当たりの資源・エネルギー消費量は、たとえば電力で言うと、アメリカはアフリカ諸国平均の約二〇倍、日本は一五倍、ＥＵは一二倍である（政府統計局ホームページより）。仮に先進国の技術が途上国のそれよりも三割低い環境負荷しかもたらしていないとしても、先進国が環境に与える負荷は、圧倒的に人口で勝る途上国全体より一・六倍も大きくなる勘定である。逆に言えば、環境負荷を大幅に低減させなければ人類が生き延びられないとするなら、そして、先進国が人口維持を望むなら、生産技術・製品技術をさらに環境対応型に換えるだけではだめで、資源・エネルギー消費量を先進国は大幅に減らすことが求められるのである。簡単に言えば、先進国のわれわれが享受し続けている生活水準を、根本的に引き下げることなしには、人類がこの先、生存し続けることは困難だ、ということである。
簡素で質素で「自然に即した」ライフスタイルの重要性は、伝統的に仏教や仏教思想に親和的な思想家たち（たとえば兼好法師や鴨長明）が早くから説いてきた生き方でもある。しかし、そうしたシンプルな「自然に従う」生き方は――簡素な生活が自然的なライフスタイルとなるということは、たとえば現代で

は「クーラーを使わない生活」を考えれば、明瞭であろう――、宗教的な理由から必要でも重要なのでもなく、それは人間がよりよき生（自分たちの健康だけでなく、途上国や未来世代の生存保障も含まれる）を送るためである。環境負荷を大幅に低減した生活が不可欠だということは、今日、科学的・客観的にも明らかになっているのである。

さて、ここで技術の問題についても一言しておかなければならない。技術の高度化は（たとえば太陽光発電パネル）、環境負荷を低減するうえで最も効果的な手段であり、それらを最大限利用すれば、現在の生活水準を引き下げなくても、環境問題をクリアーできるかのような議論がなされている。しかし、私の考えでは、それはまったくの誤りである。というのも、第一に、高度技術による製品はいずれも、その製造工程で多くの資源やエネルギーを消費するだけでなく、その大半でさまざまな有害化学物質が使用されている――太陽光発電パネルは半導体であるが、その製造にはフロン類が不可欠であり、代替フロンもまた環境破壊物質である（著しい温室効果ガスとして京都議定書で削減対象となり、二〇二五年までに全廃が検討されている）。薄型ＴＶの液晶画面もまた、有害な人工化学物質の塊である。いや、技術が高度化すればするほど、その製造工程で使用される有害化学物質は増大するというのが、これまでたどってきた道である。第二に、どんなに省エネ技術や再生可能エネルギーの利用が進んだとしても、たとえばクーラーを使用すれば、室内の熱エネルギーが大量に戸外に排出されることによって、温暖化促進要因となるのである。また、どんなエコカーであろうとも、車で移動することは、歩く・公共交通機関を利用するよりもはるかに大きなエネルギーを消費するのであり、これまた環境悪化要因となることは避けられない（そのうえに、莫大な道路建設費によって、国家財政を破綻に導いてきた）。第三に、高度技術を利用した製品群に恩恵を受けた生活は、たとえばクーラー漬けのなかで、乳幼児に発汗作用・免疫作用・運動能力などを低下させることが報告されている。車で移動する生活に慣れることによって、確実に人間は運動不足をきたし、過食と相まって、現代人の多くに肥満・高血圧・糖尿病・白内障などが増大したと言われている。つまり、高度技術に依存した「快適で、便利で、豊かな生活」は、われわれ自身の健康な生存と相容れないのである（武田 一九九五参照）。

高度技術がわれわれの生存と相容れないということは、悲惨な原発事故によって、われわれが今、身をもって思い知らされているのであるが（武田 二〇一二参照）、それは原発に限ったことではない。瀬戸大橋のような巨大橋梁も、新幹線や高速道路などもみな、環境に与える影響の大きさ、巨額の建設費・維持費による財政への圧迫、震災などの事故による人的被害の甚大さなどによって、批判されねばならないと私は思う。また、宇宙工学・ロケット技術なども、それがどのように新しい民生用技術を生み出すうえで有用とされようとも、人類は宇宙空間では生きられないのであり（無重力による筋肉や骨の劣化、宇宙線や太陽紫外線による被爆などによって）、結局のところ宇宙技術は不要なもの、人類の夢でも希望でもないと言わざるをえない（それ以前に、宇宙技術の大半は軍事目的である）。

だが、このような高度技術批判に対しては、すぐさま次のような反論がなされる。すなわち、わが国は「技術立国」と言われるように、高度技術は国家の存立基盤であり、新しい技術開発は企業利益にとっても国民の雇用創出にとっても欠かせない。高度技術批判は、そうしたわが国の実情を根本的に否定するものだ、と。

しかし、私の考えでは、そうした議論は誤っている。なぜなら、第一に、新しい高度技術の開発は、新しい産業分野を切り開き、労働力の移動は起こすだろうが、社会全体の雇用を増大させるわけではない。新しいコンピュータ技術や産業ロボットを考えれば明白であるが、そうした技術は、たしかに新しい産業生産が可能になり、生産効率を飛躍的に高めたかもしれない。だがその反面、まさに生産効率が向上したために、必要な雇用数は減少し、多くの失業者を生み出したのである。高度技術社会は、失業問題を解決するどころか、それをますます深刻化させるのである。第二に、高度技術の開発のためには、高度な専門的知識や技能をもった優秀な技術者が必要であり、企業家は高賃金でもってそうした人材を必死で集めようとするが（それが会社の命運を左右するからだ）、それ以外の圧倒的に多くの人々が従事する、高度技術を要しない労働分野では、これまで以上に低賃金で過酷な労働条件が押し付けられる（高い経済的価値を生み出さないからだ）。こうして、労働者およびその賃金に、大きな格差が生じる。理系の有名大学院卒業者は高待遇で迎えられるが、そうでない若者には不安定で低賃金の非正規雇用しか存在しない。現代の格差社会もかくて、高度技術社会が生み出したのである。第三に、わが国の第一次産業は労働集約型であり、潜在的に多くの労働人口を吸収する可能性があるが、先の「技術立国」に基づく工業生産優先政策のなかで、自動車や電機などハイテク製品を「洪水のように輸出」するために、「自由貿易」原則による一次産品の国内市場開放を余儀なくされ、第一次産業の壊滅的衰退を招いた（一九五〇年には労働人口全体の五〇％も占めていたわが国の第一次産業の就業人口は、わずか四・八％（二〇〇五年）にまで低落した）。わが国の多くの人が安心して働き、暮らせるためには、この壊滅的状況にある第一次産業を復権することが必要である（尾関ほか編 二〇一一、武田 二〇一一 a）。

そもそもわれわれが生存していくためには、食糧はなくてはならないものである。ハイテクを駆使した工業製品は無くても生きていけるが、食糧が手に入らなければ、われわれは三日と生きてはいけない。しかし、戦後のわが国の為政者・企業家たちは、先端技術を世界に先駆けて開発・商品化し、それらを大量に輸出することで外貨を稼ぐことができれば、たとえ国内の第一次産業を衰退させても、外国からむしろ安価に調達することができる、と考えたのである。その結果が、四〇％の食糧自給率である。だが、食糧が外国から長距離輸送される（膨大なエネルギー消費をともなう）なかで、虫やカビの発生、腐敗、品質の劣化などが避けられない。それらを防止するためには、ポスト・ハーベスト（収穫後農薬散布）が不可欠となる。ただでさえ、アメリカやカナダ、オーストラリアなどエネルギー集約型の大規模農業では、収穫前にも大量の農薬や化学肥料が散布されている。いくら安価だといっても、輸入農産物に自国の食糧の大部分を依存させるということは、国民の安全や健康、いや生存そのもの（食糧安全保障も含む）を犠牲にすることに他ならない（それだけでなく、途上国の人々を飢えさせてもいる［ワケナゲルほか 二〇〇四参照］）。

だが、自国の食糧は自国の第一次産業によってまかなうことは、国民生活の健康や安全の面から必要なだけでなく、農・林・水産業のもつ自然保全の役割からいっても、そのことは重要なのである。詳論するスペースはないが、たとえば水田のもつダム機能、森を守ることが海や漁業資源を守ることになるなど、第一次産業の復権・隆盛なしに、エコロジー文明の創出はありえないのである（尾関ほか編 二〇一一）。

こうして、もしわが国において今後、エコロジー社会創出の運動が大きく盛り上がることになれば、そのなかで第一次産業が復権されるだろうし、今日の若年労働力の失業問題も大きく改善されるであろう（わが国の急峻な森林、狭い農耕地、沿岸漁業中心で水産業を考えれば、農林水産業のいずれも労働集約型は維持されるであろうから、潜在的就業人口はかなりの可能性があるはずである）。それだけでなく、第一次産業の復権は、われわれが直接、自分たちの生活に必要なものを自分たちで生産するという点で、市場経済に支配されないサブシステンス活動の回復を可能にするだろうし、そのことは、産業労働による「疎外」の克服につながるだろう（産業労働による疎外に関しては、武田 一九九八、二〇一一b参照）。

最後に、第一次産業のなかでの働き方は、産業労働すなわち企業家に雇用されて従事する働き方とは自ずと違う仕方になるが、そのことは、われわれが自らの労働をこれまでとは別様に捉えるようになるだろう。私は、疎外された労働としての産業労働の彼方に構想される人間らしい働き方（ディーセント・ワーク＝誇りある仕事）は、「協同労働」であると考えているが（武田　一九九八、二〇一一a参照）、「協同労働」こそ第一次産業で働く働き方にふさわしいものである。

おわりに

環境ラディカリズムとは何か。ラディカリズムとは言うまでもなく、根本的・徹底的・急進的に考えるということである。地球規模で進む環境悪化を前に、その根本的打開のためには、これまでの人間による自然支配に換わる新しい発想・政策・文明のあり方が求められているのだが、いまだにその着地点は、エコロジー論議のなかでも五里霧中の状況である。しかし、上でも述べたように、人間もまた生物学的存在であり、自然の一部であるとすれば、人間の生存もまた自然法則に従う以外にあるまいと、私は思う。これは、好むと好まざるとにかかわらず、そうなのだ。
「自由は、夢想のうちで自然法則から独立〔逸脱〕する点にあるのではなく、これらの法則を認識すること、そしてそれによって、これらの法則を特定の目的のために計画的に作用させる可能性を得ることにある。これは、外的自然の法則にも、また人間そのものの肉体的および精神的存在を規制する法則にも、そのどちらにもあてはまることである」（エンゲルス　一八七八／一九六八：一一八、強調は武田）
しかし、そうした自由は同時に、フランシス・ベーコン以来、今日に至るまで、結局のところ自然を支配することに結びつけられてきた。「自由とは、自然的必然性の認識にもとづいて、われわれ自身ならびに外的自然を支配することである」（同前：一一八－一九、強調は武田）。だが、われわれがそのように考え続ける限り、われわれは近代工業文明がたどる滅びの道を歩み続けるのである。

しかし、滅びの道を回避することは可能である。そして、その唯一の方法と私に思われるのが、「自然に従う」という道である。仏教はじめ、少なからぬ優れた宗教家たちが、二五〇〇年の昔から同様のことを説いてきたし、今日までそうした宗教が多くの人々に支持されてきたのは、理由のあることなのである。今や、そのことは、科学的にもエコロジー的にも正しいこととされるべきなのである。

そのことは、マルクスが「自由の王国」のなかで説いていることと通じ合う。


「自由はこの［自然必然性の］領域のなかではただ次のことにありうるだけである。すなわち、社会化された人間、［協同化する］生産者たちが、盲目的な力によって支配されるように自分たちと自然との物質代謝によって支配されることをやめて、この物質代謝を合理的に規制し自分たちの共同的統制のもとに置くということ、つまり、力の最小の消費によって、自分たちの人間性に最もふさわしく最も適合した条件のもとでこの物質代謝を行なうということである。しかし、これはやはりまだ必然性の国である。この国のかなたで、自己目的として認められる人間の力の発展が、真の自由の国が、始まるのであるが、しかし、それはただ［］かの必然性の国をその基礎としてその上にのみ花を開くことができるのである」（マルクス 一八九四／一九六七：一〇五一、強調はいずれも武田）。


そこで言われているのは、生産活動を合理的に規制しなければならないこと、その規制は、協同した労働者が行なう自然との代謝関係（生産活動）の共同管理＝協同労働によってなされなければならないこと、しかし、いずれも力の最小の消費および自然必然性に従わなければならないこと、である。

ともかく、現代においてエコロジー社会の実現は、人類の生存（存続）を賭けた（おそらく最後の）闘いである。この闘い――これまでの資本主義的生産システムおよびそれを支えてきた思想との闘い――を成功裏に進めることができるかは、われわれ個々人の理性のあり方に掛かっている。すなわち、ダーウィン主義的に人間の生存確率を高めようとする協同した取り組みが重要である。しかし、そうした努力は、われわれが自らの生活の中で産業主義・経済成長至上主義から脱却することであり、理性的・科学的に正しく自然必然性を認識し、意志することなのである。

〔付記〕　本論文は二〇一二年度沖縄国際大学特別研究費の助成を受けて作成された成果の一つである。

●引用・参考文献●

エーリック、P&エーリック、A著／水谷美穂訳（一九九四）『人口が爆発する！―環境・資源・経済の視点から』新曜社
エンゲルス、F著／村田陽一訳（一八七八／一九六八）「反デューリング論」『マルクス＝エンゲルス全集』第二〇巻、大月書店
尾関周二・亀山純生・武田一博・穴見愼一編著（二〇一一）『〈農〉と共生の思想―〈農〉の復権の哲学的探求』農林統計出版
カプラ、F&カレンバック、E著／靍田栄作編訳（一九九五）『ディープ・エコロジー考―持続可能な未来に向けて』校成出版社
シューマッハー、E・F著／小島慶三・酒井懋訳（一九八六）『スモール　イズ　ビューティフル―人間中心の経済学』講談社学術文庫
スコリモフスキー、H著／間瀬啓允・矢嶋直規訳（一九九九）『エコフィロソフィ―二一世紀文明哲学の創造』法蔵館
ダイアモンド、J著／倉骨彰訳（二〇〇〇）『銃・病原菌・鉄―一万三〇〇〇年にわたる人類史の謎』（上下）、草思社。
ダイアモンド、J著／楡井浩一訳（二〇〇五）『文明崩壊―滅亡と存続の命運を分けるもの』（上下）、草思社
武田一博（一九九五）「自然を保護するとはどういうことか―その思想的根拠づけのために」関西唯物論研究会編『環境問題を哲学する』文理閣

武田一博（一九九六）「エコロジーとフェミニズムをつなぐもの―共生の論理」尾関周二編『環境哲学の探求』大月書店
武田一博（一九九八）『市場社会から共生社会へ―自律と協同の哲学』青木書店
武田一博（一九九九）「『自然の権利』と環境権（1）」『総合学術研究紀要』第3巻第1号、沖縄国際大学
武田一博（二〇〇一）「人間存在のトリレンマ―自然・理性・社会の弁証法」尾関周二編『エコフィロソフィーの現在―自然と人間の対立をこえて』大月書店
武田一博（二〇〇八）「P・マクリーン『三位一体脳』の哲学的含意―悪は無くせるか」『総合人間学2』学文社
武田一博（二〇〇九）「人間の自然的性差と男女の共生」藤谷秀・尾関周二・大屋定晴編『共生と共同、連帯の未来―21世紀に託された思想』青木書店
武田一博（二〇一一a）「協働労働による協同組合運動と日本農業の未来」尾関周二ほか編『〈農〉と共生の思想―〈農〉の復権の哲学的探求』農林統計出版
武田一博（二〇一一b）「持続可能な社会と市場経済のプロブレマティーク―環境・物象化・〈農〉の論点を軸に」『環境思想・教育研究』第5号、環境思想・教育研究会
武田一博（二〇一二）「3・11後の環境思想はどのようなものであるべきか―自然と共生するということ」『尾関周二教授退官記念論集』東京農工大学大学院環境共生哲学研究室
ドーキンス、R著／垂水雄二訳（二〇〇四）『悪魔に仕える牧師―なぜ科学は「神」を必要としないのか』早川書房
ドレグソン、A&井上有一編著／井上有一監訳（二〇〇一）『ディープ・エコロジー―生き方から考える環境の思想』昭和堂
ネス、A著／斎藤直輔・開龍美訳（一九九七）『ディープ・エコロジーとは何か―エコロジー・共同体・ライフスタイル』文化書房博文社
フォックス、W著／星川淳訳（一九九四）『トランスパーソナル・エコロジー―環境主義を超えて』平凡社
マルクス、K著／岡崎次郎訳（一八九四／一九六七）『資本論　Ⅲb』『マルクス＝エンゲルス全集』第二五巻b、大月書店
マルサス、R著／高野岩三郎・大内兵衛訳（一七九八／一九六二）（改版）『初版　人口の原理』岩波文庫
ワケナゲル、M&リース、W著／和田善彦監訳・和田真理訳（二〇〇四）『エコロジカル・フットプリント――地球環

境持続のための実践プランニング・ツール』合同出版
Farber, D. A. (1999) *Eco-pragmatism: Making Sensible Environmental Decisions in an Uncertain World*, The University of Chicago Press.
Jackson, W. (2002) “Natural system agriculture: a truly radical alternative”, in *Agriculture, Eco-systems & Environment* 88, pp. 111-117.
Jackson, W. (2003) “Nature as the Measure for a Sustainable Agriculture”, in VanDeVeer, D. and C. Perce (eds.), *The Environmental Ethics and Policy Book: Philosophy, Ecology, Economics* (3rd ed.), Wadsworth, pp. 508-15.
Minteer, B. A. (2006) *The Landscape of Reform: Civic Pragmatism and Environmental Thought in America*, The MIT Press.
Norton, B. G. (2008) “Convergence, Noninstrumental Value and the Semantics of ‘Love’: Comment on McShane”, in *Environmental Values*, 17, pp. 5-14.

（エッセイ）アルネ・ネスに安らかな眠りを…

キット－ファイ・ネス
（Kit-Fai Naess）

解説―アルネ・ネスとは―
キット－ファイ・ネスさんは、1章でもふれたディープ・エコロジーの創始者、アルネ・ネスのパートナーである。夫アルネ・ネスは、ノルウェーの著名な哲学者であり、一九七三年に、近代文明をラディカルに批判するディープ・エコロジーと呼ばれる思想を提起し、エコロジーの歴史において画期をなした。彼は大変惜しまれながら、二〇〇九年一月一二日に九六歳で亡くなった。その追悼記念特集を『環境思想・教育研究』で行ったが、その際に、機縁あって彼女に追悼にちなんだエッセイの寄稿をお願いすることができた。以下は、その再録である。彼女の深い愛とともに、ありし日のアルネ・ネスの姿と人柄が生き生きと蘇り、われわれに深く語りかけてくる。
（尾関）

親愛なるアルネ
一月一二日の午後、私はあなたの冷たい頬にキスをして、最後の抱擁を交わしました。あなたに別れの言葉を言うなんて、私は張り裂けそうなぐらい心がかき乱される想いでした。あれから五ヶ月以上が過ぎましたが、私はまだ、あなたが逝ってしまったという事実と格闘し、もがき苦しんでいます。しかし少なくとも今は、あなたに手紙を書くことができます。私がノルウェーに行ってあなたと一緒になる前の、一九七三年の終わりから一九七六年の始めの数年間、少なくとも週に一度のペースで、手紙のやりとりをしたことを覚えていますか？　私がオスロに引っ越した後に、ノルウェーの郵便サービスがどのように破産しているかやそれ以上手紙のやり取りができなくなることについてジョークを言い合ったことを覚えていますか？
三五年以上の間、あなたは私の友人であり、同僚であり、良い師であり、そして私の夫でした。そのすべてが、あなたが最後の一息をした瞬間止まりました。
もし私が敬虔であり、何かの宗教の信仰者であったならば、私は天国で、もう一つの輪廻で、別の形で、別の次元で、あなたに再び会えることを心待ちにするでしょうに。しかし私はどんな宗教も信じていません。

これから先も、またあなたと会うことはないと思っています。そしてまた、突然何かの宗教の信仰者になるとも思っていません。そういった慰み所がない限り、この喪失感はより強く、永遠に残り続けるでしょう。

あなたや私の友人たちは、私のところに駆けつけてくれ、励ましの言葉や気の利いた言葉、そして身の上から得た言葉をかけてくれます。そのうちの一人はこう言いました。私たちは我慢できるか、それ以上に苦しむように作られているんだ。どこかにある線に達した時、私たちの体は苦しむのを止めることを知らせ、それから私たちは癒えはじめるんだよ、と。また他の友人は、次の引用文を私に送ってくれました。「私たちが人を愛するためにもっている最も偉大な愛とは、長く続く運命なのです。それゆえ死によってもたらされる痛みの厖大な感情を、彼らと分かち合いなさい」。たくさんの人々が、私に時間をかけ、たとえ一年でも二年でも悲しみのおもむくままに任せなさい、と声をかけてくれました。こんな時の言葉はすべていい言葉ではありますが、言葉はやはりただの言葉でしかないのです。

しかしながら私はあなたの言葉のいくつかに慰めを求めます。あなたがよく言っていたのは、自分は「幸運なやつ（lucky devil）」だということでした。それはあなたが〝長く、そして豊かな人生〟を送ったからです。それはとても長い人生でした。というのも、あなたが死んだのは、あなたが九七歳の誕生日を迎える、たった一五日前のことなんですもの。けれども多くの人が知っているように、あなたがほとんどお金を持っていなかったということは、何人かの人が「豊かな（rich）」という言葉にぎくりとするでしょう。あなたが十分に満たされていることを知っている人々だけが、あなたが豊かになるためには何かを持つことや何かを所有することとは関係ない、すなわちお金や世俗的な所有といった観点の問題ではないことを理解していました。私が初めてあなたと会った時、あなたは色あせたチノパンと、何度も洗って擦り切れたシャツを着ていました。私が初めてオスロに来た時、あなたは中古で買った古いフォルクスワーゲンのビートルで私を迎えに来てくれました。その車は、あなたが講義のためにどうしても必要だったため、はるばるドイツまで行って買ったものでした。その車はおよそ二十年もの間あなたに奉公しました。

私たちが一緒にいた三五年間の道のりのなかで、私はあなたが自分で何かを買うところを見たことがありません。あなたにすばらしい喜びを与えた本でさえもそうです。あなたにとってはそれらを図書館から借りることで十分でした。そしてそれらを所有する必要はありませんでした。実際、あなたはできる限り所有しないようにしていました。あなたは新しい服や靴を身につけるのを好みませんでしたし、ましてやそれらを買いませんでした。私はあなたがお義母さんと話していた、あなたの子どもの頃の話を覚えています。あなたが欲しがらなかった新しい靴を、お義母さんはあなたに買ってあげようとしました。お義母さんを喜ばせるためにあなたは靴屋へ行き、これがいいとだけ答えました。それは彼女があなたに試着させた最初の靴だったのですが、それだけで十分であり、またそのやり取りはとても短いものでした。その靴の見立てはとても小さく、あなたがそれを履いた時、足は痛みを訴えていました。私はあなたの着込んだ服に穴が開いているのを見つけた時だけ、あなたに新しい衣類やジャンパー、ズボンを買ってあげるということを学びました。しかしあなたが好んだのは、私が繕った服なのです。だからあなたは膝に丸い当て布をしたズボンや尻当てをしたパンツで、よく仕事場に行っていました。私が中国人であったことや、私の国の人々が長い貧困状態にあったことを考えると、新しい洋服を買う余裕がある人が、なぜ古く裂けた洋服を着たがるのかとても不思議でした。しかししばらくして、私はその向こうにある、あなたの考え方や哲学を理解するようになったのです。それが面白くなってきて、私は時々丸や四角ではなく、ハート型や三角、長四角の継ぎ当てをつけました。私は最初、パンツの色に合うような生地を選んでいたのですが、後にはそのパンツにとってひどく不調和な生地を選ぶようになったのです！

さて、何があなたを「豊かに」したのでしょうか？一九九八年にあなたは『生活の哲学』(*Life's Philosophy*)という本を書き、その本はノルウェーでベストセラーになりました。そしてその後、いくつかの言語に訳されました。その本のなかで、あなたは豊かさとは私たちが自分自身や身の回りの世界についてどんな風に感じればいいのかという視点を持ち出しました。それによると、私たちが所有したり、熱望したりするような物質的な財は関係ないのです。あなたはそれを山小屋での生活に喩えました。その山小屋は、一番近い〝隣家〟から八キロメートルも遠く離れた場所にあります。

そこは配管がなされておらず、水や電気がありませんでした。雪のなかから水を取ってくるために、スキーを履かなければなりませんでした。しかも手でバケツを運ぶので、ストックは持てないのです。私たちは水を汲みに、山小屋からおよそ一キロ離れた湖まで降りていき、シャベルで厚みのある雪を取り除き、分厚い氷に穴を開け、氷の下から柄杓で水をすくい上げました。そして私たちは汲んだ水を零さないよう気をつけながら、山小屋へと歩いて帰るのでした。それはとても気のいる作業で、私たちは静かに黙々と坂を登りました。その時のバケツは倒れないようバランスをとるための、頼りないスキーのストック代わりのような状態でした。一度、あなたは不運にもつまずいて、小屋の踏み段の上で水を零してしまいました！

しかし、そんな過酷な労働のご褒美は、私たちの滞在中にお茶やスープをつくるための、なみなみと水の入った四つのバケツを見ることでした。私たちが無駄使いしたと感じた時は、余分の水を持って出かけて、スポンジで体を拭くだけのお風呂にしました！　そういったことが、まさに豊かさの感覚であり、十分であるだけでなく、とても多くのものなのです。ただ雪が溶けていくことについては許容できませんでした。というのは、氷や雪が固体から液体へと変化していくということは、燃料の形をしたたくさんのエネルギーが使われているということを示しているからです。つまりそれはお茶を丁度いい温かさにするよりも、より多くの燃料を使っているということなのです。このことは環境的にも経済的にもいいことではありません。都会に生まれ育った人は、私もそうなのですが、こういった考え方を理解するのはとても難しいものでした。しかし重い荷を背負いながら行ったたくさんの旅を経て、私はこの精神性を正しく理解し、その背後に隠れている論理が見えてくるようになりました。

時々、私たちの不注意や十分な注意力の欠如から、私たちが簡単に掴むことができる事柄を過小評価してしまう傾向があります。というのも、私たちがものを買おうとする時、無駄をなくそうとする結果、とても重要なことを忘れてしまうのです。山小屋という場所は、持って行きたいものすべてを持って、長い坂道を歩いて登るという道程がついて回ります。沼地では、夏にはゴムブーツを履いて、冬にはスキーを履いて横切るのです。（スノースクーターは灯油が入った大きなドラム缶やプロパンガスのコンテナのようなとても重たいものを運ぶ時のみ使います。）夏になると時々、蚊や蝿がブンブンという音をたてて入ってきます。私は血を吸った後の邪魔な生き物に抵抗するために、絶えず手を動かさなければなりませんでした。私はそれらを両手で押しつぶしましたが、あなたは絶対そのようなことはしませんでした。あなたはメスの蚊が少し噛んだだけだと言いましたが、しかしそんなことは私には何の気休めにもならず、私たちは蚊たちの恰好の餌食となってしまいました。私が耐えられずにイライラしてきた時、あなたは「かいちゃいけないよ。ただかゆさがひどくなるだけですよ！」と言いました。そしていつ蚊が私を選んで刺したかを言うことは、あなたにとってとてもいいことだと感じたのです！

私たちが山小屋を訪れていた頃、私たちが持っていったものは一枚のチョコレートであれオレンジであれ特別な意味をもっていました。それらはそこではとっても貴重だったのです。私はかつて、私の鞄の中にマンゴーを忍ばせておいて、最後の丘を登りきり、キャビンの外に座って一息ついた後、それをあなたに見せたことを覚えています。それはとても歴史的な瞬間でした。だってその山小屋は、それが存在してから七十年以上一度もマンゴーを見たことがなかったんですもの！　私は（あなたの大好きな）マンゴーを運ぶために、（私は好きなのですがあなたの嫌いな）レタスを持っていくことを諦めることをよい考えだと感じ、徳にかなったことだとさえ思いました。

あなたはすべての食材が長く保つように、それらを実用的に配分しました。というのも、それは必需品を補充するのに一番近くの街まで下りる回数を少なくするためでした。それはあなたがけちだったり卑しかったりするのではなく、自然のなかでの滞在をかき乱されたくなかったからです。すなわち私たちの自然と一緒にいる時間を、より山での生き方に近づけたくて、都市の物や都会の活動を吹き込みたくなかったのです。

あなたはまた「豊かさ」という言葉を、経験を描写するものとして使っていました。〝豊か〟になるための経験のためには、繰り返しますが、お金を使うこととは関係ないのです。あなたにとってクロスカントリースキーをすることは、とても愉快なことでした。休日にスキー場に滑りに何時間も車を運転して行く多くの人々とは違って、あなたはただスキーを履き、一番近くのコースまで電車で行って、数時間スキーをするという単純なことで満足を覚えていました。あなたは高価なスキー用品や流行の服を買った時にだけ喜びを感じる人がいるということがわからないでしょうし、そういった何百や何千もの人々がいる山にどうして長い時間をかけて車でやってくるのかも理解できないでしょう。たぶんあなたの自然への愛や、自然と一緒にいることの必要性は、できる限り近くでまたできる限り長く自然と関わっていたいというものだったのではないでしょうか？　私はあなたのお義姉さんが話してくれた話を覚えています。それはあなたが小さかった頃、あなたの家族が海外での生活していた時の話でした。ある日あなたが帰って来て、あなたのお義母さんが今までどこにいたのかを聞いた時、あなたはこう答えたのです。「地中海と一緒に遊んでいたよ！」と。私はあなたが花の垂れ下がっているライラックの木や花の茂みに頭を〝うずめる〟ところを、いったい何度見てきたことでしょう。あなたが枝の中から現れた時、あなたの頭には花びらが散りばめられていました。

あなたが「自然と一つになっていると感じる」と言っていることは誇張ではありません。私が見たものは、強い一体感でした。私が小さかった頃、香港の実家では、自然の中にあるいくつかの「もの」は私にとって悪いものだと言われました。それらは蜘蛛や蝿、トカゲ、蛇であり、もちろん当然避けられるべくもない、蚊もそうでした！　私はそれらの生き物を殺す人々を見て育ちました。しかもネズミのような大きな「もの」もです。今日の中国人の多くは、動物は劣っているものだと信じています。そしてそれらの動物は私たちの食べ物や、その他の方法でただ奉仕するためにいると思っており、内在的な価値が存在するとは思っていません。しかし、アルネ、あなたはそれらがそんな風に等しいものではなくとも、本当に等しいものとして扱いました。たとえばあなたが犬や猫と遊んでいる時のことは、とても印象的でした。あなたは遊びに興じ、みすぼらしい犬や「かわいく」ないモルモットでさえも同じ様に接しました。あなたが飼っていたハムスターの一匹は、非常に年を取り、またやせ細ってしまったので、あなたは彼女に「世界一醜いハムスター」と名づけ、それでもありあまる愛情を注いでいました。

私にとって有益だったもう一つの言葉として、「簡単な（simple）」という言葉がありました。あなたは「豊かな人生とは簡単な手段で生きることである」と公言していました。たびたびあなたの考えに精通していない人たちは、あなたは〝簡単な生活〟を送りたいのだという風に、間違って取り上げていました。あなたは一人も残さず、彼らの間違いを正していました。すなわち、「簡単であるのは手段であって、生活ではない！」と。あなたはたぶん、そのことで言おうとしたことは、複雑な目新しい道具の数々と同伴する人生でなく、とても長い旅をするように人生を送ることを意味していたのでしょう。以前、あなたの甥がアメリカからオスロの家を訪ねてきたのですが、少しした後、〝何も楽しいことが起こらない〟と不満を言いました。彼は退屈していたので、あなたは近くのたくさんの森を散歩してきたらと声をかけました。北のさらに遠くの山の多い場所まで歩いていけば、冒険的で野心をそそるような時間が過ごせるよ、と。しかしその青年は過激なアメリカの生活に慣れていたために、賛成しませんでした。彼はオスロで、より大きな刺激をもった娯楽を期待していました。それはとても速い車で走ることとか、〝アクション〟がたくさんあるテレビ番組を見るとか、一九六〇年代のオスロが提供していたよりもエキサイティングな夜の生活でした。この頃はまだマクドナルドやバーガーキング、ナイトクラブやビデオゲームの商店街が存在する前だったのです。カラーテレビなんて一九六七年までノルウェーには入って来なかったんですから！

多くの人々にとって、私たち二人の生活は、とても簡素なものだったに違いないでしょう。私たちは休日の間は、決してどこにも行きませんでした。たくさんの努力やお金を必要とするような面白さや楽しさは必要ないのです。出かけていくということはだいたいいつも、どこかで講演を聞いたり会議やセミナーに参加したりしているということを意味していました。私たちは私たちが見つけた植物に感動するような近くの山や湖へ遠出していたことでしょう。あなたがバミューダー諸島に兄弟を訪ねていった時、あなたはシュノーケリングに行き、頭を水のなかに入れ、何時間もの時を過ごしました。あなたが空気のなかへと戻ってきた時、あなたはこう言いました。「ここの下にはなんて幻想的な世界があるのだろう！　きみも見ればわかるけど、そこにいる魚たちはとてもフレンドリーで、まるで私が彼らのうちの一つであるように私の所へくるのだよ！」と。

私たちにとって幸運だったのは、あなたも私も、〝エンターテイメント〟なんか必要なかったということでしょう。確かに私はあなたよりは自然的な人間ではなく、またどんな天気のなかでも外にいることを楽しめはしませんでしたが、一方で私たちはお互いが自分らしくいられるような、そんな自由をそれぞれが享受していました。そして離れて何かをしているのと同じくらい何かを一緒にしていました。私が夕食の後、本を持ってソファーで丸まっていると、あなたはリュックサックを持って外に行き、倒れた木を集めた材木を見て斧で叩き割り、そしてストーブ用の薪になるようにそれらを切っていました。あるいは私は友人と一緒に夕方の街に出かける一方で、あなたは家に残り、記事を書いていました。

けれども、私たちが優雅に生活するためのセンスをもっていたのは、私たちが普通に良い生活のシンボルとして考えられたものを切望しなくてすむほど十分に幸運だったからです。私はなぜシャンパンやキャビアが多くのお金があるのを示す〝もの〟としていつも取り上げられるのか理解できません。私たちは高価なものに頼っていないがために、私たちは優雅に暮らせるのだと感じていました。そのうえ私たちは、満足するためにお金を必要とするような習慣や必要性をもっていませんでした。かつて私はあなたに、家から数キロ離れた湖で使う、小さなゴム製のボートを買ってあげました。ある時はあなたは漕ぎ出て、ある時はお日様に顔を向けたり、雲をじっと見つめていたり、あるいはあなたが書こうとしている記事のための文章を思い巡らしながらそこに寝転んでいました。私はよく草の上に敷いたブランケットに座り、本をお供にあなたを見ていました。お茶を入れた魔法びんやあなたのためのチョコレートバーも一緒に。それは私たちにとって十分優雅なものでした。

アルネ、私は、ディープ・エコロジーを語ることなしには、あなたに、またあなたについて話すことはできないでしょう。一九八九年以来、私はあなたのアシスタント、そして同僚としてあなたと一緒に働いてきました。あなたの思想や理論は少しずつ、しかし確実に私の存在のなかにしみこんできました。私はあなたが言ったことすべてを理解しているふりをするわけではありませんが、しかしそこには私の魂のなかの本当に深い部分に触れているものがあり、私や私の人生にインパクトを与えました。それらのうちの一つは、あなたがスローガンだと呼んでいたものですが、「そのフロンティアは長い（The frontier is long.）」という言葉でした。あなたはその長いエコロジカルフロンティアに向かって、各々の立場から寄与できるすべてのことを考えているように思えました。それは教授であろうと、技術者であろうと、〝単なる〟主婦であろうと、建設労働者であろうと関係ありません。私たちすべての人は環境のために何かすることができるのです。それは決して遅すぎはしないし、小さすぎもしないのです。一つの視点から見ると、たとえばできる限り車を使うことを少なくするというような私の試みも、シャロウな運動に属しているのです。より思想的で深くエコロジカルな方法は、ライフスタイルを変えることであり、それは車を所有することではなく、快適で安い公共交通機関に乗り換えることです。この方法なら自然の場所を、ますます増加する私有車を収容するために、たくさんの駐車場に〝開発する〟必要はないでしょう。

あなたが「ディープ・エコロジー」という言葉を使い始めてから四十年を経過した今日でさえ、まだディープやシャロウの区別によって人々が公然と傷つけられ、また侮辱されているように感じているのは非常に残念なことです。その時あなたは、何度も何度もシャロウなのは、人格や考え方についてのことではなく、考える過程のことだと強調していたのですが。一つの簡単な例をお見せすればあなたのポイントが明確になるでしょう。
A　なぜあなたは車に乗って働きに行かないのですか？
B　私は燃料を節約したいのです。
A　それはどうして？
B　だって私は環境に気を配りたいからです。
A　また何で？
B　私は自然を守りたいし、その中にいるものも守りたいのです。
A　なんで守るの？
B　自然はそれ自身に価値があるからです。
こうやって会話は続けられていきます。私がこのように理解しているように、ディープかシャロウかというのは、考えの過程であって、決して人格に関することではありません。

中国人として、またあなたの妻である私にとって、あなたはもう死んでしまったとはいえ、公的にあなたを賛美することは適切なことではないかもしれません。

しかしあなたの行動が私にどのような影響を与えたかを、私が明言することは全く構わないに違いないのではないでしょうか？　私はあなたが小さな子どもたちと出会い、自然のなかのものがどのようにそれ自身価値をもっているかをあなた自身が示した、たくさんの時間を思い出します。かつて小さな子が丸めた新聞紙でハエを押しつぶそうとしていました。彼を叱る代わりに、笑顔であなたはこう言いました。「そのハエも生きたいと思いませんか？」と。その少年はあなたを見て、理解したわけではありませんが、たぶん考えたでしょう。「みんなハエを殺しているけど、それがそんなに大したことなの？　ハエはとてもやっかいな存在なのに！」と。しかしゆっくりと、あなたの言うことには一理あるということが、彼にはぼんやりと見えはじめました。ハエたちも生きたいのであり、また生きる権利をもっているのだ、と！　私たちは誰が生きるべきであるとか死ぬべきであるというようなことを決める権利をもっていません。しかしあなたの仕草や声色、そしてその笑顔からあなたがその少年に教えこもうとしているわけではないということは明らかでした。あなたは彼の前にひとつの質問を出し、彼の年齢がどんなであろうと彼に考えさせ、そして答えを出させることができたのです。私はそういった光景を何度も何度も見てきました。そしてあなたがコミュニケーションに関して、「あなたはそれをしなければならない」とか「あなたはそれをしてはいけない」といった命令の形態ではなく、規範の形態を使用するのを見てきたのです！

外の自然のなかに、あなたは私たちのうち何人かは見落としていたり単純に無視したりするものを見る能力がありました。それはたとえば最も過酷で生存しにくい環境で育った小さな野の花といったようなものです。あなたが私に見せた最初のものは、私たちが香港で会った一九七三年の時で、あなたが道の途中で腰を曲げ、セメントの壁の割れ目でがんばって咲いていた小さな花を指差した時でした！　それはとても小さかったけれど、しかし花びらや葉は洗練された美しさをもっていました。あなたはそのような生命力に、さらには勇気にさえ感銘したのですが、それからというもの、私も自然のなかの物事により心を配るようになりました。そういったものは美しい景色でも景観でもなく、また壮観でも美しくも感動的なものでもありませんでした。自然の中でのありふれたこともまた正しい評価を受けるに値するそれらの価値をもっているのです。同じ考えによって、自然の〝別の〟命あるもの、すなわち人の目を喜ばせるものではないもの、あるいは私たちに直接的な有用さが明らかでないものも、尊敬され保存されるべき内在的な価値をもっているのです。

たびたび私たちはドキュメンタリー映画を一緒に見たのですが、その際、コメンテーターは、研究者たちは、ライオンがシカのあとを追いかけている時、それがどんなに残酷なようにみえても決して邪魔をしないといつも言っていました。私はあなたがネコの口からトカゲを救う所を見たことがあり、どうしてそれを邪魔するのかと尋ねました。あなたの答えはこうでした。もしネコがただトカゲを食べるのであれば、それは自然なことです。しかしネコが口でつきまとうように追い回したり、それを放した後、再び捕まえようとしたりすることは、トカゲにとっては苦痛でしょう！　私はあなたがマッチ箱でハエを捕まえようとしているのを何回も見てきました。あなたは窓ガラスによりかけるような形でマッチ箱の底の部分を置き、ハエがそのなかに入ってきた時、マッチ箱の上の部分をスライドさせて閉じ、ハエをその中に捕まえていました。その後あなたは家の外に出て、ハエを自由にしてやるのです！　私はこの特殊なテクニックを学びましたが、しかし私は正直に、ハエを決して殺さないとは約束しないことを伝えました。そしたらあなたは再び笑い、こう言いました。「それでいいんだよ。私たちは自分のいくつかの欠点を許してあげることも必要なんだ。私たちはただ死んだ時に、変わらなくなるにすぎないのだから。」

もうあなたは死んでしまったのね、アルネ。しかし私は、本当は、あなたが変わらないでほしいとは思っていないのです。私はまだあなたには、ある時は真剣に、またある時はふざけて、あるいはまた、ある時は年老いた思索する哲学者のように、ある時は好奇心旺盛で、無垢で、純真な小さな子どもの心をもった青年のような、そんなあなたであってほしいのです。

この言葉を添えて、私はあなたを送ります。さようなら。そしてありがとう。私の最愛のアルネ。

いつまでもあなたの側に。

キット－ファイ
〔東方沙由理・尾関周二訳〕

2 環境的に持続可能な文明の創造
――マルクスのラディカルな再考とともに

アラン・ゲイ（GARE, Arran）

I　はじめに

『資本主義・自然・社会主義』誌の創刊者で、マルクス主義者でもあるジェームズ・オコンナーは、グローバルなエコロジー危機を資本主義の第二の矛盾と特徴づけた。それはすなわち、「一方における、資本主義的な生産関係と生産力とのあいだの矛盾と、他方における、それらと生産条件とのあいだの矛盾」である。オコンナーは、「資本主義的な生産関係と生産力とによって結合された力は自滅することになるが、それは、それらの諸矛盾の再生産というよりは、むしろその減少あるいは崩壊によってである」と議論する（O'Connor 1998: 164f.）。

この雑誌の編集者である彼の後継者は、『自然の敵――資本主義の終焉か、それとも世界の終焉か』と題された本のなかでこの議論をより詳しく究明した（Kovel 2002）。彼らの作品から、グローバルなエコロジー破壊の原因の究明における、マルクスおよびマルクス主義の妥当性を見てとることは難しくない。第一に、「ブルジョア的な生産様式」のコントロール不能なダイナミズム、つまりマルクスが理解する以上には誰も理解していなかったような資本主義が存在する。資本主義の受益者でさえそのダイナミックな力によってある程度は奴隷状態になるため、資本主義は自らの存在条件――それがどんなものであろうと

——を破壊するまで、ただ成長し続けるだけのように見える。資本主義が今も破壊し続けているその条件というのは、資本主義にとってのエコロジー的な条件であるが、この惑星上の大多数の生命体にとってのそれでもある。第二に、マルクスは、社会理論のさらなる発展にとっての出発点を提供した。その社会理論とは、これら資本主義のダイナミックな力に対する、またマルクスが死んでから生じてきたような資本主義のさまざまな進展に対する、深い理解を促進するものである。この社会理論の発展のうちで最も重要な部分は、資本主義的な社会関係を維持あるいは拡大するうえでの国家の地位と役割についての研究や、帝国主義についての研究、そしてイデオロギーについての研究に関連づけられてきた。
まずもって、マルクス自身の初期の諸作品は、現在における並外れた妥当性を備えている。多国籍企業の成長や経済のグローバル化の結果として起こった、ソビエト連邦とその衛星国の崩壊や、第一世界の先進諸国における社会民主主義の解体は、マルクスによる分析に驚くほど先見の明があったことを明らかにしてきた。

「ブルジョアジーは、……人格的な品位を交換価値に解消させてしまい、特許状で認められた、既得権としての無数の自由を、ただ一つの、はばかるところのない商業の自由とおきかえた。一言でいえば、ブルジョアジーは、宗教的及び政治的な幻想でつつまれた搾取を、あからさまな、恥知らずの、露骨な、あけすけな搾取とおきかえたのであった。……生産の絶え間ない変革、あらゆる社会状態の絶え間ない動揺、永遠の不安定と変動は、以前のあらゆる時代と区別されるブルジョア時代の特徴である。あらゆる固定した、錆びついた関係は、それにともなう古くて貴い観念や見解とともに解体され、新しく形成された関係はすべて、固まるひまもないうちに古くさくなる。固定的なもの、恒常的なものはすべて煙となって消える。……自らの生産物の市場をたえず拡張していく必要にうながされて、ブルジョアジーは地球上全体を駆けまわる」（Marx and Engels 1978: 475f）。

このような市場拡大の全体のプロセスにおいて、商品化ほど、すなわち世界を売買されるものへと変形することほど中心的なものはない。第一に、商品化は外延的に推進させられたのだが、それは、資本の作用を拡張することによって、またそのようにして、最終的に世界市場が創り上げられるまで、市場を着々と増加させながら地上に広げることによって行なわれたのである。第二に、商品化は内包的に推進させられた。市民社会にとって特徴的なアトム化や分裂を生じさせ、また経済と直接はつながっていないような領域へとますます侵食してゆき、活動のますます多くの範囲を商品生産の領域へと引き入れながら、資本は現行の社会を自らのもとに包摂したのである（White 1996: 361)。拡大しつつある資本主義の渦のなかで、商品化は今でも地球の隅々まで拡張しつつあり、生活の最も本質的な側面へと侵食しつつある。土地や労働、資源だけでなく、公共物や知識、教育、友情、人々の精神をコントロールする手段、そして人々の遺伝子さえも商品化されつつある。市場のカテゴリー――そこはすべての意義がその交換価値を通じて定義されるところだが――を通じて世界が捉えられるとき、環境破壊はただそれが利益性やＧＮＰに影響を及ぼす場合に記録されるだけである。しかし、価格が上がったり最も多くの利益が生まれたりするのは、まさに不足が存在するときなので、環境破壊のほとんどは利益を増加するのである。増加する利益の追求にとって中心的なことは、利益を生むことを目的に生産されるような財と競合する自然の財や過去に生産された財を、破壊するか、それらへのアクセスを妨害するか、あるいはそれらを廃れていたり欠陥があったりするような状態にすることである。利益性への衝動というのは伝統的に、ただ人々と自然とをより十分に搾取するだけの衝動なのではない。それは環境破壊への衝動でもある。そしてこの衝動は、利益を増加する衝動によって生み出される経済の拡大の、意図されざる副産物によって増幅されるのだ。

商品化はたまたま起こるというわけではない。ふつう、力あるいはその脅威を含みつつ、国家によって押しつけられるのだ。これは、資本主義が支配的な生産様式として現れたときに、そしてその後に、次から次へと国家によって資本主義が押しつけられたときに、明白なものとなった。利益性を増加する不断の追求に対して企業の関心はあるが、しかし、それを促進することにおける国家の役割は、けっして露骨なものではなかった。とくにすぐれてこれらがあてはまるのは、軍産複合体に奉仕したりそれを配置したりする合衆国の国家制度である。これは、ＩＭＦや世界銀行、ＷＴＯのような国家を超える組織によって形成された、草創期のグローバル国家であるが、世界中の多くの国家は、市場関係を押しつけたり拡大したりするためのエージェント以上のものとはほとんどいえないようなものへと形を変えられてしまった。今日、多国籍企業の成長とともにあるのは、諸国家からなるグローバル・システムであり、その諸国家は資本を引きつけるために利益性の条件を改善するよう互いに活発に競争し合うのである。成功は、グローバル資本の道具へと還元されることを代償とした、経済成長を意味し、国家は、この自由の喪失をものともせず、より多くの消費用の商品を約束することによって自らの正当性を示す。失敗は、他の国家による貧窮化と従属を意味することになる。国家間のこの競争は、市場経済の環境破壊的な軌道を増幅する。

マルクスによる資本主義の分析は、帝国主義への防ぎがたい傾向を含意していた。たいていマルクス主義者は、これを新たな市場の追求と解釈してきた。歴史を振り返ってみると、次のことがわかる。すなわち、この市場への追求の背後に、資源――すなわち生産条件――への追求が、拡大する一方である資本主義国の経済を養うためにどこまで拡張されつつあるのかを、マルクスや初期のマルクス主義者は正しく理解することに失敗した、ということである。このことはそれ自体、市場への追求どころではなく、二〇世紀における大戦争をたきつけた。エコ・マルクス主義者が示してきたのは、現在にまで至るグローバルな政治的衝突が、安価な資源へのアクセスを容易にするために市場を拡大する、そのような衝動を通じていかに最もよく理解されうるか、ということである。そして、その結末というのは、グローバルな搾取のシステムである。そこでは、中核の生産的な諸国家は進展するにつれて権力を獲得し、周辺の諸国家を支配したり搾取したりするべくその権力を行使する。そして、これら周辺国においては、自国の鉱物資源を輸出したり自国の生態システムを破壊したりすること、またそれによってより脆弱になり、それゆえに搾取に対してより従属的になること、そういったことで「発展」するような採取性の国家へと帰結するのである。

マルクスが執筆した当時のように、経済学という相当な擬似科学は、商品化の幻想を増幅したり、世界に「自由」をおそらくもたらすとしてこの市場の拡大を正当化したりするための、中心的な方法を提供する。これはそして、機械論的な世界観やダーウィニズム、また社会ダーウィニズムによって支持されている。しかしながら、商品化の神秘化させる性質と経済学におけるその表現は、文化のほとんどすべての側面の商品化を通じて多大に増幅されてきた。マルクスの執筆当時のように、この世界を、搾取されたり消費されたりするような商品の世界として捉えることは、人々を現実に対して完全に盲目にするわけではなく、世界が一面的な仕方でみえるように導くのである。彼らは、市場のダイナミックな力に対する自分たちの奴隷状態に対して盲目になっているのだ。また、彼らの生産的な力が自らの増しつつある経済的な不安定性といかに関連しているかということに対しても、また彼らが消耗品である利益獲得の道具へといかに還元されつつあるかということに対しても、そうである。だが、彼らの心が経済に吸収されているように、人々の盲目状態は今となってはほとんど完成されてしまっている。広告や広報といった産業は、人々が何を考えるか、そしてそれによって人々がいかに行為するかということをコントロールする、そのような能力を売ることによって成長する。さらに、科学的知識が効率的に搾取されるべく資本の形態へと還元されてきたように、またジャーナリズムや芸術、文学、人文学が娯楽産業の構成要素へと還元されてきたように、それを通じてであればそういった幻想が暴露されてきたかもしれないところの、まさに真理の観念が崩されてきた。そして、マルクス主義は今もなお、これらの傾向を暴露する最前線にあるのだ。

ジェームズ・ラヴロックによれば、経済において働いている力が現在の軌道を変えなければ――彼はそれが事実となるだろうと見込んでいるが――、二、三億人の人々だけがこの世紀を、北極点の近くではあるが、生き延びることになるだろう（Lovelock 2006: ch. 4）。マルクス主義のパースペクティヴから見れば、なぜ私たちがこのグローバルなエコロジー危機に直面しているのか、またなぜこの問題が効果的に議論されていないのかが、明らかであるはずだ。資本主義的な市場の本性を考慮に入れれば、地球温暖化が文明や人類のほとんどを破壊する問題として確認され、政府がこれを事実として認識し、その問題について何かしようと決心しつつあるその一方で、ほとんどすべての場所で温室効果ガスの生産が加速度的に増加している、ということは驚くに値しないはずだ。

しかし、資本主義に関して何をなすべきかということを決めるとなると、伝統的なマルクス主義はまごつく。ソビエト連邦とその衛星国とともに未来はある、と信じていた人たちは、それらの崩壊によって目を醒ました。このことはむしろ、資本主義国よりもはるかに環境破壊的であるような社会を明らかにしたのだ。中国が毛沢東主義から身を引いたことによって、他の国々の希望は薄らいでいった。マルクス主義地理学者のデヴィッド・ハーヴェイは、二〇一九年に絶頂を迎える資本主義の最終的な崩壊のビジョンをありありと思い浮かばせた。

「地球上の悲惨な人々は自然発生的に、そして集団的に現れた。彼らは、非暴力的な抵抗の大きな運動を生み出した。そして、グローバル経済におけるますます多くの空間を静かに支配し、その一方で、より多くの平等や、軍事力の解体へ、また軍事的な指導者や宗教的な指導者の告発へと、矢継ぎ早の要求を発した」（Harvey 2000: 261）。

彼は、権力を奪取した軍事的な神政政治を武装解除するような、女性化されたプロレタリアートによって導かれた、最終的な勝利を描写した。彼のこの描写は、はなはだ信じられるものではないために、マルクス主義には提案するようなものは何もない、というような人々による見方を確固たるものとする役目を果たした。国家を奪い取って、人間の生産的な力を理性的な目標へと転換させるようなプロレタリアートを生み出す、階級の分極化というものに対してマルクスは信念を抱いていたが、その信憑性は失われた。だから私たちは、マルクスやマルクス主義者がグローバルな環境破壊につながる影響力を確認してきた、そのような状況に直面しているように思われる。しかし、マルクス主義者はもはや、私たちが直面している問題に対するもっともらしい解答を提案していないようにみえる。

Ⅱ　マルクスを再考する

マルクス主義の失敗についていくつかの説明が提出されてきたが、私が提起している見方とは、マルクスの思想の潜在力が正しく評価されていない、というものである。ほんの最近まで、ヘーゲルや青年ヘーゲル派の作品が再考されているにもかかわらず、マルクスが現れてきたところの思想の伝統は不完全に理解されていた。そして、人々はほとんどまったく、マルクスの後期の作品における最も重要な発展を意識してこなかった。マルクスの思想におけるこのような局面を最も十分な形で明らかにした作品は、ジェームズ・ホワイトの『カール・マルクスと弁証法的唯物論の知的源泉』であり、これはマルクスが自らの考えを発展させた知的文脈を再考し、ロシアに関するマルクスの後期の作品を考察したものである。ホワイトの作品の意義は、ヨーロッパ思想に関するさらなる研究の観点から極めて明白になる。その研究というのは、ルネサンスの自由の追求を存続させたラディカルな啓蒙運動、すなわち「本物」の啓蒙運動と、ルネサンス思想に反して発展した穏健な啓蒙運動、すなわち「偽物」の啓蒙運動とのあいだの、根本的な相違を明らかにするものである。穏健な啓蒙運動は、かつて理解されたように自由の追求を幻想として拒絶し、かわりに世界の機械論的な見方に基づく「所有的個人主義」を促進する（Jacob 2003, Israel 2002）。これは、イギリスやアメリカやフランスの革命におけるラディカル派を打ち負かし、近代資本主義の基礎を築いた人たちの哲学であった。マルクスを鼓舞したドイツの哲学者たち――そして彼らの考えはマルクスによって発展させられたわけだが――は、穏健な啓蒙運動の原子論的功利主義に対抗する形で奮闘し、ラディカルな啓蒙運動を復活させていた。そして彼らは、ルネサンスの自由の観念をさらに発展させていた。その追求の範囲を都市から郊外へ、またキリスト教徒へ、そして人類全体へと拡張していたのである。彼らはまた、能動的で創造的であるものとしての、ルネサンスの自然の観念を復活させ発展させた。マルクスを解釈するうえでの困難さは、彼が穏健な啓蒙運動の原子論的功利主義や機械論的思考に直面して――とくにこれらの観念が政治経済学に結晶化されていたのだが――、論争を巻き起こした自らの作品においてとりわけ、彼らの言葉づかいに影響された、ということにある。マルクス主義者はこの困難さを正しく理解することに失敗して、根本的にマルクスが反対したような穏健な啓蒙運動に由来する考えを抱くことになり、マルクスの深遠な洞察のうちいくらかを無視してしまったのだ。

それでは、ラディカルな啓蒙運動と穏健な啓蒙運動の決定的な相違とは何なのか。また、どのようにマルクスが理解されるべきなのかということに対して、その相違はいかに影響を及ぼすのだろうか。まずもって、ラディカルな啓蒙運動はルネサンスの自由の観念を拡張しようとした。この自由の観念は、ただ個々人との関係で理解されているわけではなかったし、外の制約からの自由として穏健な啓蒙運動によって促進された自由の観念と同等にはみなされえなかった。古代のローマやギリシアの思想の影響を受けて、自由はつねに奴隷状態と対立的に理解されていた。奴隷であるということ、また自由を欠くということの本質は、「他の誰かの権力のなかに」あるということである（Skinner 1998: 41）。そのような人であるということ、永久に処罰に従わねばならずそれを免れることがないということ、あるいは他人の善意に依存しているということであっても、それは不快であるということだ。ラディカルな啓蒙運動によって理解されるものとしての自由の必須条件は、自己統治的なコミュニティ、「共和政体（republic）」（すなわち「人民のもの」）の成員であることであり、それは共通善の追求において組織され統一化され、その成員をあのような奴隷状態から自由にする。ルネサンスの国家の観念は、自己統治をめざして組織される自己統治的なコミュニティの状態である。すなわち、人々の自由を擁護することであり、法律への服従を強要しうるような主権としての、ホッブズ的な国家の観念と対立させるのである。まさに自由のルネサンス的観念のこのような理解の基礎のうえにおいてこそ、私たちはマルクスの「賃金奴隷制度」への反感や「自由市場」によって約束された自由への軽蔑を理解することができるのである。

　自由を擁護することに加え、ラディカルな啓蒙運動はルネサンスにおける人間的創造性の賛美を含んでいた。穏健な啓蒙運動は、欲求と反感によって動かされた機械としての人間のイメージを促進したが、ラディカルな啓蒙運動は人々を社会的で生産的で創造的なものと捉えた。彼らにとって、共通善に貢献するような人々の創造的な力の発展よりも、その共通善に対して中心的であるものは存在しなかった。進歩は、創造性を発揮させる能力の発展として理解されていたのだが、それはすなわち、そういった創造性およびその生産物を十分に正しく評価するようなコミュニティへの参加につねに関係させて理解されていた、ということである。この創造性の賛美は、マルクスの『経済学・哲学草稿』（一八四四年）において極めて明確であり、彼の著作の全体を通じて含意されている。しかし、この創造性への関心は、マルクスによる社会の土台‐上部構造モデルにおいては、まったくもって明確ではない。そのモデルにおいては、社会の究極目的と駆動力が生産力の進展なのである。このような言い回しは、スコットランド学派の哲学史家の考えをそっくり真似たものであり、マルクスが実際に対立したような機械論的思考の影響を反映している。このモデルをもってマルクスが実際に意図したものは、ただ注意深い注釈を通じて明瞭となるだけであり、のちにマルクスはこの社会の構想を完全に破棄した。最も重要なことにマルクスは、まるで人生の目標がマーケティングによって増幅される欲求を満たすこと以外の何ものでもないかのように、進歩を、消費用の財の絶え間ない増加を生み出すような機械的なものの蓄積と同等なものとはみなさなかった。彼は、終わることのない人々の創造的な力――それは自分たちを組織立てる力を含むのだが――の増幅を賛美したのである。

穏健な啓蒙運動は、世界を運動状態にある物質からなる機械論的な秩序として捉えるとともに、他方で、人間の意識と知識を、知るとともにコントロールする対象としての世界からは分離されたもの、またその世界の外部にあるものとして性格づけた。しかし、ラディカルな啓蒙運動は人間を、創造的な自然における参加者と考えた。彼らの行為や思想においては、人々は創造的な生成のプロセスの参加者と捉えられた。知識は世界の発展と捉えられたが、それは、世界というのは、その世界自体の意識、つまりその世界の意義や潜在的に可能なものへともたらされるものであるとされたからである。しかも、それは観照のなかでだけでなく、実践的に、つまり人々の生き方においても捉えられたのである。この見方は、「フォイエルバッハに関するテーゼ」にみられる観照的唯物論とその含意に対する、マルクスの非難において極めて明らかである。その第三のテーゼで彼はこう書いている。

「環境の変革や教育に関する唯物論の学説は、どうしても環境が人間によって変革され、教育者自身が教育されないではおかない、ということを忘れている。それゆえ、この学説は、社会を二つの部分――そのうちの一方は社会の上に超然としている――に分けざるをえない。環境の変更と人間的活動の変更または自己変革とが一致するということは、革命的実践としてのみ捉えられうるし、合理的に理解されうる」
(Marx, Early Writings: 422)

ここでは、計画された目標のための道具へと世界を還元するような、技術者としての革命家という考えは拒否されている。革命家とは、自分たちが社会と自然のなかに位置づけられ、それらによって形づくられる、ということを正しく理解している人々である。すなわち、彼らは歴史の生産物かつ生産者であり、社会と自然を変えるということは、自分たち自身を変え、また自分たちと他の人々、社会、自然との関係性を変えるというプロセスなのである。

III　マルクスの意図を明らかにする

周知のように、マルクスはこう主張した。自分の知る一つのことがあるとすれば、それは自分がマルクス主義者ではないということである、と。私が思うに、今となっては、私たちはマルクスがなぜこういったのか理解できる。すなわち、後継者によって取り上げられた以上に、彼の思考には多くのことがあった。マルクスが進歩をとくに自由や人間的な創造性の増進という点で考え、自らを含む人々が社会と自然に存するということを、つねに正しく理解していたのであれば、このような含意はどのようなものとなろうか。未来へのどんな新たな道が、彼の作品におけるこれらの局面を正しく理解することによって開かれるのだろうか。

第一にそれは、人々の「労働力」が利益のために売買されるべき商品へと還元されることに対する、マルクスの憎悪を明らかにしている。これは、マルクスが認識していたように、新たに潜行しつつある隷属状態の形態であった。この反感を真摯に取り上げれば、マルクスの著作におけるいくつかの見逃されていた側面が明らかになる。その一つ目は、彼の主著『資本論』の副題であり、それは英訳版からは取り除かれたものであった。すなわち、「政治経済学批判」である。マルクスは経済学の本を書くつもりではなかった。つまり彼は、資本主義での社会的生活を構造化させている経済的なカテゴリーがいかに抑圧的なのか、ということを暴露しようとしていたのである。この点を『経済学批判要綱』で明らかにしていた。そこでは彼は、経済学のカテゴリー、すなわち「商品」や「資本」、「労働」などが、ブルジョア的な生産様式のなかでの形態であることを特筆した（Marx, Grundriss: 106）。彼の資本主義批判は、プロレタリアートとして搾取される人々から剰余価値を収奪することを批判するよりも、さらに深いところまで及んでいた。彼の作品は、人間性を剥奪し隷属状態にさせるようなカテゴリー――ブルジョア的な生産様式における人々はそのカテゴリーを通じて自身やその関係性を定義するように強いられるのだが――に対する、堂々とした抗議であった。すなわち、最も重要なことには、人々がプロレタリアートの成員へ還元されることに対する抗議であった。このことを理解するうえで何人かのマルクスの弟子たちが犯した失態は、労働価値説の擁護において明らかである。プロレタリアートが搾取されており、これが現実的な問題なのだという主張を正当化するために、労働価値説の擁護は必要とされた。しかしマルクスは、自分の作品についてのこのような解釈を、「ゴータ綱領批判」において正そうとした。ここで、彼は次のように書いている。「労働はすべての富の源泉ではない。自然もまた労働と同じ程度に、使用価値の源泉である（そして、物質的な富は、たしかにそういう使用価値からなりたっているのだ！）。そして、労働そのものも一つの自然力すなわち人間労働力の発現にすぎない」。彼はそして続けて、そのような見方の擁護が、自然に対する労働の依存を隠すのに、したがってまた生産手段の所有によって労働者が「対象的労働条件の所有者となってしまっている他の人間の奴隷」にならざるをえないという事実を隠すのに、いかに役立つかということを指摘した（Marx, 'Critique of the Gotha Program,' The Marx-Engels Reader: 525f.）。マルクスの関心は、剰余労働を充当し直すということにはなく、むしろこういった隷属状態を終結させることにあり、これは経済学のカテゴリーの克服を意味したのである。

マルクスはプロレタリアートの潜在的な歴史的役割の大部分を描いたわけだが、その一方で彼は、プロレタリアートがブルジョアジーとともに資本主義システムによって生産され再生産される、と指摘した。そういうわけで、資本主義の克服はプロレタリアートの克服を含んでいなければならない。マルクスは「ヘーゲル法哲学批判序説」においてこのことをとても明確に示している。彼はそこでこう議論する。プロレタリアートの独特な歴史的役割はその存在が次のような社会的地位に由来するということである、つまり、その地位とは、プロレタリアートが、自らを社会における他のすべての地位から解放することなしには、またそれによってそのすべての社会的地位を解放することなしには、自らを解放することができないような地位であり、一言でいえば、人間性の完全な喪失であり、それゆえ人間性の完全な再獲得によってのみ自らを取り戻すことができる社会的地位である」（Marx, 'Critique of Hegel's Philosophy of Right. Introduction,' Early Writings: 256）。だから、ブルジョアジーは人類の普遍的利益のために行為していると主張するが、現実には自分たちの特定の利益に即して行為し、人類の残りの部分を奴隷状態にさせているその一方で、自らの奴隷状態を克服しようと努めているプロレタリアートは、人類全体――前者のブルジョアジーを含む――のために行為するということになる。その目標は、すべての人にとっての自由を達成することでなければならないのである。社会主義やコミュニズムを特定のグループ、すなわちプロレタリアートに奉仕するものと考えていた人たちは、次のことを正しく理解することに失敗した。それは、この新たな社会形態を実際に達成することのなかに、プロレタリアートを克服することが含まれる、ということである。つまり、労働者だけでなくすべての人々を、自分自身の運命をコントロールする創造的な働き手へと転換することが含まれる、ということである。

いったいどのような種類の社会に、これはなるのだろうか。未来にあるだろうものを定義することについては、マルクスは無口であった。彼は、自由を求めてというより、賃金奴隷制度に対抗して、執筆活動をしたのであり、空虚なスローガンに対して多大なる不信感を示していた。彼は『フランスにおける内乱』でパリ・コミューンについて描写しているが、そこにおいて明らかなのは、極めて民主的な社会秩序がマルクスの念頭にあった、ということである。これ以上に多く述べられているものはほとんどない。しかし明らかに、この無口の理由は存在する。マルクスは、どんな種類の世界を創造するべきかを自分自身が選択できるように、人々を自由にしたかったのだ。あるユートピア的な青写真を押しつけたり、社会的転換を計画実行したりすることは欲していなかった。ここに、マルクスの内在主義的パースペクティヴ(internalist perspective)を心に留めておく必要がある。すなわち、彼は自分自身の行為――彼の著作物を含む――を、他者とともに未来の創造に参加することとして捉え、彼らを自由にするために、現在において人々を支配している幻想を暴露していたのである。

Ⅳ　グローバルなものとローカルなもの

しかし、その人々というのはどういった人々なのか。パリのような一つの都市のプロレタリアートなのか。仮にそれがある特定のコミュニティだとしたら、都市、国、あるいは大陸のうちのいずれが賃金労働のシステムを克服し、そしてどのようにそれは生き残るのだろうか。マルクスは一八五三年に、エンゲルスによるこういった問いに対して次のように答えている。

「ブルジョア社会の歴史的任務は、世界市場を作りだすこと（少なくともその輪郭だけでも）である。……このことは、カリフォルニアとオーストラリアの植民地化、そして中国と日本の開国で終結するように見える。私たちにとってむずかしい問題は次の問題だ。大陸において革命は切迫しており、そしてまたすぐに社会主義的特徴を帯びるだろう。この小さな隅におけるこの革命が――それよりもはるかに広大な地域においてブルジョア社会がまだ上昇的だから――、必ずしも弾圧される不可避性はないのではないか」（Meszaros 1995: xiiff. に引用され、議論されている。）

言い換えると、その問われているコミュニティは、世界全体のプロレタリアートのことなのか。どんな種類の社会を、グローバルなプロレタリアートは創り出すことができるのだろうか。この疑問は、それ以来ずっとマルクス主義者にとっての疑問の一つである。

マルクス自身はこの問題に対してますます自覚的になっていった。初期の著作で、彼は資本主義の普遍化傾向を熱狂的に採用し、農村の愚かな状態から小作農を救う点において市場を賞賛していた。インドについての初期の研究でマルクスは、「私たちの目の前で明らかに」なりつつある「ブルジョア文明のもつ深い偽善と固有の野蛮性」について書いている（Marx, ‘On Imperialism in India,’ The Marx-Engels Reader: 663）。

彼は、いかにイギリス人が、「現地のコミュニティを破壊し、現地の産業を根こそぎにし、現地の社会にあった偉大で気高いものをすべてうちたおすことによって」、「ヒンドゥー文明」を崩壊させたかを描写した（Ibid.: 653）。それにもかかわらずマルクスは、ブルジョア産業が新たな世界の物質的条件を創造しつつある、という楽観主義を維持した（Ibid: 654）。生涯の最期に向かうにつれ、マルクスはそのような「進歩」に対してより懐疑的になり、いかに絶対的な力に反対するかということへの洞察を得るべく、古代インドについての研究に注目していった（White 1996: 268）。この姿勢の変化は、ロシアおよびその共同的な所有形態についての研究に、そして資本主義社会における古くから生き残った共同体の生存力に対する認識に、関連づけられていた。マルクスは、このような形態が固有の歴史をもちつつも、社会主義社会を建設するための莫大な潜在能力をもってもいる、と認識していた。ヴェーラ・ザスーリチへのある有名な手紙のなかで、ロシアの自分の弟子たちに反してこの考えを擁護している。同時に彼は、『資本論』における「歴史的不可避性」の分析が「西欧諸国にはっきりと限定されている」と指摘している（Padover 1979: 335f）。一八七七年に書かれたあるサンクトペテルブルクの雑誌宛ての手紙で、「あらゆる民族が、いかなる歴史的状況のもとにおかれていようとも、不可避に通らなければならない普遍的発展過程の歴史哲学的理論」の考え全体を、マルクスは拒絶した。異なった歴史的境遇で起こる際立って類似の出来事が、まったく異なった結果へいかに至るかということに着目し、マルクスは「超歴史的なことがその最高の長所であるような普遍的な歴史哲学理論という万能の合鍵」への追求を退けたのである（Ibid.: 321f）。

V　内在主義的アプローチからみた解放のプロジェクト

このような結論は、マルクスが歴史に関して内在主義的なアプローチを採用することにコミットしているのだ、という見方からすれば驚くべきことではない。だが、これらの結論はある問題領域に焦点を当てることになる。第一に、資本主義を克服する解放のプロジェクトをマルクスがいかに理解したか、ということに関係がある。第二に――このことに緊密にかかわっているのだが――、この点においてローカルな努力がいかにグローバルな努力と関連しているか、ということに関係がある。

マルクスは明らかに、自分自身の作品を、資本主義の克服という解放のプロジェクトに貢献するものとして理解しており、自分が探求していることの外側にいる、切り離された観察者による研究としては理解していなかった。だが、解放というのは何を含んでいたのだろうか。現存の秩序を全面的に拒否することではなかっただろう。それは、現存の秩序における最も悪いものと同様に、最も良いもののすべてを正しく評価することに基づき、現存の社会において欠陥を克服しながら、その最も良いものを保存し増大するような社会的秩序を創造しようとすることだっただろう。つまり、科学が発展するにつれて社会は発展するべきなのだ。科学における主要な人物、つまり自らの考えが科学を大刷新するような人たちは、現存の科学をすっかり放棄してから再開するような始め方はしなかった。受け継いできた科学的知識の欠陥に鋭く気づいてはいたが、未来の科学への追求という新たな展望を開くプロセスにおいて、彼らはその欠陥を、成果を保存し増大する仕方で克服しようと努力したのだ。このような発展は、一般的に自然の特性である。有機体の発展や進化において、自らが現れてきた出自を保存しつつ形を変えていくような、新たな形態が現れる。このようなパースペクティヴから見た場合、人類の発展や科学の発展は、そういった自然における進化の連続体として理解されうるだろう。社会形態や技術や科学を発展させ、そうすることで人間は自然の発展に参加するものとして捉えられうる。これは、穏健な啓蒙運動の科学的唯物論者が抱いているような、普及した二元論的な思考よりもはるかに、自然的創造性および人間的創造性の両方と、可能性として考えられる人間の破壊的影響力とに対して、敏感なパースペクティヴである。働き手が単なる生産の道具へ還元されることを克服すること、また彼らの創造的な潜在性を正しく評価することというのは、自然が他でもない利益創出のための道具へと還元されることを克服することと、自然自体のダイナミックな力を正しく評価することを含んでいたのだろう。しかしそれは、市場において有益であるものを保存する仕方での克服である。

自然のいたるところでの発展という、そういった一般的な特徴を正しく理解することは、進化における画一性を含意しているわけではない。後期の作品で、マルクスはロシアの独自性と、その独自の社会形態を築くための潜在性とを認識していたが、その作品は、エンゲルスによって『資本論』の第二巻および第三巻から削除されてしまった。種々の地域は、自らの独自の歴史や文化や制度を認める必要があり、それらをより良い未来を創造するための出発点と捉えると同時に、互いに学びあう必要がある。明確に求められるものは、完全に統一されるのでも、また分断された社会へと完全に分割されるのでもない世界であるが、それは多層的なコミュニティを備えた、多くの個別的に自立的なコミュニティとしての世界、すなわちハーマン・デイリーとジョン・コブがいう「コミュニティからなるコミュニティ communities of communities」(Daly and Cobb Jr. 1994: 176ff) である。それはつまり、有機的な秩序であるべきで、機械論的な秩序ではない。メイワン・ホーがこの秩序について書いているように、

「有機体の安定性は、システムのすべての部分に依存しているが、それらは全体を維持するべく、情報が与えられ、参加し、行為する。有機的な安定性はそれゆえに、システム中において特定の場所に集中することが回避される。……これは、有機的な全体（機械論的な全体に対置される）における根源的な性質である。その有機的な全体においては、グローバルな結合とローカルな自由が双方ともに最大化され、それぞれの部分が敏感で反応的であるのと同程度に、制御されるのである」（Mae-Wan Ho 1998/Korten 1999: 109. に引用）。
市場の破壊的な命令を克服する努力への、そして持続可能な文明を創造する努力への実践において、このようなことは何を意味するのだろうか。それは、他のあらゆるコミュニティによる自由の追求を増幅させる仕方で、コミュニティのすべてのレベルにおいて、自らの運命をコントロールする自由を求めて奮闘することを意味するだろう。現在の世界において、この自由への努力の最も重要な側面は、グローバルな市場に対する奴隷状態を克服することであり、それはコミュニティからなるコミュニティという世界秩序に対して、そこから現れてきた市場と多国籍企業を従属させることによって克服するのである。そして、それぞれコミュニティが、他のあらゆるコミュニティの自由の追求を支援し増幅させる仕方で、自由を求めて奮闘するのである。

〔布施元・尾関周二訳〕

●引用・参考文献●

Daly, Herman and John Cobb Jr.（1994）*For the Common Good.* 2nd ed., Boston: Beacon Press, p.176ff.
Harvey, David（2000）*Spaces of Hope.* Edinburgh: Edinburgh University Press.
Israel, Jonathan I.（2002）*The Radical Enlightenment: Philosophy and the Making of Modernity 1650-1750.* Oxford: Oxford University Press.

Jacob, Margaret C. (2003) *The Radical Enlightenment: Pantheists, Freemasons and Republicans*. [1981] 2nd ed., The Temple Publishers.
Korten, David C. (1999) *The Post-Corporate World: Life After Capitalism*. San Francisco: Berrett-Koehler Publishers, Inc.
Kovel, Joel (2002) *The Enemy of Nature: The End of Capitalism or The End of the World?*. Nova Scotia: Fernwood Publishing.
Lovelock, James (2006) *The Revenge of Gaia*. New York: Basic Books.
Mae-Wan Ho (1998) 'On the Nature of Sustainable Economic Systems'. *World Futures*, 51, pp.199-211.
Marx and Engels (1978) 'Manifesto of the Communist Party', *The Marx-Engels Reader*. 2nd ed., Robert C. Tucker, New York: W.W. Norton & Co., p.475f.
Marx, Karl, 'Critique of the Gotha Program', *The Marx-Engels Readerf*.
Marx, Karl (1973) *Grundrisse*. Harmondsworth: Penguin, p.106.
Marx, Karl (1975) 'Critique of Hegel's Philosophy of Right. Introduction', *Early Writings*. Harmondsworth: Penguin, (translation modified).
Marx, Karl (1975) *Early Writings*. Harmondsworth: Penguin.
Marx, Karl, 'On Imperialism in India', *The Marx-Engels Reader*.
Meszaros, I. (1995) *Beyond Capital: Towards a Theory of Transition*. London: Merlin Press.
O'Connor, James (1998) *Natural Causes: Essays in Ecological Marxism*. New York: The Guilford Press.
Padover, Saul K. (1979) *The Letters of Karl Marx*. trans. Saul K. Padover, Englewood Cliffs: Prentice Hall.
Skinner, Quentin (1998) *Liberty Before Liberalism*. Cambridge: Cambridge University Press.
White, James D. (1996) *Karl Marx and the Intellectual Origins of Dialectical Materialism*. Houndmills: Macmillan Press.

3 日独における「共生」と「エコロジー」をめぐって
——ディスクール分析のラディカリズム

ライノルト・オプヒュルス鹿島
（OPHÜLS-KASHIMA, Reinold）

I 政治・社会的な概念としての「共生」

疑いもなく、日本で〈共生〉という概念は目下のところ人気を博してはいるが、少なくとも、同じように肯定的に捉えられている〈自立〉という概念と結び付けられるときにおいてそうなのである。〈共生〉はもともと生物学や生態学の専門概念である「共生」の意味で使われていたが、今となっては、人間と自然の、また人間と人間の協同的な共存のあらゆる形態に対して、多かれ少なかれ比喩的に使用されている。

もちろん二〇〇六年の「共生社会システム学会」の設立も、〈共生〉がメタ・コンセプトへ発展しているように思えることの一つの予兆であって、そのメタ・コンセプトによって、人間社会のなかの関係、また人間と自然の間の関係が一つの概念へとまとめあげられうるのである。この学会の英語名「The Association for *Kyosei* Studies」に表されているように、外見上、意図的に〈共生〉を訳すことが断念されているが、それはおそらく英語の「シンバイオーシス（symbiosis）」、また、ドイツ語の「ジンビオーゼ（Symbiose）」であってもそうだが、どちらかというと否定的に捉えられるからだろう。『哲学・思想辞典』（一九九八：三四三）では「symbiosis」あるいは「conviviality」の訳語として述べられている。日本語の〈共生〉という術語においては、この両方の意味が重なり合っているので、両方のうちの一方を用いての訳語であっては許容できない縮小版となってしまうだろう。ひょっとしたら「symviviality」のような新語が考えられるかもしれないが、まずは英語をよく耳にする人々に対して親しみを与えるようにしなければならないだろう。

この言葉が「共生」的な関係についてのドイツ語において捉えられる場合、それは非常に限定されたもの、つまり自由（「自立」）[1]が奪われた個々の関係のことを指す。おそらくこれは、最も「西洋的」な国と思われるドイツで、主体の「自立」が最も崇高な文化的な位置を享受していることと関係している。日常語の概念である「cool」、これはドイツの若者の間で好んで使われてもいるが、その中心的な意味においては、意志がつよく自主独立的で自立的な主体のことを指し、それは何に対しても従属することなく、何にも依存していないものである。これに反して、日本で絶えずいたるところで使用されている言葉、「かわいい」は、ほとんど反対のもの、すなわち、だれも不安を抱かずに、むしろ好むような、そして守ってあげたくなるような誰かあるいは何かを指す。「かわいい」の起源とその内的な中心はもしかすると、赤ん坊を見たときに成人が（たいてい）もつことになる優しさの感情であるかもしれない。このような「かわいい」と感じられるものとの関係の仕方も、おそらく完全に「共生」的であるといってよいだろう。

だが重要なのは、「共」と「生」の二つの文字からなる単語あるいは合成語のもう一つの由来である。「ともいき」という読み方の場合、共生は仏教の概念（ぐうしょう、ともいき）であり、それは相互的な扶助に基づく人間とその他の生命存在との共存をも意味する。[2] そのために、仏教の世界において共生的な社会のイメージが好ましく取り上げられ、宗教的に解釈される。

ドイツ語では、〈共生〉のきわめて素直な翻訳は、「ソーシャル・エコロジー的」という言葉を用いてなされることもありうるだろう。この言葉には二つの異なる概念が含まれており、それらは互いにまったく矛盾することのない場合には、完全ではないにしろ、とにかく相互補完的であるようなものである。それゆえ、〈共生〉が翻訳されうるとした場合、ドイツ語圏のためには、「ソーシャル」と「エコロジー的」との間の対立を調停することができるようなある概念が用意されているはずである。哲学者のマレイ・ブクチンは、現在、おそらく最も著名なソーシャル・エコロジーの思想家であるが、彼はこのようなことを、「ソーシャル・エコロジー」の理論に弁証法を導入することによって試みようとしている。その理論というのは、内的な循環と、考えられる限りの外的な循環による影響との間の弁証法における、エコロジー・システムの変化だけでなく、それによって社会的な変化をも両立しうるようにするものである。

Ⅱ　「共生」の語場

メタファーまたはシンボルと政治的な概念との間の境界が玉虫色となっているこの〈共生〉という概念は、そもそもどこに由来するのだろうか。一九八一年版の『国語大辞典』（小学館）では、「①異種類の生物が同じ所にすみ、お互いに利害を共にしている生活様式。……②同じ所にいっしょにすむこと。生活を共にすること」と、いまだこのように「共生・共棲」が定義されている。

興味深いことに、一般的な概念や政治的な概念としての〈共生〉の現代的な使用においては、簡素であるがその意味においては包括的でもある記号（「棲」の代わりとしての「生」）が、主として使われている。これは、生物学あるいは生態学の特殊ディスクールから、一般的に使用されるインターディスクール的な術語——それはメタファー的に使用される——へという、専門用語の移行を示している。特殊ディスクールからインターディスクールへ移行された概念のそういった使用は、ディスクール分析家であり、ドイツ学研究者、文学研究者でもあるユルゲン・リンクによって、文学や世論、政治、宗教といった実に多様な、インターディスクールの特徴としてみなされている（Link 1990を参照のこと）。

ところで〈共生〉概念は、日本語においては、個々の文字、〈共〉（「gemeinsam」、「zusammen」、「kommun-」）と〈生〉（「Leben」）とが、主に肯定的に捉えられる語場においてまとまって連結されている。これは、少なくともアルファベットの書き言葉における範囲では、ひょっとすると考えられないことかもしれない。

さて、すでに触れた『哲学・思想辞典』（一九九八：三四三）では〈共生〉は次のように書かれている。「この言葉は生態学では寄生の対概念として用いられるが、現代日本の思想界では『人間と自然の共生』、『多民族・多文化の共生』、『障害者との共生』、『男女の共生』など種々さまざまな文脈で使われている」。

もともと生物学では、「共生」とは、「異なる種の生物が生活を共有すること」を意味する。そしてそれはさらに、お互いが利益を得る「相利共生」と、一方は利益を得るが他方は利益も害も受けない「片利共生」の二つに区別され、それらは「寄生」と対比される。こういった理解が従来の生物学の常識的なものと思われる。しかし、現代の生物学での「共生」概念への注目は、進化の原動力に関して、従来のもっぱら同種内の「生存闘争」を中心に捉える理解への批判を背景にしており、異種個体間の相互作用を十分に理解しない限り、進化の全体像は語れないと主張され、「共生」や「共進化」の現象が注目されているのである。しかも、最近の生物学での「共生」概念は、従来のような相利共生の「安定した閉鎖系」のイメージよりも、むしろ、相手に絶滅をもたらさないことを前提に、抗争、相互干渉、補食関係をも含みつつお互いに支え合って生きているプロセスとしての「共生」のイメージが強い（石川（一九八八）参照）。

ここで興味深いのは、〈共生〉概念の現在の使用が、そのつど肯定的に、あるいは否定的に捉えられるような、生物学的ないしは生態学的な概念に由来する語場に根ざしている、という点である。肯定的にみなされる「共生」は、「寄生」概念に対する直接的な反論になっている。「寄生」は、ドイツ語ですでにずっと前からたびたびインターディスクール的にも使用されている（「寄生階級」や「寄生行動」など）。しかし、また日本語においても「パラサイト（パラジート）」というように、日本語の概念としても外国語としても、少なくともメタファー的に使われている。環境のディスクールでの例は、エルンスト・ウルリッヒ・フォン・ヴァイツゼッカーの『地球環境政策』（一九八九年）という著作で見つかる。そこには、ある節で「寄生者は対価を支払うべきである」（Von Weizsäcker 1997: 192）という表題がつけられている。そしてそれは、（寄生者としての）都市が（その宿主としての）農村を一方的に利用している、ということを意味している。

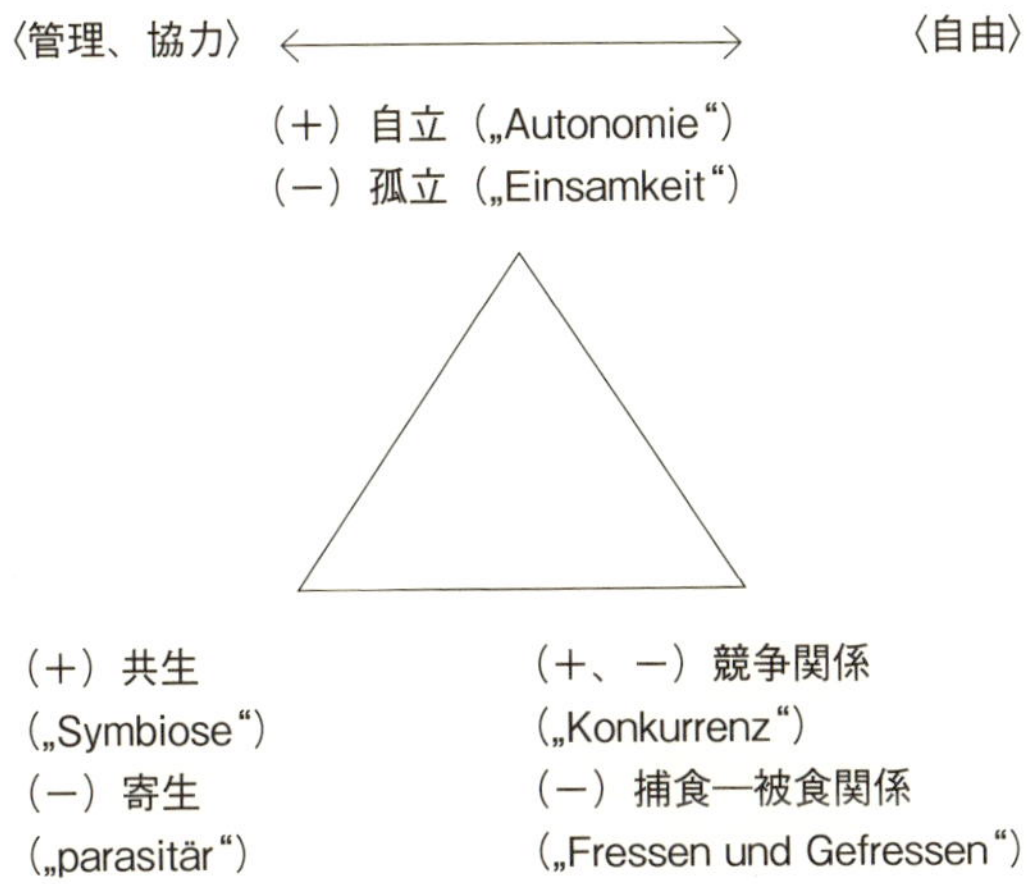

図１　「共生」をめぐる語場

「捕食―被食関係」という概念および「競争関係」という概念は、両者とも日本のインターディスクールにおいて、現在、社会的現象や経済的現象で用いられているが、それらと、すでに言及した「自立」とをもとにして、一般的なインターディスクール的概念から、そして政治的概念から——そのつど肯定的な評価（＋）や否定的な評価（二）を含んでいるような――三角形が描かれる（図1）。そこでは「自立」は、「管理（Kontrolle）」と「自由（Freiheit）」の間におけるより広い意味としてあって、その際は「管理」の反対語として、また「自由」との部分的な一致としてある。「競争」は「自由」の側にあるが、「共生」のもとには危険も存在する。その危険というのは、「管理」と関係づけられるということである。他方で、〈共生〉はしかし、たとえば「協力」という言葉のように、「zusammen（共、協、供など）」の意味における〈共〉を含むあらゆる概念とともに引き合いに出されもする。

この図から、次のことが明らかになる。新自由主義あるいは市場原理主義の中心的なイデオロギーである「競争」と、政治的概念あるいはイデオロギー的な要素としての「共生」は、互いに対立している。「共生」は、その本来の意味を通じてだけでなく、それを取り巻く語場を通じて、保守的な側面、左翼的な側面、あるいは仏教的な側面から使用されようと、すでに概念としてそれ自体に反資本主義的な観点をもっている。尾関周二は『環境思想と人間学の革新』（二〇〇七：一八四）のなかで次のように強調している。「共生理念は、今日、その社会原理としての意義を強調するならば、『異質なものに開かれた結合様式』という点だけでなく、弱肉強食の市場原理主義的な関係様式の克服においても語られねばならないであろう」。

Ⅲ　装置（Dispositiv）としての競争と共生

もしかすると〈共生〉概念は、多様なディスクールにおけるさまざまな実践をひとまとめにしているような、ある「装置」へと発展するかもしれない。文学研究家でありディスクール研究家でもあるユルゲン・リンクは、装置を次のように解釈している。

「装置（インターディスクール的なもの）：装置の概念ないしは権力装置の概念を、ミシェル・フーコーは彼の後期の著作（典型的な形では『性の歴史と真実』）において展開した。装置において、多様な特殊ディスクールからなる要素は、インターディスクールの要素と『網目状に結合する』ことによって、ある種の『対象領域』を形成する。」（Link, Link-Heer 1986: 71）。

ユルゲン・リンクは徹底的に、装置としての「規範主義」にかかわっている（Link 1997）。リンクが「競争」を装置と解していることも、私たちの文脈においてより重要である。

「……自分自身の例を挙げるために、競争の装置について語らせてもらおう。そこにおいては市場の経済的な慣行が、自然科学的に行なわれた厳密な（『業績』の）測定や測量、また進歩や競走などの集団の象徴、スポーツ的な慣行、そして性的な抗争の態度と、相互ネットワーク化している。学校での評定から、秘密の性の『成績表』、さらにはパネルディスカッションでのわざとらしい質問をめぐる抗争にまで、競争装置はその欲求または欲求不満を個々人に振り分け、『自己価値感情（Selbstwertgefühl）』の核心にまで主観性を際立たせるのである」（Link, Link-Heer 1986: 71）。

「競争」の一つの重要なイデオロギーは、生物学の分野に由来する進化論に基づくダーウィニズムである。いかに強くこの装置が社会に固定されているかということは、あらゆる社会の領域における「格付け」やそれに属する制度（たとえば、格付け代理業）の存在を示している。まさに大学の領域においてもそうであり、それは日本だけでなく、ドイツでもますます進行している。かろうじて競争に支配されていない日本社会の領域での協同的な実践として、「共生」は真に日本的な装置となるのだろうか。

それに関して、どちらかというと偶然に選び出された三つの例を挙げてみよう。大江健三郎他著『自立と共生を語る—障害者・高齢者と家族・社会』（一九九〇年、三輪書店）において「共生」は、「障害者」と「健常者」の共存を可能にしなければならないような実践と結びついている。白石克己著『生涯学習論—自立と共生』（一九九七年、実務教育出版）では、「自立」と「共生」がともに調和してもたらされるような生涯学習の教育学が描かれている。植田晃次・山下仁著『「共生」の内実』（二〇〇六年、三元社）では、結局のところ、ある一定の地域でのさまざまな言語の共存、つまり「共生」が考察されている。(3) したがって「共生」は、このように社会政策（障害者と健常者）や教育学（若年と老年、才能の豊かな者とそうでないもの）や言語政策（世界言語としての英語や国家の標準語、少数民族の言語、方言など）といったさまざまな分野における協同や共存の形態が、ディスクール横断的に互いに引き合いに出され、ともに関連づけられる仕方で存在しているように思われる。

尾関周二は、国際的になっている「karoushi（過労死）」という言葉のように、〈共生〉が外来語として、他国に定着する可能性さえも見ている。

「私自身はその理解いかんでは……この『共生』概念が、現代環境思想の構築に貢献する世界に向けて日本から発する重要な理念となりうるのではないかと考えている。少し、皮肉を交えていえば、「キョウセイ」は、国際語になった「カローシ」にとって代るべきものなのである」（尾関 二〇〇七：九）。

この概念の輸入、少なくとも、否定的に捉えられる専門用語の「共生（Symbiose）」を避けるような新語という形態においての輸入は、「ソーシャル」と「エコロジー的」との間のギャップを埋める一助となるだろう。また、「環境保護」や「持続可能性」の境界設定においてもそうだが、「エコロジー」という概念が政治的概念として使われたように、さらに詳しく調べられるべきであろう。

Ⅳ　ドイツにおける政治的概念としてのエコロジー

「資本の支配からの労働の解放によってのみ、自然の解放も可能になるが、しかし保証はされない。それは、ただ自然がそのような社会的な性質によってのみ解放されうるという点においてのことであるが、その社会的な性質は、資本の利用の危機において剥き出しになり消えつつあるような要因なのである」
(Ebermann 1984: 211)

八〇年代の初頭におけるドイツの緑の党のなかでは、『緑の党の未来』(一九四八年)という基本方針を示した著作の二人の著者、トマス・エバーマンとライナー・トランパートが、エコ社会主義的といわれる人たちのトップであった。また右記の引用文は、「エコ社会主義の政治的プロジェクトの基礎」という章からのものである。ユタ・ディットフルト(4)を取り巻く「ラディカル・エコロジー主義者」とともに、のちに党内での敵対者によって、しかしまたマスメディアによっても、論争好きな「原理主義者」というレッテルを貼られたこの潮流は、他のグループ形成は存在しないかのように、二つの極めて異なる政治的衝撃を調和させようと試みた。それはすなわち、「社会的なもの」(厳密にいうと「社会主義的なもの」であり、一部の批判にもかかわらず、部分的にはマルクス主義的なディスコースでもある)と「エコロジー的なもの」、つまり社会正義と人間の欲求、そして自然の保護である。この傾向は、かつてはまったく重要なものではなかった。エバーマンは、長年、ハンブルク州政府の緑の党(GAL)の議員であり、一九八七年から一九八八年までドイツ連邦議会での緑の党の議員ならびに緑の党の議員団の代表であった。そして、トランパートは一九八二年から一九八七年まで指導部の代表（党の議長）であった。一九八〇年代は、「社会的なもの」（たとえば、労働組合によって代表される）と「エコロジー的なもの」（たとえば、緑の党の形態において代表される）は、まったくもって互いに矛盾し合っていた。最もはっきりしているのは、おそらく「労働運動」（労働組合、ドイツ社会民主党）と環境運動とが取っていた、自動車に対する異なる態度においてであった。今日、二〇〇八年において左翼政党が社会的な根拠から通勤交通費控除の再導入——エコロジー的な根拠から緑の党が拒絶するもの——を要求しているのなら、この矛盾は依然として差し迫ったものである。緑の党内のエコ社会主義者というのは毛沢東主義的なＫＢ（共産主義連盟）のなかのグループから出てきたのであるが、それは一九七〇年代後半に「新たな社会運動」（主に環境運動[5]）の流れで生じ、後に外務大臣となるヨシュカ・フィッシャーをめぐる「現実的政策者」の勝利の後に再び姿を消した、そのような短命な現象であった。

もともと、ドイツにおける「エコロジー」という概念はどのようにして、影響力が大きく、構想力のある、政治的な概念になったのか。第一に、「エコロジー」と「エコロジー的」（概念としてのエコロジー主義は興味深いことに存在しない）がそのように重要な役割を担っている領域を、記述することが重要である。日本であってもドイツであっても、どのような公の政治的な発言であれ、それは政治的なものの全体の領域におけるある一定の位置と特定され、それゆえにまた「支配可能」なものにもなる。たとえば、「私たちは再びふつうの国家にならねばならない」といったような発言は、ドイツではただちに「右翼的」で、さらに「ナショナリスティック」な位置として特定される。それとは反対に、「私たちは社会の最も貧困な者を簡単に見捨ててはならない」といった発言は、「左翼的」として分類され「社会的」と結び付けられるだろう。ユルゲン・リンクは、ドイツにおける政治的に中間に位置するシステムに向けて、ある構造を証明してみせた。それによって、政治的発言の空間が原則的に構造化され、集団シンボルを通じて可視化されるのである。[6]そこにおいては、「私たちはみな一つのボートの中にいる」（あるいは、自動車、船、列車、家など）。そしてそれは、三つの異なる軸によって決定されるのである。つまり、「上と下」（富めるものと貧しいもの、力のあるものと力のないもの）、「前と後」（進歩的なものと後退的なもの）、そしてフランス革命以来、ヨーロッパ諸国において固定されている左翼と右翼の区別である（図2参照）。

この領域内では、それぞれの政治的発言あるいは政治的コンセプトがある位置に分類される。この構造にとって重要であるのは中間である。というのも、「縁」（極度）すなわち個々のサイドが優勢でありすぎることのないときにのみ、「ボート」（国家、社会、「私たち」といった集団シンボルであり、それは船や自動車、飛行機、潜水艦、州・島、身体、健康、スポーツマンシップでもありうる）は均衡を保つからである。中間においては、「心臓部」（心臓というより、こころ）すなわちこの乗り物の「モーター」も存在する。

この図は、一種の「潜水艦」すなわち円形の船（その上半分は水面から突き出ている）で独特のシステムを表している。中央（中間）に心臓部すなわちモーターがあるが、縁（過激主義、狂信、暴力、テロ）はますます危険になる。前方は「進歩」（集団シンボルでいうと、光、日光の増大、前進、進歩）を意味しているが、「後方」は後退（集団シンボルでいうと、後進、後退、暗黒の中世、石器時代）を示している。「外側」からさまざまな危険が「ボート」を脅かす。たとえばそれは、「独裁的」あるいは「全体主義的」な対抗システムである（内的多様化を排除している点で今日、最もよくあてはまるのは、中国あるいはイランであるが、一時的には「日本株式会社」としての日本もそうである）。「混沌」や「破壊活動」、「政治亡命を求めている人」、「麻薬」などがそのボートに乗り込み、多くのさまざまな危険（集団シンボルでいうと、満潮、火事、火山、嵐、雷雨、氷の砂漠、夜、病気（たとえば、癌）、ウィルス（たとえば、エイズやコンピュータ・ウィル

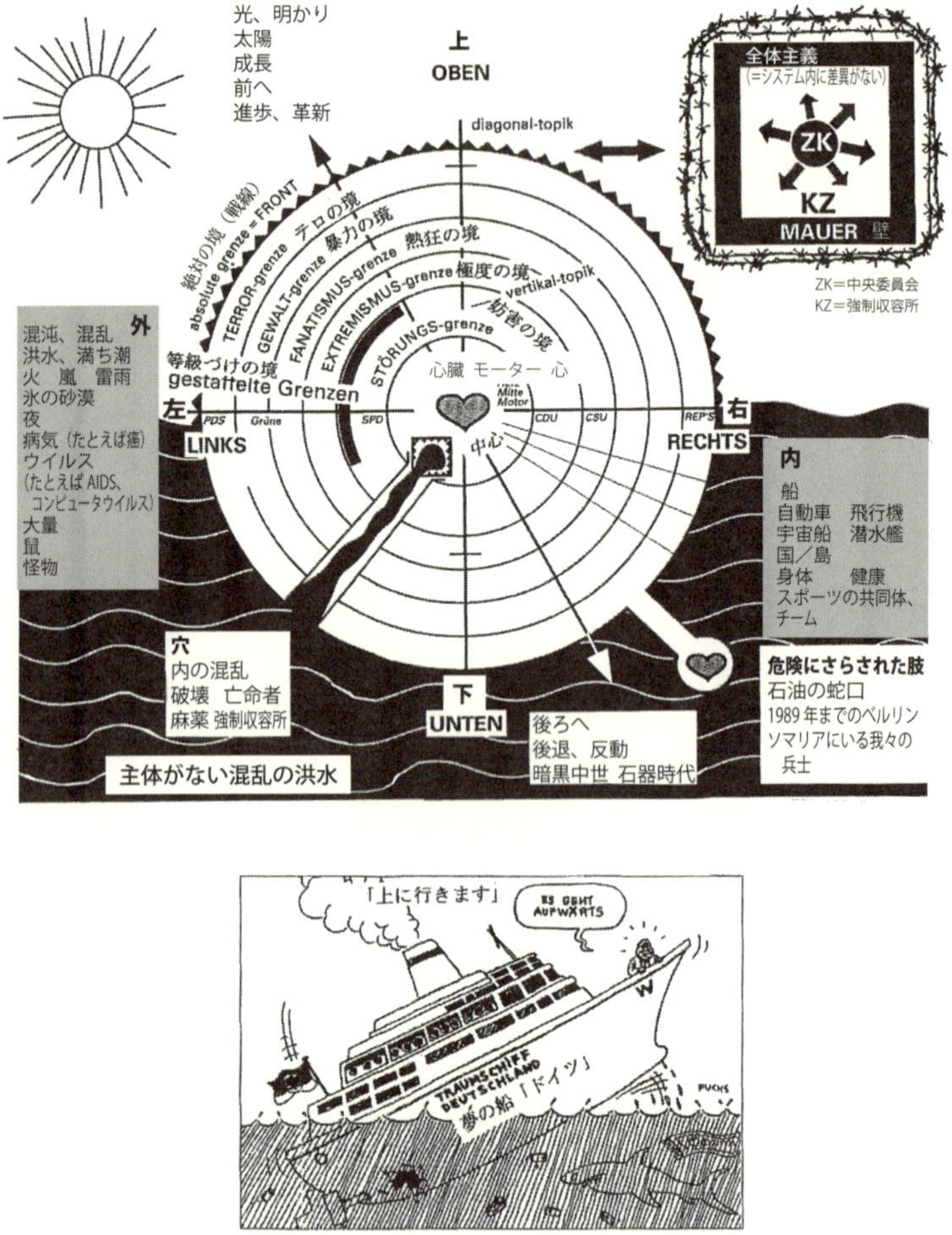

„Traumschiff Deutschland", Karikatur von Fuchs. In: die tageszeitung, 17.8.1991.

図2　共同シンボルのシステム

出所）Link, Jürgen（1986）Isotope, Isotopien Versuch über die erste Hälfte von 1986, *Kulturrevolution - Zeitschrift für Diskurstheorie*, S. 37 より

ス)、大量のネズミ、怪物など)は船を転覆させかねない。外側を求めて、たとえば石油供給やガス供給を保障してくれる「危険にさらされる成員」(男根象徴)がいる。
政治的・社会的コンセプトとしての「エコロジー的」という概念の分析において大事なのは、「国家」や「市場」は右翼側に位置づけられるが「社会的」といった概念は左翼的なスペクトルに分類される、ということである。日本で政治的な位置を記述する際に「左翼」と「右翼」がある役割を担うといっても、これらは、たとえば社会民主党内の説明にあるように、たんに制限された領域へと適用される。[7]「エコロジー的」というのが左翼的概念になりうるためには、まずその分類が、左翼側からは進歩的(マルクス主義の進歩的楽観主義によって引き起こされた)に、右翼側からは後退的にこじ開けられなければならなかった。今日の保守主義の概念は、ドイツだけでなく、発展した産業国におけるほとんどあらゆるところでも、家族や社会的関係を引き合いに出す際にみられる、変化を認めない態度と結び付けられるが、経済成長や技術進歩を、そして絶え間ない変化を一貫して肯定する態度を取っている。今日、ヨーロッパのエコロジー的な党、すなわち「緑」の党は、左翼(オランダ、イタリア、ポルトガル)か中道左派(ドイツ、フランス、スウェーデン)のどちらかに並べられる。とりわけ緑の党やエコロジー的な党によって形成しようとするルドルフ・バーロ(緑の党の創立段階で先駆的思想家として重要な役割を担ったが、一九八四年にはそこを去った)の試みは、左翼―右翼図式を打ち壊そうとするもの(「左翼でもなく右翼でもなく、前へ」)であったが、すでに早い時期に失敗している。

効果的なイデオロギーとしての「エコロジー」の、その多大に効果的な普及にとって重大なインターディスクール的な困難は、「後退的」(成長や技術進歩に対抗させられる)、つまり「石器時代」や「中世」を念頭に置かせるものが集団シンボル的に連想されることである。したがって、今日における緑の党は、まさに技術的に進歩的なもの（未来のエネルギーとしての「オルタナティヴ」なエネルギーなど）としての姿を現そうとしている。

根本において、エコロジーと社会主義というエコ社会主義的なつながりは、たしかに伝統的には、成長しつつある豊かさや技術進歩の表象に基づいていて、かなり奇妙な結合なのである。エコロジーすなわち自然・「棲み場」(8)の学説における自然へのパースペクティヴは、保守的な思想にとって典型的であるような多数の要素をたしかに含んでいる。その要素とは、「棲み場」のメタファー、それから、「自然」な統一体としての家族との結び付き、小さくて見渡すことができるビオトープ（ここではただちに「村」や「故郷」と結び付けられる）の世界への制限されたパースペクティヴ、「外部」の動物種の浸入によって妨げられてしまう自然な均衡のその表象、自然な循環の表象などである。実際には、一九七〇年代以来の右翼ならびに左翼のエコロジー運動においてつきとめることができるような、見渡すことのできる村の統一体への愛好心があった。

エコロジー(9)とは何なのか。ここで、比較的詳細に引用されてしかるべきだろう。


「エコロジー（Ökologie（Ö.））は第一に、自然の棲み場についての学説として基礎づけられている、生物学的な専門分野である。これは、自然に基礎づけられている棲み場についての学説を研究する（Ernst Häckel 1866)。これは、有機体とその環境における関係が研究される。自然において、性質の異なる個体群、個体群ごとの有機体が形成される。生命共同体について述べられる。自然の条件の下では、この絶えざる交換関係を通じて、生命共同体において、生活空間（ビオトープを参照のこと）すなわち生態系とともに、機能的な作用の構造が発展する。最も重要な機能——組成、伝承、そして有機的な物質の解体——は、相互に食物連鎖の関係にある、植物、動物、微生物の機能である。……それによって、食物連鎖の構成物の間において、また有機的な物質の組成と伝承の間において、そしてリンや窒素のような重要な鉱物の生態系的な物質循環において、エコロジー的な均衡が生じる。このエコロジー的な均衡はまた、動態的に気候や他の外的要因に適合させられる。その均衡は、自然な生態系の発展のその進行において調整される。そこでは、個体群が超過増殖による留まることのない成長とともに崩壊し、内的な制限を通じて超過増殖を回避するような競争によって交替させられる」(Trepl 1994: 147)。

この専門分野を人間と自然の関係へ全体的に応用した場合、「自然の棲み場」や「生活共同体」、「生活空間」、「食物連鎖」(既述した四つの形態)、「均衡」、「循環」、「自己組織的」(サイバネティクス的)、「ブレーキのかからない成長」、「超過増殖」といった概念があるように思われる。この概念性は、資本主義への保守的な批判にかかわる概念性、あるいはルドルフ・シュタイナー(一八六一―一九二五)による批判に根拠づけられた人智学にかかわる概念性と両立しうるが、マルクス主義におけるように、絶えざる変化の弁証法的でプロセス的な表象にかかわる概念性と両立しうるのだろうか。両立しうるのは、資本主義にとって典型的なものとして、また根本的に否定的なものとして、絶えざる大変革のこのプロセスが破局に導かれていくように見えるときである。実際にこの根拠に従って、ルドルフ・バーロは、自らの思想に共産主義やマルクス批判、エコロジー、黙示録的思想、精神性を引き合わせたのだが、それは彼が緑の党の左派から、右翼や「エコファシスト」として分類されるほどであった[10]。同じくらい根本的にエコロジー的な思想と合致しうるのは、ロマン主義的な装置が成立して以来ドイツの文化において大きな意味をもち、現在までもち続けている、ロマン主義の要素である。

ユタ・ブルーメは週刊新聞『フライターク(*Freitag*)』の記事「『母なる自然』の『棲み場』」でエコロジーの隠喩法について研究し、自然史の関連において「競争」という概念に取り組んでいる。

「古典的な自然史の時代には調和が世界において支配的であった。自然は油がよく差してある機械のように作動し、生物は単細胞生物から天使までの存在の連鎖を形成していた。……『ダーウィンの生存闘争』は今、調和的自然のイメージを根本的にゆるがすものである。しかし実際に、それは新たに生じつつあるエコロジー、すなわち、闘争がすべてに逆らうようなことはないように統合している競争の理想像を形成している」[11]。(*Freitag*, 36, 29. 08. 2003: 18)

実際に、ダーウィンの進化論は一九世紀のエコロジーの形成において、共存の四つの形態(共生、競争、寄生、捕食—被食)に背くように、重要な役割を担った。

戦後これまで、特殊ディスクールとしてのエコロジーは比較的小さな学問的ニッチにおいて存在してきた。「自然」が人間による浸入から保護される必要性は、「環境保護」(つまり人間を取り巻く自然のその保護)として、あるいは、どちらかというと保守的な側から、「自然保護」(自然の世話係としての家父長的な森林監督官のイメージをもつ)として主題化された。ヴィリー・ブラントは一九六一年の連邦議会の選挙戦でルール地域の環境汚染をそのように主題化し、「ルールを覆う青い空」を要求した。最初に合衆国で始まった環境保護運動の重要なきっかけというのは一九六二年に出版されたレイチェル・カーソンの『沈黙の春』という本であり、そこでは農業で殺虫剤を投入したことによって人間と自然へ有害な結果を及ぼしたことに対して注意が促されていた。こんにちまでのおそらく最も効果的なドイツの環境保護組織である、一九七二年に設立されたＢＢＵ(環境保護市民連合)は、もともととりわけ原子力発電所に反対する運動、それもフライブルクに隣接するヴィールで計画されていた原子力発電所の建設に反対する運動から起こったものであるが、名称においては「エコロジー」ではなく「環境保護」を扱っている。環境保護運動の「エコロジー化」は、七〇年代後半の結果、生まれたものである。どのようにして環境保護運動はドイツへやってきたのだろうか。ここで、『フライターク』誌の編集者であるミヒャエル・イェーガーの、残念ながら出版されていない原稿を引用したい。

「四月一〇日に彼〔リヒャルト・ニクソン―著者注〕はNATOに環境委員会を設置するよう要求した。NATOはこのようにして、軍事的任務と政治的任務のほかに「三番目」の「社会的次元」を受け入れ、「今世紀の最後の三分の一における人間の生活の質……に対する、私たちの心配にかかわり合」わなければならなかった。これは、エコロジーをヨーロッパへと渡した三つの架け橋のうちの一つで、しかも中心的なものであり、他の二つにとっての前提であった。二つ目の架け橋はMITで作成されたローマクラブの試論であり、最初は一九七二年に出版されたのであるが、そのときというのは、ニクソンの進撃によってすでに制度的な帰結やそれによって新たに開かれた受容条件も生み出されたときであった。NATOにならって、たとえばOECDも一九七〇年に環境委員会を設置した。ドイツ政府は一九七〇年に当座しのぎとせずに「大型の環境保護計画へ向けた仕事の準備」を開始した。その際、ニクソンのスローガンである「生活の質（quality of life）」、ドイツ語でいうところの「Lebensqualität」を利用した。三つ目の架け橋は次のようなことにある。すなわち、かつてバークレーで始まった「六八年世代」の運動が、一九七五年以降大西洋の両側で新たなエコロジー運動の骨格になった、ということである。これは、ベトナム戦争が終結し、それをもってその抗議の主題が不要になってはじめて起こったのである。」

成長の多様なあり方が制限されることなく、その下で人口増加も抑制されることがない、そのような未来における破局的な結果を予言した、ローマクラブの『成長の限界』（一九七二年）という報告書は、民衆に対して大きな影響を与えた。

日本でも、一九七〇年代に環境保護運動は大きな意味を獲得した。他の工業国同様に、日本でも生態系保全運動は環境保護運動として始まった。すなわち、とりわけ一九六〇年代と七〇年代に、工業密集地帯における大気と水の壊滅的汚染を食い止めようとする広汎な運動が起こった。それに加えていくつかの大きな環境スキャンダルが明らかとなり、それらの一部は何十年にもわたる補償闘争を結果として招き、公衆の記憶に刻み込まれることとなった。これらの運動は左翼政党によって、とりわけ当時はまだ最大野党であった社会党（現在の社民党）と共産党によって支援された。この両党は原子力発電所の建設にも反対を唱えた（そして、今も唱えている）。東京都では一九六七年から一九七九年まで、二大左翼政党およびさまざまな運動によって支持された、左派の美濃部良吉知事が都政を担当した。たとえば、彼は多くの新しい公園を造らせたし、その入園料も当時はまだ無料であった。社会的問題と環境保護は、このようにして一体と理解されたのである（オプヒュルス鹿島 二〇〇八）。

●注●

（1）ドイツでは、たいていは若者の間でみられるのだが、「自治」と自称する、荘重な極左的な政治運動が存在する。
（2）共生概念のこの側面については、尾関周二によって指摘されている。この概念は中国の浄土宗の開祖、曇鸞（四七六‐五四二）にまでさかのぼる。二〇世紀の終わり以降、この概念は、とりわけ、仏教学者であり政治家であり浄土宗の僧侶でもある椎尾弁匡によって、いくつかの作品において再び取り上げられた。
（3）この点で、共生社会システム学会編『共生社会システム研究』も参照されたい。ここでは、いくつかの投稿論文で「共生」に関するじつにさまざまな領域や側面が取り組まれている。
（4）ユタ・ディットフルトは、個人的に染め上げられた緑の党の歴史を書いている。そのタイトルは、『それは緑の党であった―希望との別れ』（Ditfurth 2000）である。いくつかの文章において、この本は個々に文章化されるまでに、クリスチャン・シュミット『私たちは精神異常者である―ヨシュカ・フィッシャーとそのフランクフルトの一味』（Schmidt 1998）によって影響を受けている。
（5）全盛期の七〇年代半ばに、他の毛沢東主義的なグループとは逆に、圧倒的な形で、学生たちによってだけでなく、見習いや若い労働者によっても会員が編成されていた、このグループ形成の歴史については、シュテフェン『トリュフの豚の歴史―一九七一年から一九九一年までの共産主義連盟の政治と組織』（Steffen 2002）を参照のこと。また、もともとKBが全盛期であったエコ社会主義には、一九九八年から二〇〇五年まで環境大臣であったユルゲン・トリッティンと、現在、日刊紙『ノイエス・ドイチュラント』の編集長であるユルゲン・レーンツが、ドイツ社会主義統一党の中心機関が再統合するまで属していた。
(6) 日本における集団シンボルの制度についてはOphüls-Kashima（2001）を参照のこと。
(7) 文化的な発言について、とくに一般化する仕方について慎重でなければならないといっても、つまり、もしも私が、両方の文化における「左翼—右翼」という対置を異なって使用するその理由を述べなければならないなら、日本の文化（いずれにしても私の観察によるが）はどちらかというと、さまざまな「場」すなわち状況に応じてさまざまな規則も受け入れる傾向があるが、ドイツの文化はある一定の原則をすべての領域へ拡張する向きがある、といえるだろう。政治的な概念としての「左翼」と「右翼」については、Ophüls（1991）を参照のこと。
(8) エコロジーという概念はギリシャ語の単語、オイコス *oikos*（「棲み場」）と関係がある。
(9) 日本ではエコロジーが特殊ディスクール（生態学）として、またインターディスクール的な用語（エコロジー）として概念的に区別されるが、ドイツ語圏における「Ökologie」や英語圏における「ecology」は、両方の側面を含んでいる。
(10) エコロジー的な表象（「右派」としての正体を暴かれた）に対する左翼的批判の例は、オリバー・ゲーデン『右翼的エコロジー—解放とファシズムとの間の環境保護』（Geden 1996）にある。
(11) 自然史の分野に関する自然科学としてのエコロジーの歴史について理論的にも程度の高い表現は、ルートヴィッヒ・トレッペル著『エコロジーの歴史—一七世紀から現在まで』（Trepl 1994）にある。

●引用文献●

Ditfurth, Jutta (2000) *Das waren die Grünen-Abschied von einer Hoffnung.* München: Econ.
Ebermann, Trampert (1984) *Die Zukunft der Grünen.*
Geden, Oliver (1996) *Rechte Ökologie-Umweltschutz zwischen Emanzipation und Faschismus.* Berlin: Elefanten Press.
Link, Jürgen und Ulla Link-Heer (1986) "Kleines Begriffslexikon". In: *Kulturrevolution-zeitschrift für angewandte diskurstheorie*, 11 (1986): S. 70f.
Link, Jürgen (1990) "Diskurs/Interdiskurs und Literaturanalyse". In: *Zeitschrift für Literaturwissenschaft und Linguistik*,

77,: 88-98.
Link, Jürgen (1997) *Versuch über den Normalismus-Wie Normalität produziert wird.* Opladen: Westdeutscher Verlag.
Ökolexikon. HG: Simonis, Udo E. München: C. H. Beck (Becksche Reihe 1548), 2003.
Ophüls, Reinold (1991) "Japanische Links-Rechts-Frakturen-Gedanken zu links und rechts im System der politischen Kollektivsymbolik Japans". In: *kultuRRevolution-Zeitschrift für angewandte Diskurstheorie*, Vol. 26, pp. 42-45.
Ophüls-Kashima, Reinold (2001) "Versinken die japanischen Inseln im Meer?-einige Überlegungen zur Kollektivsymbolik in Japan". In: *Kulturrevolution-Zeitschrift für angewandte Diskurstheorie*, Vol. 41/42, pp. 88-98.
Schmidt, Christian (1998) *Wir sind die Wahnsinnigen-Joschka Fischer und seine Frankfurter Gang.* München: Econ.
Steffen, Michael (2002) *Geschichten vom Trüffelschwein-Politik und Organisation des Kommunistischen Bundes 1971 bis 1991.* Berlin, Hamburg, Göttingen: Assoziation A.
Trepl, Ludwig (1994) *Geschichte der Ökologie-vom 17. Jahrhundert bis zur Gegenwart.* Weinheim: Beltz Athenäum, 2. Aufl. 1994 (1 Aufl. 1987).
Von Weizsäcker, Ernst Ulrich (1989) *Erdpolitik-Ökologische Realpolitik als Antwort auf die Globalisierung.* Darmstadt: Primus-Verlag, 5. Aufl. 1997 (1. Aufl. 1989).
石川統（一九八八）『共生と進化』培風館
尾関周二（二〇〇二）『言語的コミュニケーションと労働の弁証法—現代社会と人間の理解のために』大月書店
尾関周二・亀山純生・武田一博編著（二〇〇五）『環境思想キーワード』青木書店
尾関周二（二〇〇七）『環境思想と人間学の革新』青木書店
オプヒュルス鹿島、ライノルト（二〇〇八）「日本における共生—新しい政治的概念の誕生」（清水本裕翻訳）『共生社会システム研究』Vol. 2, No1

第Ⅱ部

近代批判から脱近代へ

——現代社会の諸相をめぐって

4 人間と自然の共生の意味を問う

——「自然‐作為」と「物象化」の議論を軸に

穴見　愼一

はじめに

二〇一一年三月一一日以降の史上最悪の原発事故により、今やわれわれの生活環境は危機的状況にある。この未曾有の災害を前に、原発の安全神話は解体され、「原発ムラ」の存在が暴かれ、国が、企業が、科学者が、いかに国民を裏切ってきたのかも明らかとなった。世論は一挙に脱原発政策支持へと傾き、国も脱原発政策へと舵を切らざるを得ないと判断することが期待された。だが、現実は、それとは逆の方向に向かいつつある。未だ色濃く残る事故の余韻のなかで、日本の原発技術の海外輸出が推し進められ、事故の終息宣言までなされた。そして今、一端は停止させた原発を安全性の徹底した検証もないままに、再稼働することを国は推し進めている。

安全よりも経済、環境よりも経済を優先させる政策方針は、今も昔も変わらない。半世紀以上も前から、日本は水俣病問題という惨事を経験してきている。今なお数万人にものぼる被害者が十分な救済策も講じられないままに放置され苦しみ続けている現状は、そうした公害問題の解決がいかに困難であるか、その重大さを物語っている。環境経済学者の宮本憲一も指摘した通り、そこから得られた最大の教訓の一つは、自然環境と人間の健康は一端破壊されてしまえば、二度と取り返せないということであったはずである。

そして、公害問題の解決のための政策思想のなかで最も重要だったのは、経済と環境の調和論をすてるということであった（宮本　二〇〇六）。

惨事は繰り返された。それでも原発が必要だと判断される背景の一つに、そうした安易な調和論の存在が疑われる。なかでも、その影響力が最大にして最強のものこそ「持続可能な発展（Sustainable Development）」であろう。なぜならば、それはブルントラント委員会報告（一九八七年）以降、エコロジー的関心に駆られた支配的な政治的言説となってきており、理論上はともかくも、その実践的な展開においては、とくに先進国で顕著なように、「エコロジー的近代化（Ecological Modernization）」論との結びつきを強めているからである（丸山　二〇〇六）。そしてそれこそが、経済発展は環境技術の進歩を促すことを介して自然の保護（保全）を実現し、そうしたイノベーションがさらなる経済発展を促すと主張する点において、環境問題の原点（資本主義経済下における社会の根本問題）を完全に忘却した、何ともおめでたい超近代化志向の安易な調和論なのである。そこから導かれる未来図には、もっぱら、緑に溢れる都市と環境ハイテク機器の存在は確認できるが、そこで暮らす人間の姿は全く見えてこない。そのことは、この議論が環境問題における人間同士の関係性の視点をなおざりにしていることを露呈させている。

そうした思潮に抗するべく、本論文は、一九八〇年代から高潮する「共生（symbiosis）」（以後、共生と表記）の議論に注目する。理由は両義的だが、二つある。一つは、それが安易な調和論を打破する可能性を持つことを示すため。そしてもう一つは、それ自体が安易な調和論へ加担する危険を討つためである。（共生もまた調和論である、という批判は免れ得ない。）こうした文脈における議論の一つが、哲学者の尾関周二に代表される「共生（Kyosei）」（以後、「共生」と表記）の理念であり、人間－自然関係だけでなく、人間－人間関係も同時に把握する二つの軸を中心に構成される議論が特徴的である。この議論が「持続可能な社会（Sustainable Society）」構築の理念として語られることは、安易な調和論に抗する脱近代の思想を構築する点において、大変重要な意義をもつと思われる。

しかしながら、生物学上の事実である共生概念を人間にも適用して社会規範を語ることには、これまで多くの批判が寄せられてきた。社会思想として定着してきた感のある人間と人間との共生の議論はまだしも、とりわけ、（自然の一部を成すに過ぎない）人間と（人間をその一部として含む）自然との共生は比喩的にでさえ意味を持たないものとして、自然科学者を中心に無視される傾向にあるように思われる。だが、「人間は自然的存在であるだけでなく、文化的・社会的存在でもある」というテーゼを是とするのであれば、自然と人為（作為）を関係づける議論は真の人間理解に必須であろう。そして、その視点から自然と人間の共生の議論を把握し直す試みは、真に持続可能な社会の構築を目指すうえで大変重要な意義をもつと思われるのである。

したがって、本論では、自然と作為の関係性を把握し直す視点から、資本主義経済下における社会の根本問題を指摘するカール・マルクスの「物象化」論を理解する作業を通じて、人間と自然との共生の意味について改めて問い直してみようと思う。そこで以下の第Ⅱ節においては、主に尾関の議論（二〇〇七・一九九五）に沿いながら、共生言説をめぐる問題性を明らかにする作業を通じて、脱近代の思想としての「共生」理念の可能性を探る。続く第Ⅲ節では、マルクスの物象化論を筆者なりに整理・紹介する作業を通じて、本論の問題意識の焦点化を図る。また、これを受ける第Ⅳ節では、政治学者の荒木勝と姜尚中の議論を参照しつつ、自然‐作為の関係性について本論独自の見解（「自然的作為」）を示す。そして第Ⅴ節では、その視点を携えて、マルクスの「物象化」論と尾関の「共生」論を媒介させる議論を通じて、人間と自然の共生の意味を明らかにする。

I　「共生」の理念と脱近代

人間－自然関係論としての共生概念の成立

自然と人間との関係性を問い直すことは、環境思想の核心ともいえる主要な論点を成している。しかし、この手の議論はその軸足を自然の側におくのか、それとも人間側におくのかに分裂し、果てしなき論争を繰り返してきた。いわゆる「人間中心主義　対　非人間中心主義」の論争である。それは一見二者択一の不毛な議論であるかのようにも思えたが、一方で、社会派エコロジーと呼ばれる思想群に見られるように、環境思想における社会の位置づけの重要性が指摘され、人間と人間の関係性のあり方についても同時に問い直していくことの必要性が認識されるようになってきた。そうした議論の成果の一つが、人間と自然との共生論であった。

尾関（一九九五）によれば、それまでの共生の議論は、次の三つの次元においてなされてきたとされる。一つめは、自然－自然関係を論じる生物学上の共生の議論で、その後の一連の議論の出発点となったものである。（ただし、後述する通り、仏教思想に由来するとされる共生論もある。）そこで語られているのは、「事実としての共生」である。二つめは、人間－人間関係を論じるもので、異文化理解や社会的弱者の問題にそのルーツをもつ議論である。そこでは、「理念（規範）としての共生」が語られていた。そして、三つめが、人間－自然関係についての共生の議論で、地球環境問題の顕在化を背景として登場してきたものである。そこでもやはり、人間－人間関係同様に、「理念（規範）としての共生」が語られており、その点において両者は、生物学上の（相利）共生を論理構築のモチーフとして参照しつつも、自然－自然関係における共生の議論とは一線を画すものであった。

しかし、人間－自然関係における共生が強調される際、それがしばしば自然環境破壊の問題の克服という文脈でのみ語られていることには問題があった。そうした傾向は、この議論の出発点からすれば当然のことではあるが、時としてそれは社会正義の視点を欠き、エコファシズムと揶揄されるような事態さえも引き起こしかねない危険性を孕んだものであった。それゆえ、人間－自然関係におけるエコロジズムが強調される際には、常に同時に、人間－人間関係におけるヒューマニズムの視点も強調される必要があったのである。そしてこのように、両者の議論を関連付け、それまでの共生の議論とは一線を画した新たな理論を展開したのが尾関であり、その理論が、「共生」の理念なのであった。

尾関はこれを持続可能な社会構築の議論と結びつけることによって、「共生型持続可能社会」の理論として展開し、人間と自然、人間と人間との持続可能性という二つの視点がこれからの社会構築の原理として不可欠であるとの認識を提供した。なぜならば、持続可能な社会の発想の原点は環境破壊や資源浪費の克服をめざす社会ではあるが、それは一部の議論に見られるように、排除や同質化を強要してしまう狭隘な環境主義（エコ全体主義やエコファシズム等）であってはならず、種々の視点からの社会正義に反し、文化的多様性を抑圧するような社会であってはならないからである。それゆえ逆に、「『共生』理念が持続可能な社会を実現する理念であるならば、少なくとも、人間－自然関係のみならず、人間－人間関係の基本的な位相においても考察されねばならない」（尾関 二〇〇七：一七八）のである。

共生から「共生」へ

しかしながら、現代日本において共生理念を主張する論者間においてさえも、異質なもの同士の関係性を重視するという点での共通認識は認められるが、より深い所での理解は相当に異なっており、そこには場合によっては正反対の実践的態度を引き出すような混乱した状況がある、と尾関は指摘する。そこで尾関は、現代日本における共生理念を三つの類型に分け、これを整理することを通じて、問題の所在と自らの主張する共生理念を浮かびあがらせようとするのである。

第一のタイプは「聖域的共生論」と名づけられる。その代表的論者は建築家の黒川紀章であり、相互の「聖域」を認めようとする点が強調されるところに特色をもつ。ここで「聖域」とは、了解不可能、神秘の領域、自己アイデンティティの根源、文化のプライドの根源等がその条件として語られている。日本を例にとれば、それは天皇制、米作り、相撲、茶道等となる。それは主に伝統的共同体志向との関係で「聖域」論を持ち出し、相互の了解的コミュニケーションを初めから否定する点において、前近代（プレモダン）志向で保守的である。この点は、黒川の共生論が、仏教哲学者（浄土教系）の椎尾弁匡の「共生（ともいき）」論をモチーフに構成されたことによるものであろう。それは、一九二〇年代の日本で展開された反リベラリズムの「国体」擁護運動のイデオロギーであり、仏教思想に由来するものとされる一方で、それとは似て非なるものとの指摘もある。(1) また、この場合の共生言説には、あらゆる社会矛盾を飲み込んで解消・隠蔽してしまうイデオロギー装置として機能する側面があり、共生が安易かつ危険な調和論に堕してしまう可能性があることを強調しておくことは重要であろう。そして、この点は、かつての日本がたどった悲惨な戦争への深い反省とともに、今なお強調される必要があるように筆者には思われるのである。

第二のタイプは「競争的共生論」である。その代表的論者は法哲学者の井上達夫であり、現代日本の同質化（社会に残存する異質さを排除する）傾向による抑圧性に対する批判的な問題意識から、リベラリズムの視点が強調されるところに特色がある。もとより、リベラリズムの基本理念は「異質で多様な自律的人格」にあると考えられ、それゆえ、井上が象徴天皇制に対して批判的であるのも、その深刻な問題性は同質化傾向を担保し、共生を不可能にする点にあるとするからである。その意味において、それは黒川の共生論の危うさを討つものであり、現代日本における問題性を積極的に批判するものとして、今日的意義が認められる。だが、その一方で、現代の競争主義を煽る企業中心社会による同質化の強要に対する批判的問題意識を欠き、市場の競争原理を積極的に肯定する点において批判されるべきものであり、その思想はあくまで近代（モダン）志向でしかない。

そして第三のタイプが、尾関の主張する「共同的共生論」である。それは、誤解を恐れずに言えば、これまでの二つのタイプの共生論が孕む政治的かつ経済的なイデオロギーの危険を討つ議論である。ただし、それは他の二つの類型に単純に併置・対立させて、それらを否定するものではなく、その積極的な側面を止揚する契機として包み込んでいる点にその特徴をもつ。すなわち、第一の理念からは完全な透明性を要求する近代啓蒙主義のような仕方ではなく、理解可能性を追求しつつも相互の理解不可能な事柄の存在の承認と尊重を重視する契機が得られ、第二の理念からは単なる「仲良しクラブ」の関係から脱する、共生における対立的・競争的な側面を契機として要請するからである。ここで重要なのはそうした抗争・対立にもかかわらず、その根底には人間性に根ざす「共同性」が存在すると考える点である。

競争ではなく、共同性を前提とした共生理念を語るのは、尾関の人間観によるところが大きい。それは、人間とは本源的に共同的な存在であることを重視するものであり、人間の共同的存在性やそれに基づく人間の相互援助行為は、深く人間の本性に根ざしているとするものである。ところがまさに、そうした人間の本源的な共同性を見えにくくさせ、その代わりに孤立化した個々人が利己主義的に競争し合い、あたかも生存闘争が人間の不変の本性であるかのような（転倒した）社会形態こそが、近代以降の資本主義的市場経済システムの本質であり、尾関の主張はこの重大な問題を突くものなのである。

したがって、「共同的共生」の理念とは、「人間の自然的本源性に根ざす共同性価値を根底におきつつ、近代の獲得物である個性価値を積極的に承認し、近代の形式主義を乗り越える仕方で実質的平等の実現をはかろうとするもの」（同書：一八六）であり、その意味において、脱近代の思想として位置付けられるものなのである。

Ⅱ　「物象化」の視座が拓く現代社会の根本問題の所在

現代社会と「物象化」のメカニズム

現代の地球環境問題は、地球規模での自然環境破壊の問題であり、それを通じた社会環境破壊、さらには人間（精神・関係性）の破壊の問題でもある。その原因の根底には、いまやグローバル化した資本主義的市場経済があり、その端緒は、一九世紀中葉の西欧における産業（工業）革命にあった。そこでは、あらゆるものが工業化の波に飲み込まれ、それまでの人間－自然関係も、人間－人間関係もすっかり変わってしまったのである。その変化はまさに革命的であり、現代はその延長線上にあると言ってよいだろう。

その現代社会は、一言でいえば、全面的に商品化された社会という意味において、「物象化された社会」である。物象化という概念は、マルクス由来のものである。それは、『資本論』の第一章「商品」において、商品価値の分析と貨幣の生成の過程を解明するなかで提示された。物象化とは、商品生産社会に固有の現象であり、とくに資本主義社会においてその傾向は強力なものとなる。市場経済が全面化した社会においては、あらゆるものが売買の対象となり、人間の労働力も商品化され、人間自身が何か物象的な商品的性格を帯びざるを得なくなってくる。そのなかで、それまで人格的なものとしてあった人間と人間との関係性は、物象と物象との関係性に置き換え可能になるのであり、商品の売買においても、買い手と売り手との関係性は覆い隠されて、貨幣と物象との関係性として見なされるようになるのである（栗田・古在 一九七九）。

マルクスによれば、商品には二重の形態がある。一つは「自然形態」であり、もう一つは「価値形態」である。逆に言えば、これら両形態をもつ限りにおいて商品は商品として存在するのである。ここで重要なのは、商品の「価値形態」は、その自然的素材には関係なく、われわれの感覚では捉えられない、いわば「超感覚的[2]」なものであるという、マルクスの指摘である。そして、この価値形態において、個々の商品は商品としては独立では存在できない。なぜなら、商品の価値（交換価値）は、他の商品との関係性において決定されるからであり、それは、使用価値とは異なり、商品の自然的素材に由来するものではないからである。したがって、商品をめぐるわれわれの感覚的な振る舞いは、われわれの意図しない超感覚的な諸関係を引きずっていることとなり、そこに、ある種のズレが生じることとなる。

日常においてわれわれは、さまざまに形成される社会的諸関係のなかで生活を営んでいる。それには、人と人とが織りなす関係もあれば、人と物とが織りなす関係も含まれる。ただ、直接に関係する対象が人である場合と、物である場合では、明らかにわれわれの対処法は異なるであろう。しかしそれは、対象に対するわれわれの感覚的把握が及ぶ範囲に限られている。われわれの感覚的把握が及ばない超感覚的な領域においては、人か物か、という関係する対象の区別はできないのである。

すなわち、商品を介して人と人とが関係をつくる市場経済社会においては、たとえわれわれが感覚的に人と物とを関係性の対象として区別していたとしても、商品形態の超感覚的な領域においてそれは無効となるのである。そして、商品と商品が織りなす関係性において、人間の労働の社会的性格は「物象と物象との社会的関係」へと置き換えられ、また、総労働に対する生産者たちの社会的関係は「人格と人格との物象的関係」へと置き換えられるのである（マルクス　一九六四b）。

「物象化」から物化へ

このように、われわれが商品に関係するということは、商品関係を介して人と人とが関係をつくるということであり、そうした社会では常に人が人（人格）として扱われるとは限らないのである。むしろ、人は物象として扱われるようになるのであり、それが「物象化された社会」の特徴だということになる。われわれの社会では、商品の流動性は大きく、その拡大は、われわれの自由の拡大に寄与するもののように思える。だが、その超感覚的な領域において、商品と商品との必然的な結びつきが堅固さを増していく一方で、市場経済社会の自由な人間は人格と人格による本来的な結びつきを失い、個々人の抱える問題の解決を商品の消費に頼ることで、結束する理由をも奪われているように思えるのである。

ところで、「物象化」の議論による問題の追究はここに尽きるわけではない。より重要なのは、哲学者の平子友長（一九七九）によって、「物象化（広義）」（「物象化」と表記）第二の過程としてその重要性が強調された、マルクスの「物化」の指摘であろう[3]。それは、簡潔に言えば、物象化（狭義）により人間関係は物象相互の関係に転倒した社会関係となるが、それがあたかも物的なもの（商品）の自然的属性として備わっているように錯覚される現象（現実）のことである。すなわち、先の商品分析の議論に引き付けて言えば、社会的な交換関係のなかにおいてのみ成立する交換価値がまるで商品の自然的属性として反映されているのであり、「超感覚的」とされた抽象的社会的関係の商品の「価値形態」が、「感覚的」とされた「自然形態」に完全に還元された仕方で理解され、現象しているのである。

ここで、「超感覚的」とは、マルクスによれば「社会的」と同義である。だが、一般にこの「社会的」という語には、主要ないくつかの意味があるように思われる。社会学者の市野川容孝（二〇〇六）は、これを四つの意味に集約し、整理している。第一の意味は、ギリシア語の「フュシス（physis）」と「ノモス（nomos）」の弁別に重ねられるような、「自然」の対立項として理解される「社会的なもの」（人為）である。第二は、「個人」に対置される「社会的なもの」であり、第三のものは、「国家」との対比で語られる「社会的なもの」である。そして最後が（おそらく市野川の文脈で最も重要なのが）、「福祉的」という意味である。マルクスの文脈では、「感覚的」に対比される語としての「超感覚的（社会的）」であることから、この用法は、市野川の第一の意味に該当するものと考えられる。つまり、「超感覚的」＝「社会的」とは、「自然」の対立項として理解されるということである。

しかしながら、これを単なる自然と人為（作為）との二項対立的な関係において捉えるのは一面的に過ぎるように思われる。すなわち、マルクスにおいて「感覚的」とは、商品の自然形態に対してあてられた言葉であり、その意味で「人間的自然（human nature）」において自然なのであり、それゆえそこには人為（作為）の関わる余地が残されているのである。またそれゆえ、マルクスのこの文脈において、「社会的」＝人為（作為）と単純に即断するのは早計との誹りを免れ得ないだろう。そこで、自然と人為（作為）との関係性把握のため、「自然－作為」関係の独自の視点からアリストテレス国家論の再考を企図する政治学者の荒木勝の議論に注目する。まずは、アリストテレスの「自然（フュシス）」概念から始めたいと思う。

III　自然と作為の関係性を探る

自然と作為の国家論を手懸りに

アリストテレスは『形而上学』において、「自然（フュシス）」を次のように規定している。
（1）成長する事物《タ・フィオメナ》の生成《ゲネシス》
（2）成長する事物のうちに内在していて、この事物がそれから成長し始める第一のそれ
（3）自然によって存在する事物〔自然的諸存在〕の各々の運動が第一にそれから始まり且つその各々のうちにそうした事物のそれ自体として内在しているところのそれ〔自然的存在の第一の内在的始動因〕
（4）自然的諸存在の存在するのも生成するのもそれからのところであるところの第一のそれ〔自然的諸存在の第一の質料〕
（5）自然的諸存在の実体
（6）広く一般にあらゆる実体
以上のように、アリストテレスの「自然」概念は多義的な様相を呈するものであり、われわれが一般に自然という場合は、それを（5）の意味で用いているのであるが、アリストテレスにおいては、これら（1）から（6）までの意味を含めた理解が必要であることに留意すべきであろう。そのうえで、アリストテレスの「自然」理解の根源を問うとき、次の一文の意味が真に理解されるのである。

「第一義の主要な意味で自然《フュシス》といわれるのは、各々の事物のうちに、それ自体として、それらの運動の始まり〔始動因〕を内在させているところのその当の事物の実体《ウーシア》のことである。（中略）また自然的諸存在のうちに、可能的にせよ現実的にせよ、内在しているところのこの事物の運動の始まり〔始動因〕も、この意

味での自然である」（アリストテレス　一九五九：一六三）。

すなわち、「自然」とは運動の源であり、「自然的諸事物」とはこの運動の源をうちにもつものなのである。それゆえこの「自然」こそ、その事物の実体なのであり、この本質は自らのうちに運動の源をもつがゆえに自ら運動するのである。またそれゆえ、アリストテレスの「自然」理解は、「自ずから然る」とか、静態的な本性・本質の意味とは異なる次元のものであったといえるのである。

こうした「自然」理解の立場から、アリストテレス国家論をより整合的に理解しようとする試みの一つが政治学の荒木勝（一九九三）である。荒木の目論見は、それまでの日本の政治学研究においてアリストテレスの国家（前近代的国家）がホッブズやロックに代表される近代国家に対置される自然的生成物とされ、両者が「自然と作為」の単純な二分法の下に描かれてきた状況に一石を投じるものであった。それは、ソクラテス以来主題化されてきた「自然法（physikon dikaion）」をめぐる議論（法はフュシスに基づくか、それともノモスか）の一つであり、二〇世紀の法実証主義の台頭によって一度は全面的に否定された思想の系譜に位置づけられるものである。しかしながら、それはまた、近年の地球規模の環境破壊の問題への切迫した危機意識を背景として、そうした問題にも対処し得るような自然法再構築の目論見に接続可能な議論であるように思われる。

さて、その荒木は、先述した「自然」理解を念頭におきつつ、『政治学』に示された、「国家が（まったくの作為ではなくて）自然に基づく存在の一つであることは明らかである。また人間がその自然の本性において国家をもつ（ポリス的）動物であることも明らかである。」（アリストテレス／田中他訳　二〇〇九：一六―一七）という一文の意味を次のように翻訳できるとする。すなわち、「市民国家は、自ずから成り、自然のままに存在しているものでもなく、自らの内に発展・成長する力をもったものであって、しかもこの発展・成長する力の担い手は人間自身である。何故なら、人間は、その本性的志向において、自らの完成のために市民国家を作り出そうとする力を持った存在であるから。」（荒木 一九九三：四七五）そしてこれこそが、アリストテレスがそこで語ろうとした内容であるとされるのである。（ここで、「ポリス＝市民国家」とされ、アリストテレスのポリスが市民的結合そのものも意味することへの配慮であることが指摘されている。）

したがって、「市民国家（ポリス）」は、万人のなかに存在する「自然」によって実現される産物であり、またその意味において、人間の「自然」は「作為」としての「法（ノモス）」と対立・矛盾するものではなく、むしろ「作為」としての「法」を作り出す根源的な力であるといってもよいだろう、と荒木は結論付けるのである。（ただし、ポリスは奴隷制を前提としており、「万人」の意味するところには注意が必要であろう。）さらにまた、この観点からみたとき、「法」にも二つの種類があるとし、「自然」に合致する「法」と、必ずしも「自然」に合致しない「作為」としての「法」の存在を示唆している（同書：四八〇）。

「作為的自然」と「自然的作為」

こうした自然と作為の関係性理解という点において、逆説的にではあるが、荒木と鮮やかな符号を見せるのが、明治維新期の国家形成について論じる姜尚中（二〇〇二）の議論である。姜は、ナショナリズムを論じるなかで、近代国家をめざした明治維新時の最大の課題が統一された日本人としての国民《ネイション》を創出することであったとし、その装置として機能した「国体（天皇を中心とした秩序）」言説に注目する。それは、結果的に単なる古色蒼然の復古としてではなく、近代的な憲法・政治学のタームで縁取られることになったのだが、その作業の最大の功労者を伊藤博文とし、伊藤が明らかに国民《ネイション》の創出が単なる郷土愛や伝統的な習俗、宗教心の同心円的な拡大によってかなえられるとは全く考えていなかったとする。すなわち、国家的秩序とは、自然に成長するものではなく、政治的作為によって創出されると考えていたとするのである。つまり伊藤は、自然的存在の「国体」から憲法を作ろうとしたのではなく、むしろ近代の政治的作為として「国体」の憲法を作ろうとした、というのである。

したがって国家の機軸となるのは自然的・伝統的天皇とは異なる「超越的統治権者」としての天皇の創出でなければならなかったのである。しかしそれは同時に、憲法の外にあってそれを根拠づける絶対的存在としての天皇と、憲法の制約を受ける立憲君主としての天皇という矛盾する二面性をもつ構想であった。そうして、この矛盾隠蔽のため、「国体」の近代には、憲法の近代性（政治的作為的側面）と皇位の連綿とした無窮性（自然的・伝統的側面）とが重層化され、その限りで、「国体」の憲法の作為的な近代性は、限りなく自然の姿態をまとって立ち現われることとなったのである。そして、それこそが、姜が「作為的自然」[4]と呼んだ「国体」の確立であったのだ。

何かが自然であることは、ただそれだけで、その何かの十分な存在理由となり得てしまうのに対し、何かが作為であることは、その存在理由を問われる根拠となる。それゆえ、作為的なものは、その存在理由を不問にふし、存在の正当性を主張するため、自然を装う。したがって、われわれが気をつけなければならない、最も危険な存在とは、「作為的自然」であろう。「国体」擁護のイデオロギーとは、まさにそうした、「作為的自然」なのである。そして、こうした視座に立つとき、荒木のアリストテレス国家論の解釈がその重要性を増してくるように思われる。

荒木のアリストテレス解釈に従えば、市民国家は、万人のなかに内在する自然（内的自然）によって、すなわち万人の自己完成への本性的志向としての、正義の実現に向けての強い欲求の産物であった。また、その限りにおいて、市民国家は人間の作為の産物なのであり、それゆえまた、人間の（内的）自然は作為と矛盾・対立するものではなく、むしろ作為の根源的な力なのであった。そして、おそらくそれは、先の姜の指摘にあった、「作為的自然」としての「国体」の近代に対置されるような、「自然的作為」としての市民国家と称することができるのではないだろうか。また、この点に関し、すべての市民国家がいずれも人と人との共同結合であり、そうした市民的結合は、市民によって「最も権威あるもの（クリオタートス）」として是認された意識的形成物であることを強調する荒木の指摘（一九九三：四八六－四八七）は重要であろう。つまり、市民国家は、市民の意思を超えた、超越的な共同体、神秘的な共同体なのではないのである。

さらに、こうした国家形成論は、いわゆる国家有機体論の従来の解釈に再考を迫るものでもある。一般に、有機体論の特徴は生物をイメージして語られ、各部分が共通の目的である生命維持のために相互に協力し、作用し合って、有機体全体に奉仕する点に極まる。つまり、その意味で、各部分は全体の目的達成の道具となっているのである。国家有機体論は、このような有機体の特質を国家の特質として認めるものであり、国家はそれ自体の維持・発展という目的を内在的にもっており、国家の成員は、そのための道具として国家に奉仕するものとされる。（第二次世界大戦末期の大日本帝国の惨状は、まさにこの議論を彷彿とさせるものである。）

これまで『政治学』における記述は、アリストテレスの「全体と部分」についての有機体的発想を示すものとして理解されてきた。それは、全体は部分よりも先にあるのが必然だから、国家が自然にあり、また個人より先にあるということは明らかである、とする内容であった。しかし、このような従来の理解の仕方は、明らかに、これまで論じてきた荒木の議論に反するものである。そこで問題は、「先にある（プロテロン）」という語義の理解の仕方にあると荒木は指摘している。

アリストテレスは、『形而上学』において、この「先にある（プロテロン）」の語義について、（一）起点との関係、（二）認識・説明方式との関係、（三）事物の属性との関係、（四）「自然」、「実体」、可能性と完成との関係、と四つに大別している。荒木によれば、『政治学』における問題の個所は、国家は「自然」において個人よりも先行している、と言われているので、（四）の語義を中心に考察すべきではないかとされる。そしてさらに、「明らかに、生成しているものは一般的にみて不完全であり、その物の根源（アルケー）に向かって進むものであるから、生成という観点から見て後のものは、本性的力能（フュシス）の観点から見れば、先である。」とする『自然学』の一説に触れ、生成という時間経過の点から見れば、成長した草木や成人は、その種子や子供時代よりも後であるが、本性的力能の完成度から見れば先である、とするのである（荒木　一九九三：四九一）。

このことを先の国家有機体論に引き付けて、荒木は、市民各個人はその完成度において未熟であるから、国家（ポリス）は市民個人の未熟なあり方を完成させるものであり、また完成させたものであるから、その意味において、各個人に対して先にあるのである、と指摘する。それゆえ、アリストテレスにおいては、全体としての国家と部分としての市民との関係は、部分が全体に対して道具の位置にあるというものではなく、むしろ、全体は部分が完全になるための、部分による意識的な結合そのものなのであった。その意味において、全体である国家は、部分である市民の優れた力量の実現の目的であり、働きであり、完成なのである。そしてここに、市民を国家目的遂行のための道具と考える国家有機体論との明瞭な相違がある、と荒木は主張するのである。

IV　人間と自然の共生が意味するもの

国家論と「物象化」論の間

このように、自然と作為との関係性の把握の仕方によって、国家有機体論における国家形成のシナリオは大きく書き換えられる可能性をもち、それらにおける国家と市民（国民）との関係性は全く異なってくる。「自然的作為」の国家において、市民は自己完成への本性的志向（目的）をもつ主体であり、決して国家の手段とはなり得ない。だが、「作為的自然」の国家においては、国家の生存・維持こそが目的であり、市民はその手段に過ぎない。すなわち、前者において、人間は人格として現象するが、後者では、人間は手段であり、物として扱われることになる。ここで、国家を一つのシステムだと仮定すれば、そのシステム内において、前者の場合は、人間は人格として振る舞うのに対して、後者では、物として振る舞うことになるのである。

荒木のアリストテレス理解に従えば、そしてまた、その自然と作為の関係性の議論に立てば、自然と作為の関係が、単純な二分法では語りきれない豊かさをもっていることが理解される。そこで筆者は、この議論を政治学の法の枠から解き放ち、ひろく人工物一般に適用する議論を試みようと思うのである。そこで、商品という近代以降に固有の人工物を分析したマルクスの議論と接続させることによって、自然と作為の関係性の視点からマルクスの「物象化」を論じてみようと思う。

ところで、ノモスとは、法以外に、慣習という意味ももち、それは価値の基準という意味を帯びるものであると理解される。したがって、荒木の議論における法を価値に置き換えたとしても、そのテーゼのもつ意義が大きく損なわれることは無いものと思われる。仮にそのように置き換えた場合、先の自然と作為に関するテーゼは次のように書き換えられるであろう。すなわち、人間の自然は作為としての価値と対立・矛盾するものではなく、むしろ作為としての価値を作り出す根源的な力であるといってもよいだろう。さらにまた、この観点から見たとき、価値にも二つの種類があり、自然に合致する価値と、必ずしも自然に合致しない作為としての価値が認められる。（ここで、作為が何らかの価値判断を含むとすれば、「作為としての価値」という表現は一見同語反復的で無意味に思えるかもしれない。しかし、これをノモス（人為）そのものと捉え返すなら、「人間の『自然』はノモスと対立矛盾するものではなく、むしろノモスを作り出す根源的な力である」となる点で、荒木のテーゼの原型が保たれている証左とも言えるのではないだろうか）。そこで、それら「二つの価値」に、先のマルクスの議論で触れた、商品に関する二つの価値形態を対応させてみようと思う。さすれば、自然形態は「自然に合致する価値」となり、価値形態は必ずしも「自然に合致しない作為としての価値」と表されることとなり、荒木の自然と作為の関係性の議論は、マルクスの商品（貨幣）分析の議論と重なりをみせるのである。すなわち、マルクスが「感覚的」と呼んだ「自然形態＝使用価値」は、まさに「自然に合致した価値」であり、これに対して、「超感覚的」とされた「価値形態＝交換価値」は、まさに「自然に合致しない作為としての価値」なのである。そしてこの「自然に合致しない価値」こそが、「物象化」の主要な一契機を成すのであった。

さらに、より重要な問題は、マルクスの物化の指摘にこそ極まるのであった。そこでは、社会的な交換関係のなかにおいてのみ成立する「価値形態＝交換価値」が、あたかも商品の自然的属性として反映されてしまい、「自然形態＝使用価値」に完全に還元された仕方で現象するのであった。すなわち、マルクスは、「自然に合致しない作為としての価値」が、あたかも「自然に合致する価値」のごとく振る舞う点にこそ、「物象化」の問題性の究極の所在を見定めていたということになるのである。それは実際の現象において、あたかも、姜が「作為的自然」と呼んだ国家形成論と同一であるかのようである。

「物象化」における「自然－作為」関係の視座が拓く人間と自然の共生の意義

「物象化」論は、商品の分析を通じてマルクスが明らかにした資本主義経済下における社会矛盾の問題性を見事に捉えた議論であった。それは、人間労働の成果である商品の運動によって人間自らが受動的な客体へと化して行く過程を示すものであり、主体であり、人格同士であるところの人間関係が、あたかも物象同士、さらには物であるところの客体同士の関係のように現象するメカニズムの解明であった。その意味で、それは、経済活動における人間－自然関係（賃労働による商品生産）が人間－人間関係に重大な矛盾（主体の客体化）を引き起こしていることを明示するものであり、平子（一九七九）の言葉を借りれば、両者は現代社会の根本問題を追跡する一続きの論理過程の相対的に区別されるべき二契機をなしている点において、両者をそれぞれ別個のものとして分離してはいけないのである。それはまた、前者において論じられた人間と自然（外的自然）との関係が、後者において人間の自然（内的自然）の関係として展開される論理構成をなすものであった。

ここで、内的自然とは、人間的自然（human nature）の言い換えである。その意味でマルクスは、『経済学・哲学草稿』で人間を「類的存在（Gattungswesen）」であると規定した。それは、誤解を恐れずに言えば、人間は本質的に共同存在であり、相互に人間の本質を実現し得るような存在であることの端的な表現である。それはまた、真の人間関係が相互に主体的な、人格と人格の関係においてのみ成立するとするものであり、その意味において、人間－人間関係は、人間の内的自然の関係と言い得るのである。

そうした論理構成は、人間と自然の共生だけではなく、それと同時に人間と人間の共生の視点の重要性も強調する、尾関の「共生」理念においても貫かれている。両者の共生は、環境破壊の原因と人間の精神破壊の原因とが、その根っこにおいて繋がっているという、尾関の直観的確信によって媒介されており、そこに両者の内的連関の可能性を認めることができる。そして、尾関の指摘する人間と環境を破壊する共通の原因こそ、マルクスの「物象化」論が明らかにした資本主義経済における商品の運動であるように思われるのである。したがって、マルクスの議論においてそうであったように、「共生」の議論においても、「人間と自然の共生」と「人間と人間の共生」は、現代社会の根本問題を追跡する一続きの論理過程の相対的に区別されるべき二契機をなしているのであり、両者をそれぞれ別個のものとして分離してはいけないのである。それはまた、前者において論じられた人間と外的自然との関係が、後者において人間の内的自然（人間が共同存在であること）の関係として展開される論理構成をなす点においても同様だといえよう。

人間と自然の共生という場合、さらにはそれが、人間と人間の共生とは区別して論じられる場合、そこでの自然が意味するところは、人間の外的自然のことであろう。しかし、「共生」理念のように、それら二つの共生の議論が一続きの論理過程の相対的に区別されるべき二契機をなすものとして語られるのであれば、そして、後者の議論が人間の内的自然との共生を語るものとして理解されるのであれば、広義の人間と自然の共生が語られる場合の自然とは、人間の外的自然のみならず、内的自然を意味するものとして理解することができるであろう。

だが、その場合、次のことを銘記する必要があろう。それは、マルクスの「物象化」論にあったように、資本主義経済の下では人々の欲求が「物神崇拝」として現象するのであり、人間には「超感覚的なもの」を「感覚的なもの」として理解する傾向性があるということである。それゆえ人間は、純粋に「社会的なもの」を「自然的なもの」として錯覚するし、「作為的自然」に欺かれ易いということである。したがって、そうした事態を回避する意味において、自然と作為の弁別は重要なものとなるが、より重要なのは、両者は単純な対立項ではないという視点であろう。それは、たとえば、国家有機体論に対する対極的な二つの議論を引き出したように、作為にも自然に適ったものとそうではないものがあり、前者の場合、人間は国家というシステムにおいて主体として、人格として振る舞い得るのに対し、後者ではその可能性が否定されるのであった。

したがって、人間と自然の共生とは、自然に適った作為という意味で、「自然的作為」を重ねていくということであろう。また、そうした実践への可能性の道が示されたとき、共生は、エコロジー的近代化に代表されるような安易な調和論に対抗し得る持続可能な社会構築の理念と成り得るであろうし、そこで語られる自然と人間の共生はもはや単なるメタファーを超えるものとなるのである。

●注●

（1）椎尾の「共生（ともいき）」論については、亀山（二〇〇五・二〇〇二）と寺尾（二〇〇二）を参照。
（2）それは、「物的（dinglich）」ではなく、「物象的（sachlich）」であり、しかも自然界における関係事象ではない点において「社会的」なのである。
（3）平子（一九七九）への批判の主要なものに、山本広太郎（一九八五）『差異とマルクス―疎外・物象化・物神性』青木書店、がある。
（4）姜は、伊藤博文を論ずるなかで、国家秩序は、「自然に成長するものではなく、政治的作為によって創出される」（橋川文三「国体論・二つの前提」『橋川文三著作集』第二巻、一一一頁）という点に言及している。

●引用・主要参考文献●

穴見慎一（二〇一二）「持続可能な社会構築の一考察―〈農〉と「脱・物象化」の視点から」『環境思想・教育研究』第5号、環境思想・教育研究会

荒木勝（一九九三）「アリストテレスにおける「自然」と「作為」」『名古屋大学法政論集』一五四巻
アリストテレス著／田中美知太郎・他訳（二〇〇九）『政治学』中央公論新社
アリストテレス著／出隆訳（一九五九）『形而上学』（上）、岩波文庫
粟田賢三・古在由重編（一九七九）『岩波哲学小辞典』岩波書店
市野川容孝（二〇〇六）『思考のフロンティア　社会』岩波書店
尾関周二（二〇一〇）「〈農〉の思想と新たな文明への哲学的視座」『環境思想・教育研究』第4号、環境思想・教育研究会
尾関周二（二〇〇七）『環境思想と人間学の革新』青木書店
尾関周二（二〇〇〇）『環境と情報の人間学―共生・共同の社会に向けて』青木書店
尾関周二（一九九五）『現代コミュニケーションと共生・共同』青木書店
亀山純生（二〇〇五）『環境倫理と風土―日本的自然観の現代化の視座』大月書店
亀山純生（二〇〇二）「共生理念の深化と仏教思想の〝参照点〟としての意義」吉田傑俊・卞崇道・尾関周二編『「共生」思想の探求―アジアの視点から』青木書店
姜尚中（二〇〇一）『思考のフロンティア　ナショナリズム』岩波書店
平子友長（一九七九）「マルクスの経済学批判の方法と形態規定の弁証法」岩崎允胤編『実践的唯物論の方法と視角（上）―科学の方法と社会認識』汐文社
寺尾五郎（二〇〇二）『「自然」概念の形成史―中国・日本・ヨーロッパ』農文協
マルクス、K著／城塚登・田中吉六訳（一九六四a）『経済学・哲学草稿』岩波文庫
マルクス、K著／長谷部文雄訳（一九六四b）『資本論1』河出書房
丸山正次（二〇〇六）『環境政治理論』風行社
宮本憲一（二〇〇六）『維持可能な社会に向かって―公害は終わっていない』岩波書店

5

「自然の社会化」への物象化論的アプローチ
――人間と自然の物質代謝の亀裂の克服のために

永谷　敏之

はじめに

私たちが直面しているさまざまな自然環境問題は人間の手を超えたものであるかのように思われてくる。これが「人間の活動はもともと自然を破壊するものだ」とどうしようもないものとして悲観させることもある。他方、そうした「人間の手から離れたもの」であっても「技術が発展することでいつかはコントロールできる」といった楽観的な認識もある。両者は正反対のもののように見えるが、どちらも人間や社会、そしてこれらを支えるイデオロギーを捉えていないという点では共通している。しかし、人間の活動があらかじめそうであったという「原罪」とすることはできない。また、自然環境問題は人間社会の姿と無関係に生じる純然たる自然科学的課題でもない。この問題は自然と人間との循環的関係が切断されたことによるものであり、自然環境問題について考察することは人間あるいは社会の問題――すなわち社会環境問題としても考察しなければならないのである。

このことを明確にしたのが、カール・マルクスが『資本論』にて論じた物象化論である[1]。そのため、マルクスの論考は現代社会の諸問題を考察するうえで今なお重要な視座を提供していると思われる。マルクス自身も『資本論』において「人間と自然の物質代謝 Stoffwechsel の連関にいやすべからざる亀裂 Riß」

（マルクス 一九七三：二九七）が生じるとして、人間と自然の関係について論じている（尾関 二〇〇八を参照のこと）。このことは資本主義社会の下で生み出されつつある現代の自然環境問題についても同様であり、マルクスをエコロジー問題や環境思想との関連で読む試みもさまざまに行なわれている。本章もまた自然の社会化を物象化論の地平から考察しなおす試みであり、マルクスを環境思想との関連で読み直す試みの一環である。

Ⅰ　自然の社会化について

「自然の社会化」とその二つのアスペクト

人間の歴史は自然物を人間化または社会化する歴史でもある。すなわち、元々人間社会の外にあった自然物を労働を通じて社会の内に取り込み、社会を構成・再生産するために不可欠な要因とし、それを通じて自然を改変してきた歴史ともいえる。野生の動植物を家畜や農耕植物へと「進化」させることなしには文明も生じ得なかったであろう。ここからさらにマルクスが自然を「非有機的身体」（マルクス 一九六四：九四）と規定したことを想起してよい。つまり、自然は単なる「資源」でなく、人間の肉体的・精神的営みにとって不可欠な「身体」でもある。

また、人間は、自然的条件の差異への適応によって異なる生活様式を作り上げ、ひいてはそれが言語や宗教などの文化様式の違いを生み出してきた。こういった言語や宗教が自然をシンボル的に意味づけることもまた、「自然の社会化」と考えることができるだろう。少々極端ではあるが、エルンスト・カッシーラーが以下のように述べたこともこの点に関係付けられるので見てみよう。

「たとえば言語形成の過程は直接的諸印象のカオスにわれわれが「名を与え」、それを通じてそのカオスを言語的思考と言語的表現の機能で満たすことによってはじめて、そのカオスがわれわれにとって明るく分節を持ったものになることを教えている。言語記号からなるこの新たな世界では、諸印象の世界そのものもまた、精神によるある新たな分節を手に入れるわけであるから、まったく新たな「在り様」を獲得することになる。」（カッシーラー 一九八九：四六）

彼のように「直接的諸印象」を「カオス」とまで言い切ってしまうのは乱暴ではあるものの、「言語による自然の社会化」の一側面を表しているのもまた事実である。言語やシンボルによって自然像は分節化され、構成され、いわゆる「文化的自然」が形成されるのである。このような「文化的自然」は人間が自然を直接変えることのできないものを社会化する際、特に強く働く。このような「文化的自然」の一例を挙げるならば、星座がある。星はそれだけならば何の「意味」ももたないが、天文学や暦法、航海術においては重要な目印となる。この場合、人間が直接手を加えたわけではないが、星に意味や役割を付与することによって「社会化」されたといえる。

したがって、「自然の社会化」とは、労働による自然の改変の結果もたらされるものと、言語やシンボルによる意味づけの結果もたらされるものの二種類あるといえよう。ただし、これらは全く独立しているわけではない。尾関周二（一九八三）が労働とコミュニケーションの内的連関を指摘しているように、労働による自然の改変と言語やシンボルによる意味づけという側面での「自然の社会化」もまた、内的に連関しあうと考えられる。

なお、「自然の社会化」について見逃してはならないのが、マルクスが『経済学・哲学草稿』にて語っているように、人間的感覚などもまた「人間化された自然 die vermenschlichte Natur」によって生成されたことである（マルクス 一九六四：一三九―一四〇）。すなわち、人間は労働という対象化活動を通じて自然を社会化していくと同時に、「人間化された自然」との関わりにおいて、人間自身もまた人間らしいものに発展させていったことである。(2)

以上の点をまとめると、自然の社会化については以下のように述べることができる。人間の歴史は「自然史の一環」（マルクス 一九六四：一四三）であり、全自然史の生成の一部である。文化的・社会的進化は自然進化とは別の次元にあるのではなく、これらの進化が社会化された自然と共進化しながら自然史の一環として形成されたといえる。

自然の社会化と自然生態循環の破壊について

このことから、本来、人間の労働は自然循環的なものであったといえよう。少なくとも狩猟採集の時代においてはそうであった。その意味では、人類史一万年前の「農業革命」以来、労働は必ずしも自然循環的とはいえないかもしれない。確かに古代社会においても黄河流域の森林破壊や古代メソポタミア文明の衰退の原因となった塩害などのような環境破壊は一定程度存在していた。江戸時代には東北地方の「猪《いのしし》飢饉《けがじ》」のように過度の鉱山開発や農地拡張によって生息地域を奪われた猪が農作物を食い荒らしたことに端を発する飢饉も起きている。しかし、近代以降の社会と対比すれば、前近代においては原則として自然と人間との関係は、たとえ部分的な逸脱はあれ、大きくは、自然循環的といえるであろう。

この循環が破壊されたのは近代資本主義社会に入ってからである。近代以降の自然環境破壊は、前近代において局所的に発生したそれとはまったく異なるものである。それは規模もさることながら、自然と人間との間の循環関係（マルクスの言葉を使えば、「自然と人間との物質代謝」）が破壊されたことによって、近代以前には考えられなかった全地球的規模の自然環境破壊―地球温暖化、オゾン層の破壊、放射能汚染など―が発生している。それは「際限のない欲望」「飛躍的発展をとげた科学技術」などに還元できるものではない。最も重要な点は資本主義社会特有の社会システムによるところが大きい。

資本主義社会特有の社会システムについて説明するために、マルクスはDingとSache（「事柄」「事態」などの意味）という、ドイツ語では日常的な言葉に彼独自の意味をもたせている。

資本主義社会ではあらゆる労働生産物が商品として現れる。このことが資本主義社会の特徴の一つである。商品そのものは太古から存在したといえる。しかし、前近代における商品（交換）の規模は歴史や場所によって差はあるが、限定的である。前近代においては都市を除けば、生活に必要なものの多くは自給自足できたものであったり、共同体による管理の下で共有物として利用できたものであったりした。しかし、資本主義社会においては商品がなければ一日たりとも生活できない。このことは、衣食住はもとより電気・ガス・水道といったインフラさえも貨幣を支払わなければ享受できない（つまり、私たちは電気・ガス・水を毎月購入せざるをえない）ことからも想起できるだろう。

さて、資本主義社会における商品は単なる物（使用価値）であるDing（英：thing）ではない。『資本論』のなかでたびたび「社会的な物」「関係あるいは事柄としての物」と呼んでいるように、労働生産物は商品という形態をとることによって人々が社会的関係を結び合い、商品の支配する世界に現れる。商品という形態は他の商品と一定量で交換することができる（交換価値）。このように単なる物が交換価値を有するようになり、「社会的な物」になった物を『資本論』では物象Sacheという。つまり、単に労働によって作られたモノはDingといえるが、商品という形態をとるやいなやそれはSache（つまり交換価値をもったDing）となる。なぜなら商品には「他人のための使用価値」「社会的な使用価値」（マルクス 一九六九：四〇）や労働時間や手間といった「人間的労働力」の支出が価格などの形で表現されるからである。単純な例を作れば、自家消費するためだけにトマトを作った場合は Ding であるが、そのトマトがスーパーにてX円で売るための商品となれば、Sache である。
さらに、こうして社会化されたモノは「物化」される（「物化」については後述）。社会化された、すなわち人為的に付与され、意味づけられたものであることが後景に押しやられて、社会化されたことが見えなくなり、あたかも社会化されて形成・付与された性質がそのものの自然本性として存在する（していた）かのように現象する。これは自然生態系の循環にとってどういう意味をもつのであろうか。また、現代の「自然」観にとってどういう意味をもつのであろうか。ここで物象化論を考察する必要が生じる。

Ⅱ　物象化論について

まず、物象化論の基礎として、物象化についてはじめて提示したマルクス、物象化論にはじめて着目したルカーチ、物象化論と価値形態論の関係をはじめて提示した廣松渉について簡単に紹介する。そのうえで、環境思想の視点から物象化論を捉えるために平子友長の議論を見ていくこととする。

マルクス『資本論』第一章「商品」における物象化論

物象化論の端的な形は『資本論』第一章において提示される。

「もろもろの使用対象が商品になるのは、総じて、それらが相互に独立して営まれる私的諸労働の生産物であるからに他ならない。これらの私的諸労働の複合体は、社会的総労働を形成する。生産者たちは、彼らの労働諸生産物の交換によって初めて社会的接触を結ぶのであるから、彼らの私的諸労働の独自的・社会的性格もまた、この交換によって初めて現象する。あるいは、私的諸労働は、交換が労働諸生産物をして―また労働諸生産物を媒介として生産者たちをして―入りこませる連関によって、事実上はじめて、社会的総労働の環たる実をしめす。だから、生産者たちにとっては、彼らの私的諸労働の社会的連関が、そのあるがままに―すなわち、彼らの諸労働そのものにおける人と人との直接的に社会的な関係としてではなく、むしろ人と人との物象的関係および物象と物象との社会的な諸関係として、現象する。」（マルクス 一九六九：六七）
「私的諸労働の社会的連関」が「人と人との物象的関係および物象と物象との社会的な諸関係として、現象する」というのがマルクスの提示した物象化論の基本的な考えである。このことと自然の社会化とはどのような関係にあるのだろうか。このことは人間対人間の関係だけでなく、人間対自然の関係にもおそらく関係していると予想できるであろう。物象化の根底には、人間と自然の物質代謝を媒介するとされる労働の在り方があるからだ。

物象化論の展開――ルカーチ物象化論と廣松物象化論

物象化という概念が注目されるようになったのはジェルジ・ルカーチの『歴史と階級意識』（一九六八年）によるところが大きい。ごく簡単に彼の物象化論について述べたい。

人間独自の活動、人間独自の労働が、なにか客体的なもの、人間から独立しているもの、人間には疎遠な固有の法則性によって人間を支配するもの、として人間に対立させられる。これがルカーチによる物象化の定義である。そして、商品形態の普遍化は商品に対象化された人間労働の抽象化を生じさせる。ここから労働の合理化が行なわれるが、その原理は以下のようにまとめられる。(a)目前の対象を、もはや潜在的に利用可能な「モノ Ding」としか認識せず、(b)向かいあっている相手を、多くの収益をもたらす取引の「客体 Object」としか見なさず、そして最後に、(c)自らの固有の能力を、収益獲得機会の計算における追加的「資源 Ressource」としか考えなくなる（ホネット　二〇一一：二〇）。そして、物象化された意識にとっては、（商人資本や貨幣資本のような）資本諸形態が社会生活の真の代表者とならざるを得ない。また、ここでは資本主義的分業というのがキー概念となる。これは有機的に統一されていた労働過程と生活過程を要素に分解し、合理的に人為的に孤立化した部分機能となり、これに肉体的にも精神的にもとくに適合した「専門家」によって遂行される。合理的分業が発展すればするほど「専門家」の職業上・身分の利害などが強まる。そして、相互に独立した部分機能の自立化・合理化によって全体像は失われるがゆえに、かえって「きわめて非合理的な方法」で遂行されることとなる（ルカーチ　一九六八：一九〇）。

こうして物象化論が注目されるきっかけを作り上げたのがルカーチであるが、日本においては廣松渉の諸研究もまた物象化論の理解をすすめるものとなった。彼が『資本論』における「価値形態論」が物象化論の理解において鍵となることなどをはじめて提示したことは重要な功績である。ここでは佐々木隆治が『『経済学批判要綱』における疎外と物象化」において廣松の物象化論解釈を批判している点も重要である(3)ので、廣松物象化論に触れつつ簡単に紹介したい。

廣松は物象化において関係を重視する。とくに物象化のカギとなる価値は「一つの社会的関係」「社会的な形成体《ゲビルデ》」であるという。これは固有の実体ではないが、当事者たちはそれを自立化する〝物象化的錯誤〟を積極的な契機として歴史を進めていく（廣松　二〇〇一：六七）。

佐々木は、この廣松物象化論の特徴である、関係のなかではじめて帯びるに過ぎない物の社会的属性をそのもの自体の属性として「取り違え」ることにおける「錯視」が物象化であるという点を批判する。そのうえで、『経済学批判要綱』を手がかりとしつつ、焦点が当てられるべき点は「錯視」が生み出される実践的な次元における転倒であるとし、商品生産社会においては物象としての生産物が生産者を制御するということを述べている。そして、物象化のポイントは、労働の社会的有用性が物に社会的力を与えることによってしか確証しえず、労働の有用的性格はそれが価値形成的でなければ何の意味も持たないという転倒した関係が、認識の次元ではなく、まず実践的関係において構造化されることにあるとする（佐々木 二〇一〇：一三八－一四二）。

平子による「物象化」と「物化」の区別

以上のように、物象化論はマルクスによって提示され、ルカーチや廣松の研究や彼らへの批判・検討を通じて現在も議論や研究が進められている。

さて、この項では平子友長の「物象化」と「物化」の区別に関する議論を見ていくことで、われわれの問題につなげていくことにしよう。多くの論者では、物象化論に関わってあまり「物化」と「物象化」という区別は重視されないのだが、平子はその差異を重視する。前述のように通常、Versachlichung と Verdinglichung とは区別されない。実際、ドイツ語では Verdinglichung のみが使われ、それを日本では物象化と呼ぶことが多い。しかし、平子は Versachlichung を「物象化」として、Verdinglichung を「物化」として区別し、その意義を展開する。ただし、彼は物化と物象化を区別してはいるが、切り離してはいない。この点を少し整理しつつ見てみよう。

そもそも、本質が転倒した現象形態をとり、現象が本質を隠蔽し、本質と矛盾する仮象的現象形態をとる近代市民社会の構造において、物象化も物化もその転倒の契機となっている。彼の捉えた、マルクスの物象化論は物象化から物化へと進む二層の論理構造をなしており、物象化と物化とは、近代市民社会の自然化＝神秘化――すなわち、近代市民社会における市場経済の全面化があたかも歴史的必然であり、そうなることが「自然な」ことであったかのように見えること――の深まりを追跡する一続きの論理過程の相対的に区別されるべき二契機であるとされるからである。

まず物象化とは、人格（Person）と人格との社会的な関連・運動が関係する諸主体から自立化し（関係の自立化）、物象と物象との社会的な関係・運動として現象する過程であり、「第一の転倒」とされる。「みずから社会的関係を取り結ぶ、あるいは社会的関係を媒介する独立の主体」となることによって、物Ding は物象 Sache に転化するのである。

すでに触れたことの繰り返しではあるが、こうした人格の物象への転倒過程として、三つの点に留意すべきとされる。第一に人格の物象への転倒が同時に物の物象への転倒として現象すること、そして第二にこの過程は人格と人格との社会的な関連への、物象と物象との社会的関係へ転倒することである。第三に、この過程は、労働の主体としての人格の、社会的関係の客体への転倒、および労働生産物としての客体の、社会的関係の主体（商品、貨幣、資本）への転倒として現象することである。

平子によれば、貨幣価値に端的に示されるような物化とは「物象と物象との社会的な関係・運動が、物象がとりむすぶ関係そのものからも相対的に自立化して、物のうちに自己内反省をとげ、物そのものの対象的属性として物のうちに固着する」第二の過程である。ここでは商品などの形態規定が社会的関係規定であるのに、物の自然的属性であるかのように現象するようになる。こうなると物象と物象との社会的関係そのものからも相対的に自立した規定となる。

平子による「物象化」「物化」の区別と「社会的自然」概念との関係

以上、平子による物象化と物化の区別と連関の議論をまとめると以下のようになる。人格と人格とが取り結ぶ社会的関連が、人格の外部に自立化して、物象と物象との社会的関係として現象する「第一の転倒」であるところの物象化と、物象と物象との社会的関係が、さらに物のうちに自己内反省を遂げ、物象化された関係そのものからも相対的に自立化した物の物的質（dingliche Qualität）、あるいは物的属性（dingliche Eigenschaft）として現象する「第二の転倒」たる物化という関係である。

さて、平子による「物象化」「物化」の区別は「自然の社会化」を再考するうえでどのような意義があるのだろうか。平子のいう「第一の転倒」は、近代の「自然の社会化」と平行して生じている自然環境の諸問題に典型的に見られる（その現象と連関して、人間と自然の関係も近代的に規定される）。

そして、「第二の転倒」において、社会化された自然は、社会化されたことが隠されたり忘却されたりすることで、あたかも社会関係によって生じた価値や意味づけこそが自然（物）の本性であるかのように現象する。平子による区別はこうした仕組みを捉えることを可能にする。近代以降の特殊な「自然の社会化」が、歴史貫通的な自然の社会化と混同されるのは「第二の転倒」において近代固有の社会化であることがわからなくなり、あたかも近代的な「自然の社会化」が普遍的なものであるかのように錯覚されるからなのだ。近代において、労働生産物が商品へと転換するとき、生産者たちは、商品の運動によって自らの労働の社会的性格を実証してもらわなければならず、他方で、商品の運動が許容する範囲内でしか自らの欲望を満たすものを享受することを許されない受動的な客体となるというのは、「自然の社会化」が商品の運動、すなわち交換関係に規定されることを示している。換言すると、商品として交換価値をもつものでなければ、資本主義社会においては「世界の一員」として認められず、「社会化された」とはいえなくなってしまっている。
ところで、平子は、物化における「第二の転倒過程」の結果、形態規定と素材的規定との区別が消失して、社会的関係規定としての形態的性質が消失してしまうという事態が生じるという（平子 一九七九：一二七）。このことを、平子は「素材的自然」と「社会的自然」という「二つの自然」概念が成立すると述べることでより発展させている（平子 一九七九：一二七―一三二）。「二つの自然」とは「生産の永遠の自然条件」として歴史貫通的カテゴリーとしてある「素材的自然」と近代市民社会という特殊な歴史段階においてはじめて成立する特殊歴史的カテゴリーとしての「社会的自然」である。そして、この「二つの自然」は現象の表面において融合して、「一つの自然」として現象するという。このことを考えるために彼が「社会的自然」と規定した理由も見てみよう。

「「第一の Ding」は、使用価値と同様、「富の社会的形態がどんなものであるかにかかわりなく、富の質料的内容をなしている」ものであり、その意味で歴史貫通的なものであるのに対して、「第二の Ding」は、質料的規定と社会的形態規定との「癒着」、「合生」、およびそれによる形態規定の消失によって成立するところの、「近代市民社会の転倒構造」に固有な、その意味で全く歴史的に規定されたカテゴリーであるからである。」（平子 一九七七：五九）
「マルクスがこの「第二の Ding」を「第一の Ding」と区別して、「社会的自然属性 gesellschaftliche Natureigenschaft」または「社会的生活の自然形態」という概念で特徴づけているからである。」（平子 一九七七：六三　引用文中の「資本論」からの引用頁は省略）

この区分自体は重要である。あたかも「永遠普遍の存在」であるかのように見えるものが実のところ近代市民社会によって成立したものであるということを暴露するのは現代の環境問題や、人間関係の諸問題を考察するうえでも大きな意義がある。現代の自然・社会の諸問題は、地震のように発生そのものを避けられない「天災」ではなく、社会構造から生み出されたものである。しかし、近代市民社会の自然化＝神秘化は、その中で生じる諸問題があたかも自然災害のように生じるものであり、私たちはそれらに対処することしかできないように思わせる。あるいはデヴィッド・ハーヴェイが「資本主義のもとでの価値形態を自然化（＝神秘化――引用者）することが誤りなのはオルタナティブについて想像することが、不可能とまでは言わなくとも困難になることを彼（マルクス――引用者）は示唆する」（ハーヴェイ 二〇一一：八一）と指摘していることを想起してもいい。直接には後述の価値形態について触れているところだが、これは価値形態に限ったことではないだろう。近代の社会・経済システムが「自然なもの」と認識すればするほどそれへのオルタナティブを想起することは困難になる。そのため、自然環境問題に技術的・政治的にいかに対応するかということのみに論点が収斂する一方で、自然環境問題が生じる社会・経済構造およびイデオロギーへの考察は等閑される[4]。結果、自然環境への国際会議も各国の利害調整の場となったり、自然環境問題を技術に解決できると技術を過大評価することになったりする。そこでは人間と自然の関係や人間そのものの問題、そして自然環境問題を仕方のないものとして消極的に「是認」するイデオロギーは問題とされなくなる。

しかし、近代社会及び資本主義社会が「永遠普遍の存在」ではなく、他の社会や時代と同様に可変的なものであると「相対化」することができれば、脱近代について考察することも（比較的）容易となる。

しかし、私は平子の議論を評価しつつも、彼の言う「素材的自然」と「社会的自然」との対置には、いささか疑問を抱く。平子によれば、「社会的自然」といった場合には近代社会において新たに形成ないし付与された意味・価値をもった自然である。しかし、前述のように人間の歴史そのものが自然に働きかけて作り変えてきた歴史である以上、前近代の社会または将来社会において社会化された自然をどう定義づけするのかといった課題が残る。そのため、私はこの「社会的自然」という概念の曖昧さを再考する必要があると考える。というのも、平子にとって近代社会という特殊段階において、自然が社会化されたものが「社会的自然」であるのだが、この表現では人間の歴史貫通的な、人間生活の土台である社会化され文化化された自然が明確にされないからである。

そこで、私は、「社会的自然」を〈社会文化的自然〉と〈社会物象的自然〉の二つに区別してみたい。前者の〈社会文化的自然〉は歴史貫通的な人間生活の土台となる自然であり、後者の〈社会物象的自然〉は、近代以降に加えられた自然の性格である。そして、後者の物象的性格が拡大されるにつれて、前者の形態規定である社会文化的性格は希薄化していくと理解されるのである。

Ⅲ　価値形態・自然・労働

価値形態論と近代以降の「自然の社会化」

さて、ここで価値形態論（『資本論』第一章第三節）に立ち返ることにしたい。『資本論』第一章「商品」における論述からすれば、近代の「自然の社会化」は、いうなれば「自然の資本主義的社会化」とでもいうべきものであり、貨幣に示される価値関係の物化がそのことを端的に象徴しているとすれば、価値形態論はそのプロセスを論じているというふうに理解しうるからである。

「等価形態とは、まさに、一商品たとえば上着が、こうした物が、そのありのままで、価値を表現し、かくして生まれながらに価値形態をとる、ということである。なるほど、このことは、リンネル商品が等価としての上着商品に関連させられている価値関係の内部でのみ、妥当する。しかし、あるものの属性は、他の物にたいするその物の関係から生ずるのではなく、むしろ、こうした関係において自らを実証するにすぎないので、上着もまた、それの等価形態を、直接的な交換可能性というそれの属性を、重さがあるとか保温するとかというそれの属性と同じように、生まれながらに持つかに見える。」（マルクス 一九六九：五四）
ここで述べられていることは、『資本論』の価値形態論の現代的意義を主張した崎山政毅も強調しているように（崎山 二〇〇四：三二）、価値関係の中で、等価形態に即しながら、商品の自然形態が価値形態になるということである。すなわち、上着に重さ・保温性といった自然的な属性があるのと同じように、上着にあらかじめ交換可能性を有している価値の形態を見せる。こうして「一商品体たとえば上衣が、こうした物がそのありのままで、価値を表現し、かくて生まれながらに価値形態をとる」（マルクス 一九六九：五四）という事態が生じる。しかし、リンネル[5]（亜麻布）商品はそれ自体では自らの交換価値を示すことができない。このときに商品の交換価値を表現するのは他の商品の使用価値である。上着の使用価値はリンネルの交換価値を表現するために人間の脳髄・筋肉・神経といった生理学的な「人間的労働力の支出」（マルクス 一九六九：三八）たる抽象的人間労働以外のものを反照[6]してはならない。
このことをもう少し理解しやすくするためにも価値形態論について論じている部分を追ってみよう（そもそも価値形態論はマルクス本人さえ「価値形態の分析は本来的な困難を呈する」（マルクス 一九六九：四六）と述べるほど難しいところである）。なお、価値形態とは「価値表現の関係」であり、「『価値存在』という抽象的でありながら社会的な力を有する、感性では捉えきれない（超感性的な）『なにものか』が出現し、リンネルと上着との非対称な等置する／されるというつながりのなかで、自らを表現しているということにある」（崎山 二〇〇四：一一三）。価値は手で触れることも目で見ることもできない。しかし、モノを商品として購入できる以上、価値は何らかの形で存在することはわかる。その「何らかの形」というのがモノとモノを交換する際の「価値表現の関係」なのである。

まず、最も単純な価値形態は x量の商品Aは y量の商品Bに価するというものである（形態Ⅰ「単純な価値形態」）。たとえば20ｍのリンネル＝1着の上着というのが最も単純な価値形態である。しかし、両者は恒等式のように単純な左辺＝右辺という関係ではない。このとき、リンネルは上着によってリンネルの価値を表現しているのに対して、上着はリンネルの価値表現の材料を提供しているに過ぎない。この関係において、リンネルの位置を相対的価値形態、上着の位置を等価形態という。また、価値を表現しようとするイニシアティブはリンネル（相対的価値形態）より出ており、上着（等価形態）はリンネルからの「働きかけ」を受けるものである。もちろん、この単純な形態では逆に上着が相対的価値形態に、リンネルが等価形態になることもある。いずれにせよ、ここで重要なのはある商品の価値は別の商品によってしか表現できないということである。換言すると、商品としての交換価値の形をリンネルの色や肌触りなどといった自分の自然形態で表すことはできず、別の商品の使用価値を鏡として自分の価値を反射することによって商品価値を示すほかないのである。一方、等価形態（この場合は上着）は相対的価値形態（この場合はリンネル）の価値を反射するために抽象的人間労働以外のものを映してはならない。

ここから、一歩進めて考えることができる。等価形態が相対的価値形態の抽象的人間労働のみを映すのであれば、20ｍのリンネルの価値を反照することのできる価値鏡は別に上着に限る必要はない。だから、図の「形態Ⅱ『拡大された価値形態』」のように書き表すことができる。

ここで、上着以外のいずれによってもリンネルはその価値を表現できる。このときには自然形態はもう

形態Ⅰ　単純な価値形態

（相対的価値形態）		（等価形態）
20m のリンネル	＝	1 着の上着

形態Ⅱ　拡大された価値形態

（相対的価値形態）		（等価形態）
	＝	1 着の上着
	＝	5kg の茶
20m のリンネル	＝	20kg のコーヒー
	＝	1 ℓ の小麦
	＝	一定量のその他諸々の商品

形態Ⅲ　一般的等価形態

（相対的価値形態）		（等価形態）
1 着の上着	＝	
5kg の茶	＝	
20kg のコーヒー	＝	20m のリンネル
1 ℓ の小麦	＝	
一定量のその他諸々の商品	＝	

形態Ⅳ　貨幣形態

（相対的価値形態）		（等価形態）
1 着の上着	＝	
5kg の茶	＝	
20kg のコーヒー	＝	60 グラムの金
20m のリンネル	＝	
1 ℓ の小麦	＝	
一定量のその他諸々の商品	＝	

図　貨幣の生成《ゲネシス》としての価値形態の展開

問題にはならず、商品世界と社会的関係を結んでいる。ただし、等価形態同士は互いに排除しあい、統一的な現象形態をもたない。この形態では20ｍのリンネルが1着の上着や5kgの茶などと等しく交換できるといえるが、1着の上着と5kgの茶が同じ交換価値を持っているということを直ちにいうことができないのである。また、リンネルの方は相対的価値形態か等価形態かを決定することはできないのだが、この関係が転倒するのが形態Ⅲ「一般的等価形態」である。

ここにおいて商品世界から隔離されたある一つの商品のみがさまざまな商品の価値を表現する。一見すると形態Ⅲは形態Ⅱをただ転倒させただけのように見えるが、形態Ⅲを形態Ⅱに転倒させようとすると「商品所有者たちが勝手にふるまい互いに争うことが許されるのならば、商品所有者たちの商品は商品にならず、互いに『生産物または使用価値として対立しているにすぎない』ということになってしまう」事態に陥り、「商品世界の統一性」は消失する（崎山 二〇〇四：五二）。

さらに形態Ⅲにおいてある一つの商品のみを等価形態とした事態が、究極的に一つの独自な種類に限定されたとき、形態Ⅳ「貨幣形態」となり、「商品世界の統一的な相対的価値形態が客観的固定性と一般的・社会的妥当性を獲得した」（マルクス 一九六九：六四）ことになる。

このことは、同時に自然の多面的な価値が交換可能な価値という経済的価値に絞られるプロセスでもあるだろう。なぜなら、形態Ⅰからも明らかなように商品の価値鏡としての他の商品の使用価値は有用なものでなければ他人にとって意味がないからである。

自然観と労働の変容

こうして自然の多面的な価値が交換価値という一点に集約されると、尾関周二が「商品生産労働は、労働をとおして自然を見る目を大きく変容させ、しばしば倒錯した見方をもたらしてくるであろう。自然の諸性質、諸側面は商品価値を生み出す素材になりうるかどうかという視点・論理からズタズタに切り裂かれて、自然の調和的循環の視点は背景に退いてゆく」（尾関 二〇〇二：一三九）と述べたように、人間の労働の性質の変化と共に人間の自然観も大きく変わる。人間の労働は価値形成労働がメインとなり、「人間と自然の物質代謝」の視点は放棄され、資本の増大が労働の第一義となり、労働と自然との関わりは単に価値形成においてのみ意義あるものとされる。そして、労働における人間―自然関係は資本という媒介項を通じて行なわれる。人間が向かい合っているのは資本を通じた自然であり、自然に対峙するのは価値の増殖を第一とする人間である。または『資本論』の「商品語」（マルクス 一九六九：四九－五〇）は単なるレトリックではなく、「人格である商品所有者たちは『商品語』を語る存在、つまり物象たる商品になりかわってしまう」という「人格の物象化」の指摘（崎山 二〇〇四：三八）を想起してもいいだろう。ここで自然は単なる価値を生むための素材でしかなくなり、価値を生み出さない自然は「無意味なもの」「余計なもの」でしかなくなる。また、自らの商品としての価値を使用価値では表現できない商品は、他の商品の使用価値を鏡として表現するほかはないのであるが、その際に人間は商品交換の「エージェント」になる。こうして人間は資本の自己増殖運動の素材として自然を扱うようになるのである。

Ⅳ　「人間と自然との物質代謝の亀裂」を克服するために

近代資本主義社会における「自然の社会化」の特殊なアスペクトは、さきに述べたように、〈社会物象的自然〉の形成である。しかし、これがあたかも人間の本性的な活動であるかのように錯覚させられる。

そうして、物象化から物化への転回において、人類の不断の活動であるところの具体的有用労働や言語・シンボルなどによる〈社会文化的自然〉と近代の価値形成労働による〈社会物象的自然〉の形成とは区別が付かなくなってくる。

このなかでは労働主体である人間の姿が消え、自然に対しているのは資本であって、あたかも資本と自然との関係であるかのようである。ここに近代特有の「自然の社会化」、すなわち「自然の資本主義的社会化」ないし「自然の商品化」とでもいうべき問題が集約される。「商品化された自然」が物化されるとあたかも自然には商品的な価値が内在しているかのように見えてくる。こうした自然の変化は人間そのものをそれに適応させる「圧力」となる。こうして「人間と自然の物質代謝の連関にいやすべからざる亀裂」が生じて、自然の生態循環は破壊される。

この問題の解決の糸口としては、「自然の社会化」の営みを、〈社会物象的自然〉を克服して、再び「人間と自然の物質代謝」を基軸にすえた〈社会文化的自然〉の十全な形成となるようにすることが必要となるだろう。なぜなら、これまで述べてきたように資本主義社会における対自然関係は、とどのつまり自然―資本―人間の関係と化しているからである。すでに述べたように、ここで自然に直接相対しているのは人間ではなく資本であり、人間が対しているのも資本である。

この図式は、ある意味で近代初頭の資本主義発展の状況を反映しているといえよう。人間と自然はいまだ自立性をもって理解されているからである。しかし、むしろ、その後の資本主義の拡大・深化の過程を考えるならば、より正確に実態的にいえば、資本という社会システムが「主体」として、人間と自然をコントロールして価値増殖の手段と化しているといえるのである。人間と自然が対している以上に、資本という社会システムと人間・自然が対しており、また資本は人間にも自然にも対立的にふるまうのである。

資本主義の進展により、「自然と人間の商品化」は一層広範に深く進展し、社会全般に物象化が物化の次元にまで深まることが背景にあるのである。[7] しかも、このような背景があることによって、上記のような問題が見えにくくなっている。

以上、われわれは、近代における「自然の社会化」が、社会関係全般の物象化を通じて作り出した〈社会物象的自然〉が現代社会の背景にあることを深く認識すべきであろう。そのもとで、われわれは外的自然や人間的自然の本性を貨幣的価値のもとに見るように本源的に仕向けられているのである。これが貨幣物神崇拝《フェティシズム》である。物神崇拝は「その周囲に多くのイデオロギー的付属物を生み出す」（ハーヴェイ 二〇一一：八〇）。この結果、人間と人間の関係はもちろん、人間と自然の関係もまた物象と物象との「社会物象的」関係に置き換わり、貨幣などの物神崇拝を再生産していく。

しかし、こうした事態は近代資本主義社会に特有のものであって、歴史貫通的な・人類に普遍的なものではない以上、それを乗り越えるためのオルタナティブなものを考察することもまた可能なのである。資本が支配する社会システムを克服して自然と人間との物質代謝をいかに取り戻すのかということについて一つの鍵となるのが、最近尾関周二が提唱している「〈農〉の思想」[8]であろう。

彼の言う「〈農〉の思想」を私なりに捉えかえせば、人類史における〈農〉の思想的文化的意義を踏まえた哲学的アプローチであると考えられる。彼は『資本論』をひきつつ、近代農業は工業化・市場化された農業であると指摘する。本来農業は、部分的には自然破壊をともないながらも、自然を社会化しつつも、人間社会と自然との循環を媒介するものであった。しかし、この「工業的農業」とでも言うべき近代農業は「〈農〉が培ってきた自然と人間との循環を破壊して、多様な景観やコミュニティ、文化の喪失をもたらすものなのであり、自然と人間の破壊をもたらすもの」であると指摘する（尾関 二〇一一：一九）。こうした近代農業のあり方、ひいてはその背景となっている近代の社会システムと近代的自然観から脱皮するために「〈農〉の思想」を基礎とする社会への転換が図られるべきだとする。それは、自然と人間の商品化を基礎に構築された資本主義的社会システムから脱出していく手がかりを環境保全型の持続可能な農業を土台にすえて、物質循環を回復していくことが脱近代へ向けてきわめて大きな意義のあることと考えているからである。

農業はそもそも人間の生存に深く関わるものであって、市場経済の論理と容易になじむものではない。加えて、農業は各地の風土に根ざして発展してきたものであって、そこには単なる生産技術のみならず祭礼や伝承などに代表される文化をも含むものである。そういった意味では近代資本主義経済によって破壊・攪乱された伝統的農業は「被害者」である。しかし、レイチェル・カーソンの『沈黙の春』（一九六二年）で提起されたように近代的農業は環境破壊の「加害者」としての側面すら見せるようになった。こうした現状を打開するためには、（とくに近代的な意味での）農業ではなく、「脱商品化」ないし「脱物象化」に向けたものとしての「〈農〉の復権」でなければならない。

こうしたことからしても「〈農〉の思想」は本来の人間－自然関係を取り戻すための思想的試みとして重要な意義をもつだろう。それは「地に足の着いた」思想——これは単に「現実的」な思想というだけでなく、（少々ロマンティックな表現を用いれば）「大地」に根ざした思想の形成が求められているからである。近代資本主義社会における特殊な「自然の社会化」は「自然の商品化」という形で自然を〈社会物象的自然〉とした。これは、近代社会が「人間と自然の物質代謝」から離脱し無限の発展・成長を実現できるかのような幻想と一対のものである。

大げさに言えば、〈社会物象的自然〉とは「質料的富の母」たる「土地」に根ざすものではない「異形のもの」なのである。しかし、「土地」に根ざすものでないがゆえに全世界的に急速に拡大してゆき、各地の歴史・文化・自然などに根ざした生活を一変させた。この強烈な力に抗する思想は、やはり、人間生活の土台たるべき〈社会文化的自然〉の再生・復権でなければならない。しかし、これは前近代へと回帰することであってはならないだろう。近代の社会文化的成果を生かす仕方で、脱近代へ向けて「人間と自然の物質代謝の亀裂」を克服していくことでなければならないであろう。

そうでなければ、前近代を過度に賛美するようなエコロジー的復古主義、あるいは近代化が不十分であるがゆえに現代の諸問題が生じるとする「エコロジー的近代化論」に典型的な近代主義のバージョンアップ版に終わってしまうだろう。これらの点についてはまた別の機会に論じたいと思う。

●注●

（1）　本論では疎外論と物象化論の関係は割愛せざるを得ないが、本論では広義の疎外概念に物象化概念が含まれるものとして捉えている。
（2）　ここで哺乳類学者である小原秀雄の人間論である「自己家畜化論」を参考にすることもできる（小原　二〇〇七）。これは、人間が自ら作り出した環境に適応するように進化していった過程が、家畜を人為淘汰しつつ進化させたプロセスに共通していることを指摘したものである。ゆえに、「家畜化」に否定的な意味合いはない。なお、現代における特殊な人間の発展形態については否定的な意味合いで「自己ペット化」と呼んでいる（小原　一九九五）。
（3）　なお、佐々木は『経済学批判要綱』における「外化 Entäusserung」（ここの「外化」とは市場における生産物の譲渡という意味である）の問題に触れつつ、「『外化』が進めば進むほど、諸個人が作り出したものでありながら、諸個人から自立した、より強固な物象的連関が諸個人を制御するという事態」（佐々木　二〇一一：一二八）が生じることも指摘している。
（4）　このことは社会問題でも同様である。昨今、問題となっているいじめ問題を例として考えると、教師や学校の対応は注目されてもいじめを生み出す社会構造は注目されていない。すなわち、「あいつをいじめろ」「こいつは叩いて当然だ」というメッセージが提示されたならばいじめを容認する社会の縮図として学校のいじめがある。しかし、このような社会の姿や学校が自然化＝神秘化されることでいじめが学校・教師個人・家庭の問題に矮小化されてしまうのである。
（5）本章ではヤード・ポンド法をメートル法に換算して、さらにきりの良い近似値とした。ちなみに1エレ（Elle）は約1・1メートルである（イングランドの基準）。また、『資本論』でよく出てくるリンネル（リネンとも言う）とは亜麻という植物の繊維からなる織物。また、日本語訳の一部は別の語に置き換えている（「亜麻布」は「リンネル」、「上衣」は「上着」など）
（6）反照 Reflexion はG・W・F・ヘーゲルの『大論理学』の「有論」から「本質論」へ展開する過程でとくに用いられている重要な術語である。「反照」としての本質とは、ヘーゲルの場合――マルクスもそれを受け継いでいる――、ごく簡単に言えば実体として存在の背後にあるのではなく、まさに存在物と存在物との関係性（使用価値と使用価値）のなかで示されるのである。
（7）この小論ではもはや詳しくはふれられないが、このことはまたしばしば指摘される近代的個人の二段階、つまり市民社会の「自立した」個人と大衆社会の他人指向の個人に符合するといいえよう。デイビッド・リースマン（Riesman, D. (1950) *The Lonely Crowd: A Study of the Changing American Character*, Yale University Press.（加藤秀俊訳（一九六四『孤独な群衆』みすず書房）参照。
（8）とくに「〈農〉と共生の思想が照射する近代文明の転換―〈農〉の人類史的意義と持続可能な社会」（『〈農〉と共生の思想―〈農〉の復権の哲学的探求』（農林統計出版、二〇一一）収録論文）に詳しい。なお、〈農〉とは「広く農業、農村、農民を包含するとともに、さらに広義には林業や水産業など自然と直接かかわる生業をも包括して用いている」術語である。（尾関 二〇一一：二八注四）

●引用・参考文献●

岩佐茂他編著（一九九一）『ヘーゲル用語辞典』未來社
岩佐茂編著（二〇一〇）『マルクスの構想力―疎外論の射程』社会評論社
岩崎允胤編（一九七九）『科学の方法と社会認識』汐文社
尾関周二（一九八三）『言語と人間』大月書店
尾関周二（二〇〇二）『言語的コミュニケーションと労働の弁証法―現代社会と人間の理解のために』大月書店

尾関周二他編著（二〇〇五）『環境思想キーワード』青木書店
尾関周二他編著（二〇一一）『〈農〉と共生の思想―〈農〉の復権の哲学的探求』農林統計出版
カッシーラー、エルンスト著／生松敬三・木田元訳（一九八九）『シンボル形式の哲学』第一巻、岩波書店
柄谷行人（二〇〇九）『トランスクリティーク―カントとマルクス』岩波書店
崎山政毅（二〇〇四）『思考のフロンティア　資本』岩波書店
ハーヴェイ、デヴィッド著／森田成也・中村好孝訳（二〇一一）『〈資本論〉入門』作品社
平子友長（一九七七）「マルクスの経済学批判の方法と弁証法」『唯物論』第8号、汐文社
廣松渉（二〇〇一）『物象化論の構図』岩波書店
ホネット、アクセル著／辰巳伸知・宮本真也訳（二〇一一）『物象化　承認論からのアプローチ』法政大学出版局（Honneth, Axel (2005) *Verdinglichung Eine anerkennungstheretixche Studoe*, Surkamp Verlag.）
マルクス、K著／城塚登・田中吉六訳（一九六四）『経済学・哲学草稿』岩波書店（Marx, K. (1982) "Ökonomisch-philosophische Manuskripte" *MARX-ENGELS-Gesamtausgabe* I-2, Dietz Verlag.）
山本広太郎（一九八五）『差異とマルクス―疎外・物象化・物神性』青木書店
ルカーチ、ジェルジ著／城塚登・古田光訳（一九六八）『ルカーチ著作集9』白水社
Marx, K. Marx-Engels Werke 23 *Das Kapital I*. Dietz Verlag.（長谷部文雄訳（一九六九）『資本論』第一巻、河出書房新社）
Marx, K. Marx-Engels Werke 25 *Das Kapital III*. Dietz Verlag.（長谷部文雄訳（一九七三）『資本論』第三巻下、河出書房新社）

6 根こぎと共感
――資本主義批判と脱近代の視点から

東方　沙由理

はじめに

第二次世界大戦以降、資本主義経済のグローバル化が急速に進展すると同時に、環境問題が世界的な課題として注目されてきた。そのなかで国際レベルでは持続可能な開発という理念が提唱され、一九九二年のリオデジャネイロの環境サミットへと結実していく一方で、経済面において各国の主張は一致せず、経済発展を理由に環境問題に対する合意はおろか、貧困や格差の問題は悪化の一途を辿っているように思われる。生活者に目を向けてみれば、自然環境だけではなく、労働環境やコミュニティといった生活基盤さえも壊されつつあり、生きることがますます困難になってきている。

私はこの現代の深刻な状況を人間の生存基盤の破壊だと考えている。そしてその現代的な特徴は宮本憲一（二〇〇七）が示したように、生物的弱者や社会的弱者が被害の中心であり、しかもその被害は後で保障不可能な絶対的不可逆的損失を含んでいるということである。最近の出来事でいえば、それは福島原発の事故によって代表されるだろう。この事故によって自然や生活手段やコミュニティといった、人々の生活のために享受していたものすべてが、取り返しのつかない状態へと追いやられてしまったのである。

このような大惨事が起きてもなお日本政府は経済成長維持路線を崩さず、それに必要なエネルギー源を確保するために原発の再稼動を推進しようとしている。原発に関わる利害関係者においても、原発の維持・存続を願う考えも根強い[1]。このように考えると、資本主義経済下での経済的利益関係を重視した生活スタイルという現代の社会的構造そのものを変えない限り、いつか（しかも比較的早い時期に）再び同じ惨事が繰りかえされるのではないだろうか。このことは社会構造だけの問題だけでなく、私たち自身に人間の生き方の問い直しを迫るものである。私たちは現代的生活において個人が享受できる利益・利便性の追求だけではなく、人々が安心して暮らせる社会環境や自然環境といった共生・共同的次元での価値を考えていかなければならない。

ここで問題になる点は、各人が自己の生活の在り方を反省し、社会構造を含め、身近な生活環境を改善していけるような行為主体となれるかどうかである。私は資本主義社会の下では個人がそのような行為主体になることを阻害するような構造があるのではないかと考えている。私はそれを「根こぎ」と呼び、「根こぎ」には三つの側面――「自然からの根こぎ」、「社会的・共同的関係からの根こぎ」、「活力の根こぎ」――があることを示す。そしてこの「根こぎ」を克服していくことが脱近代に向けて重要な課題であると捉え、その克服の糸口として共感に注目する。別の言葉でいえば、本論は資本主義社会に特有の疎外や物象化という現象を乗りこえていくために、人々の根源的欲求に基づいた共同性や連帯の基盤を探究し、脱近代をめざそうとするものである。

Ⅰ　資本主義社会の特殊性

私たちは資本主義という経済システムを基盤とした社会のなかに生きている。そこで私たちの生活を保障しているのは自然や土地のような資源でもなければ地域の人々とのつながりでもない。それを保障しているのは基本的には貨幣である。そのため、貨幣を得ることが資本主義的生活における第一条件となっている。

現代に生きる私たちにとって貨幣を得て生活することは当然のことであると感じられる。そのためこれが資本主義社会という特殊な社会でのみ成り立つ状況であることを私たちが自覚することは少ない。しかしこのことは、現代に生じている諸問題を考えるうえで非常に重要なことである。そこで資本主義社会の特殊性を理解するために、まずカール・ポランニーを参考に資本主義社会における経済とそれ以前の経済との違いをみてみたい。

ポランニー（二〇〇九）によると、市場の自己調整作用の出現が資本主義的経済とそれ以前の経済との一番の違いであるという（以後、資本主義に特有な自己調節的市場を単に市場と表記する）。この市場が全面化しそれに基づいて形成される社会が資本主義社会なのであるが、その社会の原理は生産と分配がただ市場価格によってのみ統制されるということである。そのため市場において人々は利得という動機によって行動しているとみなされる。それに対し、市場が全面化する以前の社会では、経済は社会組織の単なる一機能にすぎなかったとポランニーはいう。そこでの経済活動としての生産と分配秩序は、互酬、再分配、および家政という三つの行動原理によって維持されており、対称性や中心性、自給自足といった制度的なパターンと相互に調整しあいながら、家族や部族といった社会組織の維持・形成に役立っていたという。そのためその社会における人間の経済的行為は徳や気前のよさといったような社会的地位や名誉を表す一つの行為であったとポランニーは考えるのである。

このことから何がいえるのかというと、人間は本来、賃金を稼ぎ、自己の利益を最大化するような「経済合理的」存在だったのではなく、ある一定の集団やつながりのなかで人々との関係を重視し、時には名誉や地位といった社会的承認を得ようとする「社会的・共同的」存在だったということである。そのため、人間が「社会的・共同的」存在から「経済合理的」存在へと変わったことが資本主義社会において重要な点であり、それは単に社会における経済構造の転換だけではなく、人間の存在のあり方にとっても重要な転換点となったと考えられるのである。

その転換を可能にしたのが労働、土地、貨幣の「商品化」であるとポランニーは指摘する。本来商品ではないこれらの諸要素が商品とみなされることによって市場の自己調整作用が可能になったのであり、その結果、社会関係のなかに埋めこまれていた経済が独立し、今度は逆に経済システムを中心に社会関係が形成されるようになったのである。そしてこのシステムの独立・全面化が近代社会の特徴として捉えられるのである。(2)

このことは、人間の社会観を転換させる一因となっただけでなく、人間観や自然観にも重大な影響を与えたと思われる。つまり市場では自然は自分と有機的関係をもつ自然ではなく資源として、人間は感情や人情をもった存在ではなく労働力として、貨幣で換算可能（交換可能）なものとされてしまったのである。(3)社会も人間も自然も、本来は貨幣に還元できるような存在ではない。しかし、市場の中では貨幣に換算可能なものとして扱われてしまうため、それ以外の面は捨象されてしまうことは想像に難くない。ポランニーは、人間が労働力とみなされることによって人間自身の物理的、心理的、道徳的性格が奪われ、社会的に無防備になり、その結果これら諸性格が朽ち果ててしまうと考えた。

この問題を人間の労働と社会的関係という二つの視点から指摘したのがK・マルクスである。マルクスによるとそれらは疎外と物象化として表現される。簡単に説明すると疎外とは、自己の労働生産物が資本家のものになることによってその人自身の手から離れ、逆に己を支配するような疎遠な力として現れるだけでなく、またそれによって自己の本質を見失う状態になってしまうことであり、物象化とは市場での交換関係によって人と自然、人と人との直接的な関係がモノとモノという抽象的で間接的な関係へと変化してしまうことである。そのため、この疎外と物象化という人間性の剥奪と社会関係の変化[4]が資本主義社会の根本的な問題群を形成しており、これらを克服していくことが、資本主義社会がもたらす問題を克服していくことにつながると考えられる。

このことは、現代の大きな課題である環境問題を考える際に重要な視点を提起していると思われる。なぜなら、私はそれまで環境問題という文脈によって私たちに投げかけられてきた環境という言葉が、自分自身とどのようなつながりがあるのかをみいだせなかったからだ。その理由をつきつめて考えた時、環境と自分とのつながりが薄く感じる訳が、このポランニーのいう「商品化」によって、非常にすっきりした形で理解できたのである。つまり、資本主義社会では自然も「商品化」されているため、人間の有機的関係である社会的・共同的関係から切り離されているのである。

自然からの切り離しという点は、マルクスでは資本の本源的蓄積過程という言葉で表現されている。これを簡単にいえば、人々が資本主義的社会関係におかれるための前提として土地の囲い込みが行われ、農業生産者や農民が土地（生活手段としての自然）から切り離されてしまったということである。つまり、資本主義社会というシステムに組み込まれることによって、自然は人間の一部としての自然（あるいは自然の一部としての人間）ではなくなってしまったのである。私はこのことによって自然が自分に対置するような外的自然となり、環境問題に対する私たちの責任感や義務感も薄くさせてしまっているのではないかと考えている。

したがって、資本主義社会とは市場という経済システムを土台とした社会であり、それによって社会形態が変化しただけではなく、人間観や自然観に影響を与えたといえるだろう。また資本主義社会が成立するために、それまでの社会的関係や生活手段としての自然から切り離されることが前提となっているのである。その結果私たちが直面した問題は一般的に疎外や物象化という言葉で表されるが、私はそれを「根こぎ」とよびたい。なぜなら、この自然や社会関係からの切り離しが人間存在にとって根本的な問題をもたらしていると考えているからである。それを次の節で明らかにしようと思うが、ここでは、「根こぎ」には三つの側面があることを指摘しておきたい。一つめは自然や土地や地域に根づいて生活をしていた人々が土地から切り離されることによって生じる「自然からの根こぎ」、二つめは自然を土台としつつ社会組織を維持・形成していた人々との関係が切り離されることによって生じる「社会的・共同的関係からの根こぎ」、三つめはこれら二つの帰属先が失われることによって生じる「活力の根こぎ」である。したがって、資本主義社会における問題点はただ経済問題や環境問題にみられるだけではなく、人間存在の次元にも深く関わっているものなのである。

II　根こぎという問題

第一節で私は資本主義社会が人間の社会の中でも市場を中心とした特殊な社会であることを示した。そしてその市場の成立過程における「商品化」によって人間が自然や社会関係から切り離されたこと、またそのことが人間存在に生じている問題を「根こぎ」と呼んだ。本節ではその「根こぎ」の二つの側面――「社会的・共同的関係からの根こぎ」と「活力の根こぎ」――がどのような関係にあるのかをみていきたい。

アイデンティティの危機の起源

まず、人間存在における「根こぎ」の状態を端的に表しているのがアイデンティティの危機であると私は考えている。それを根拠づけるのに参考になるのが、E・フロムである。フロムは資本主義の萌芽期における人間性の変化に目を向け、資本主義によって生み出された近代的個人の特徴を明らかにした。

フロムによると近代人は自由を獲得したけれども、それは伝統的な社会的絆や帰属からの自由であり、個体化であったため、その自由は孤独や孤立といった不安感をともなうものであったという。人々はこの自由による不安感を払拭するために新たな服従と強制を容認する非合理的な活動（宗教）へと向かうようになり、その教義は中世的社会組織の崩壊と、資本主義の発生によってもたらされた人々の心理的欲求にこたえるものであったとフロムは考える（フロム　一九六五）。

ここで私が示したいことは、資本主義の萌芽期において果たされた宗教的役割ではない。むしろフロムも指摘しているように、人は自由を求める存在でありつつも、何らかの帰属感も求める存在であるということ、その点である。資本主義社会への転換は生産力や社会関係におけるある一面では人間に自由をもたらしたと考えられるが、それと同時に逆に孤独や不安といった人間内面に危機をもたらすという負の側面をもつものであった。

このような近代的個人の状況を「故郷の喪失《ホームレスネス》」と名づけたのがP・L・バーガー、B・バーガー、H・ケルナーである。バーガーら（一九七七）は資本主義的生活における「合理化」の進展が個人の安定感の喪失をもたらしたと考える。バーガーらによると、「合理化」とは個人の生活を統御し、監督し、管理経営されることを意味しているが、それは同時に「非合理」な世界観や意味構造を破壊するものであるという。しかし「非合理」な側面をもつ人間にとって「非合理」な世界観や意味構造は個人に心の安らぎを与えてきたのであり、それが失われることは、精神的な故郷を失うことにつながるのだという。

リアリティの喪失

一方、自我の変容は「共同体」からの解放と表裏の関係であることを明らかにしたのが見田宗介（二〇〇六、二〇〇八）である。見田は日本の高度経済成長期に農村から都会へ流入してきた中高卒の青少年に注目しながら、この両軸の変化を探る。なぜなら彼らはまさに、今まで身近にあった関係から抜け出し、労働者として上京してきた人々だからだ。彼らが直面した問題とは、人間の生の物質的な拠り所（生活の共同体）としての「根拠」と、その生の精神的な拠り所（愛情の共同体）としての「根拠」という二つの「根拠」の獲得であったと見田はいう。そしてこの二つの「根拠」が散開していくとともに、高度経済期の時代の心性が〈理想〉から〈夢〉そして〈虚構〉へと変化し、それとともに人々の感覚にも変化が生じてきたことを指摘する。それは、対人感覚、自己感覚、世界感覚のめざましい変容であったと同時に、リアリティが「脱臭」していく過程であると見田はみる。

このリアリティのなさが現代のアイデンティティの特徴をなしていると私は考えるが、これに加えて資本主義という社会の仕組みによって形成されるアイデンティティの特徴が考えられるように思われる。そのことは、先のバーガーらによって指摘されている。

バーガーらによると、人間のアイデンティティは主観的意味のみならず客観的事実によっても形作られるという。たとえば資本主義社会において私たちが日常生活の現実として経験するものとして、工場や仕事場での労働と制度的手続きとしての官僚制があげられる。バーガーらはその二つによって私たちの社会認識と、それに応じた世界が形成されると考え、工場生産によってあらわれるのが寄木細工性（componentiality）、官僚性によって形成されるのが秩序整然性（orderliness）であるという[5]。私たちはそれらに対応した形で自己の世界を形作り、またそれに応じた役割を演じるようになるのだが、これらの世界は意味や経験の性質によって結びついているわけではなくむしろ矛盾していると彼らは指摘する。その結果、自己の定義は統一されたものとして存在するのではなく、異様に未確定で、細分化され、自己詮索的で、個人中心的になるとバーガーらはいう。そしてこれらの特徴が資本主義社会におけるアイデンティティの特徴となるのである。

以上のことから、この資本主義社会におけるアイデンティティの特徴として、社会行為（経験）と意識（意味）は一致することなく別の事象として（時には矛盾して）捉えられていること、その結果、自己の統一性・全体性が欠如していること、またアイデンティティは社会的・共同的関係のなかで培われるものではないため、自己詮索的で個人中心的になること、そしてリアリティが欠如していることが挙げられる。それらは、資本主義社会という社会構造によってもたらされているということをここで改めて確認しておきたいのだが、私はそのなかでもリアリティの感覚の不在が一番の問題であると考えている。なぜなら、このリアリティの感覚の不在（これは疎外や物象化の結果でもあるのだが）が、現実に起こっている諸問題への無関心や無責任を助長しているように思われるからである。もちろんそれらの諸問題自体がグローバルなものであり、そこにリアリティを感じること自体難しくなっているという理由もあるのだが、自分の身の回りの環境に対しても鈍感になっていくことに関しては、危機感を示さねばならないように私には思われる。そのため、リアリティの感覚を取り戻していくためにも、これまで社会構造のなかでは見落とされてきた人間の諸性格の源泉を探る必要がある。

ヴェイユの「根をもつこと」

資本主義社会の成立以降、第二次世界大戦をも含めた時代の批判として、いかに人間の根源的欲求がないがしろにされているかを指摘した人物にシモーヌ・ヴェイユがいる。ヴェイユ（二〇一〇）は人間にとって「根をもつこと」が重要な欲求であるとともにこれまで無視されてきたと指摘する。私は第一節で資本主義社会がもたらした問題点を「根こぎ」として表現したが、この「根こぎ」（Le déracinement）という言葉はこのヴェイユの表現を参考にしている。そしてヴェイユ自身の一番の論点はその本のタイトルに示されるように『根をもつこと』（*L'enracinement*）に向けられている。したがって、ヴェイユの議論をみることによって、現状の克服の糸口を探してみようと思う。

ヴェイユによると人間には身体的な生にかかわる欲求だけではなく精神的な生にかかわる欲求があるという。そして精神的な生においては、「道徳的・知的・霊的な生の全体性なるものをうけとりたいと欲する」という。そこでヴェイユが注目するのが精神的な生をみたすものとしての糧である。(6) そのため「われわれは麦畑に敬意を払わねばならない。麦畑だからではなく人間にとっての糧だからである」（ヴェイユ 二〇一〇上：一四）とヴェイユはいうのであるが、ではこの糧とはいったいどのようなものを指すのだろうか。

ヴェイユはそれを自己を超えでたところにある、真理の霊《エスプリ》、実在だとする。ただ、これだけでは一体何のことかわからない。ヴェイユ自身も、さまざまな言葉（聖性、超自然的な光、神の摂理、永遠なる叡知、美など）を用いてそれを表現しているが、それが信仰と同時に語られるがゆえに神秘主義者とみなされる一面もある。しかし、私の理解したところによると、人間には科学的に証明されなくても、感覚的に正しいもの（善や正義）や、目には見えないがその存在を確信するもの（美、希望、真理）という次元があるということだ。そして人はその次元（超自然的なもの）に触れたとき、驚き歓喜し、幸福感や充実感を得、次の行動の原動力（生きる活力）とするのである。

ヴェイユはいう。


「根をもつこと、それはおそらく人間の魂のもっとも重要な欲求であると同時に、もっとも無視されている欲求である。また、もっとも定義のむずかしい欲求のひとつでもある。人間は、過去のある種の富や未来へのある種の予感を生き生きといだいて存続する集団に、自然なかたちで参与することで、根をもつ。自然なかたちでの参与とは、場所[7]、出生、職業、人間関係を介しておのずと実現される参与を意味する。人間は根をもつことを欲する。自分が自然なかたちでかかわる複数の環境《ミリュー》を介して、道徳的・知的・霊的な生の全体性なるものをうけとりたいと欲するのである。／ことなる環境《ミリュー》のあいだで交わされる相互の影響は、自然につむがれる人間関係への根づきとおなじく、成長には欠かせない要因である。ただし、ある環境が外部の影響をうけいれるさいにも、その影響は即効性のある養分とみなされるのではなく、自身の生命力を活性化させるための刺戟とみなされるべきだ」（ヴェイユ 二〇一〇上：六四）

ここでは集団への参与が根をもつための要因となっているが、この集団とは、私たちに魂の糧を与えるような集団であり、その持続性によって未来に入り込んでいるとともに、過去の霊的な富を保存する装置である。そういった役割をもつものとしての集団が重要なのであり（ヴェイユも念を押しているように）決して集団が個人よりも優位にあるという意味ではない。こういった意味においても、集団との関係が失われること――「社会的・共同的関係からの根こぎ」――は「活力の根こぎ」と深くつながっているのである。

したがって、次節では改めて人間の集団について考察してみるとともに、人間という存在がもつ根源的欲求とは何か、そしてそれを取り戻すためには何が必要かを探ってみたい。

III　人間の社会――ゲマインシャフトとゲゼルシャフト

第二節では、「社会的・共同的関係からの根こぎ」と「活力の根こぎ」の関係に注目し、それがどのように連関しているのかをみてきた。そして人間は「根をもつことを欲する」存在であるということを指摘した。私がはじめに述べたように、現代を人間の生存基盤が破壊されているという深刻な状況であると捉えるならば、これらの諸問題を乗り越えていくためにも、私たちは今こそ人間の生活の仕方だけではなく人間自身の在り方に立ち返り、人間という存在がもつ根源的欲求へと目を向ける必要があるのではないだろうか。

私はこの人間の根源的欲求の一つとして――ヴェイユとは違った考えではあるが――共同性欲求をあげたい。なぜなら、資本主義社会によって生じる「根こぎ」という状態に置かれてもなお、自分のことを知ってほしい、自分に共感してほしい、あるいは自分の気持ちを誰かと共有したいという欲求があるように思われるからだ。それは、メールやインターネット上でのブログ、Facebook、Twitter などのＩＴを介したコミュニケーションツールの普及に潜在的にみてとれる。そしてまたこの共同性欲求が人間の社会形成の根幹だったのではないかと私は考えている。それゆえこの欲求の重要性と社会との関係を改めて見直すことによって、疎外され、物象化され、バラバラにされた人々をつなぎ、「根こぎ」を克服し、さらには資本主義社会を改変していく原動力になりうるのではないだろうか。

そこで本節では、前近代社会と近代社会について、社会における人々の結びつき方の違いと、そこに存在する人間の意志の違いとの関係を明らかにしたF・テンニエスを取りあげる。

テンニエスが示した社会の有名な区別は、ゲマインシャフト（Gemeinschaft）とゲゼルシャフト（Gesellschaft）とよばれ、日本語ではそれぞれ、「共同社会」と「利益社会」と訳されている。このことからも理解されるように、ゲマインシャフトは地縁・血縁に基づく自然発生的なもの、ゲマインシャフトは利害関係に基づいて人為的につくられるものとして対照され、次のように語られる。「人は、誕生以来、家族の者と共にゲマインシャフト的生活を送り、あらゆる幸不幸を共にしながら暮らしている。人は、見知らぬ国に行くような気持で、ゲゼルシャフトの中に入ってゆく」（テンニエス 一九五七上：三五）。つまり、テンニエスはゲマインシャフトがすべての信頼にみちた親密な水入らずの共同生活であるのに対し、ゲゼルシャフトは相互に独立した人々の単なる並存であると考えている。

テンニエスは社会を、意志および援助、救済、給付から成る相互肯定的な関係の結合体であるとした。そのなかで、実在的有機的な生命体と考えられる結合体をゲマインシャフト、観念的機械論的な形成物をゲゼルシャフトと定義しているが、そういった結合体を形成する運動の原動力は、何よりもまず政治的関係ではなく、日常生活の粗野な物質的欲求や感覚や感情であるとテンニエスは考える。つまり、テンニエスにとって社会とは人間の意志の結合の総体であり、その基盤は人間の意志なのである。

そこでテンニエスがもちだすのが、「本質意志」（Wesenwille）と「選択意志」（Kürwille）の区別である。この「本質意志」によって発生してくる社会的関係がゲマインシャフト、「選択意志」からつくりだされる社会関係がゲゼルシャフトである。そのため一般的にゲマインシャフトは自然発生的、ゲゼルシャフトを人為的であると位置づけられるのであるが、ではこの「本質意志」と「選択意志」とはなんだろうか。

テンニエスによると本質意志は、心理学的に見られた人間の身体に等しいもの、思惟そのものを含んでいる生（Leben）の統一性の原理であるという。それは人間の有機的身体（感覚・知覚）に根ざした、身体的活動に内在する人間の意志である。そのため、原初的な人間感覚である存在感情・衝動感情・活動感情に基づき、同時的・連続的に主観において発生するので、本質意志は自然発生的であると考えられる。

一方、選択意志は思惟する作用だけをもつものであり、それは主体の抽象物であるという。そのため選択意志は人間の活動に内在するのではなく、外にとどまっているとともに活動に先行しているという。そこであらわれてくる特徴は目的の設定や秩序づけ、遂行のための組織形成などである。つまり、選択意志においては思惟によって生み出された目的に向けて一切の行為を支配し、それに役立つように働き、目的のヒエラルキーを生み出すことができるようになるのである。そのため選択意志は人為的であると考えられる。

次に重要になるのが、これらの意志の統一原理である。テンニエスによると、本質意志の統一によって成立するゲマインシャフトでは一体性が、選択意志の統一によって成立するゲゼルシャフトでは契約が、その統一原理であると考えられている。具体的には、一体性は血縁関係、地域、精神的に近いものの間にみられる家族精神に求められ、それはそこで生起する事象や物事が個々人によって了解され、それらを共有するということに基づくという。一方、ゲゼルシャフトにおいてはゲマインシャフトの家族精神のように自然発生的な意志の統一原理は生じず、意志が統一されるためには別の原理が必要である。それが共同財とその交換であるとテンニエスは考える(8)。そしてそこで見出される意志の統一は契約によって生じるとテンニエスはいう。したがって、ゲマインシャフトにおいて人々は本質的に結びついている集団であるけれども、ゲゼルシャフトは本質的に分離している集団であるというのである。

そこで、本質意志に基づいた社会の結合原理をさらに詳しくみることによって、人間の根源的な欲求

（私はここでこれを共同性欲求とみなしている）と社会の関係はどのような関係にあるのかを明らかにしたい。

そこで注目するのが、ゲマインシャフトの一体性を確証する際にあらわれる了解という作用である。テンニエスによるとゲマインシャフトに特有な意志としての相互に共通なそれ（了解）とは、人間を一つの全体の部分として結合する特殊な社会的力であり、社会的共感であるとする。つまり、人間の感覚や知覚に根ざした共感がゲマインシャフトにおいては社会の統合原理の基盤となっており、ゲマインシャフトは自然発生的な共感によって成り立っている社会であるということができるのではないだろうか。

そこで次に私は人と人とを結びつける力としてこの共感に注目し、共感について吟味しながら脱近代へ向けての共感の可能性を探ってみたい。

Ⅳ　共感による脱近代の可能性

まず、共感という言葉の定義について確認しておきたい。

共感とは一見、私たちに馴染み深い言葉であるように思われる。『広辞苑　第六版』を引くと、共感とは「他人の体験する感情や心的状態、あるいは人の主張などを、自分も全く同じように感じたり、理解したりすること。同感。」と定義されている。ところが共感の思想史をまとめた仲島陽一（二〇〇六）によると、「共感」は戦後にできた新語であり、戦前において「共感」一般の意味を担っていた語は「同情」であったという。そして共感を表す語のなかには広狭二義（肯定的感情と否定的感情）が存在し、現在では「同情」がそのうちの否定的感情（狭義）を、「共感」が肯定的感情（広義）を担ったとしている。

一方、共感という言葉は、心理学や臨床心理学、介護の現場においてよく使用される言葉であり、近年ではコミュニケーション能力の一つとして「共感力」が言われるようになってきた。また、動物行動学や厚生経済学などの分野においても共感が注目され、共感についての研究領域の幅は広がってきている。しかし澤田瑞也（一九九二）によると、心理学の分野でさえ共感の定義は、一九五〇年頃まで統一されていなかったという。

共感の起源を霊長類学から探った人物にF・ドゥ・ヴァールがいる。ドゥ・ヴァールによると、共感は、霊長類に特有な相互依存度の高い集団生活における社会的行為を容易にするために発達してきたという。その共感の基盤は同調性と同一化であり、ドゥ・ヴァールは文化的には同一化による模倣が他者の能力や感情への知覚をうながしているが、同調性が相互扶助の関係を密にすると考えている。ドゥ・ヴァールはこの同調作用による共感の起源を哺乳類の子育てに求められるとし、母親による子どもへの共感にsympathy ではなく empathy（感情移入）[9] を使う。このことから人間が生まれてきて最初に行なう社会的接触は共感を介して行なわれており、また原始的な人間の共同関係や学びの習得も共感が基になって形成されたと考えられる。

ここで誤解がおきないように一つ指摘しておきたいことがある。人間の動物との連続性を主張することは、人間の特徴を動物へと還元してしまい、結果として人間本来の理解を妨げてしまうという誤りを犯しやすい。しかしドゥ・ヴァールも指摘しているように、具体的な動物の生活と人間の生活とを対比させることによって、観念論や抽象論に陥りがちな現代の人間観や社会観について批判し、人間の自然なあらわれを捉え直す契機をつくりだすことが大切なのである。

以上のことをふまえたうえで、次に共感の種類についてみてみたい。なぜなら、先に人間の本質意志と選択意志との違いにみられたように、人間には身体感覚に基づいたものだけではなく、思惟によって成立する世界も存在するからだ。このことは、感情論に還元されがちな共感を峻別し、共感の可能性を探るうえで重要だと思われる。

共感をその生起の仕方と子どもの認識的な発達と組み合わせながら論じた人物にM・ホフマンがいる。ホフマンは、共感が生起する機構として、まね、古典的条件づけ、直接的連合、媒介的連合、役割とりの五つを挙げている。[10] ホフマンはこれらの共感を、思わず起こってしまうものと、相手からのメッセージや相手についての知識を必要とするものの二つに大別し、前者をことば以前の先行作用（a nonverbal, perceptual process）、後者をことばを使った認識作用（a verbal, cognitive process）（意味の組織化や相手の立場の想像を含む）として区別する。そしてこれらはきっかけに応じて複合的に生起されると考えられる。そのため認識の発達や経験が増えていくにつれて多くの情報を読み取れるようになり、その能力が高い人ほど、より深く正確に相手に共感できるという。

以上のことから、共感が生起するメカニズムは自然に引き起こされるもの（以下、先天的共感と表記）と認識の発達によってもたらされるもの（以下、後天的共感と表記）の二種類があるといえるのである。その特徴は、先天的共感は自他の同一性が、後天的共感は自他の分離が前提になっている点である。

ここで気がつくことは、共感（先天的共感と後天的共感）と社会（ゲマインシャフトとゲゼルシャフト）との対応関係である。

私は先に、「ゲマインシャフトにおいて人々は本質的に結びついている集団であるけれども、ゲゼルシャフトは本質的に分離している集団である」と書いた。そして今、「先天的共感は自他の同一性が、後天的共感は自他の分離が前提になっている」と書いた。ここから言えることは、共感において後天的共感が可能であるならば、ゲゼルシャフトにおいても共感を軸に人々がつながることが可能ではないかということである。

私はゲマインシャフトとゲゼルシャフトの区別から、資本主義社会はゲゼルシャフトが支配的になり、ゲマインシャフトが背景に退いている社会であると考えている。そこでは本質意志よりも選択意志、つまりこの場合は経済的価値観が優先されることによって、人間の根本的な欲求の実現が阻害され、社会が求める人間像との不一致をもたらしていると推察される。したがって、私たちが現状を打開していくためには二つの方法が考えられる。一つめは人間の本質意志における根源的欲求をあぶりだし、そこから自然発生的に生じる共感を基盤に据えながら、それを身内の利害に限定せずグローバルな視野へと連結させていくこと、二つめは現在の資本主義社会という人格的交流が分断された個人を前提としたうえで、同じ境遇の人や同じ問題を抱えている人、あるいは貧困や労働環境といった現在の不公平な社会構造の認識から、共感によって分断された個々人へと結びついていくことである。つまり、どちらの方法をとるにせよ、共感と結びついた人間の論理的・道義的思考——すなわち共感的理性——が求められるのである。それは、近代において優位に立った理性の道具的使用や功利的利用とは異なるものであり、人間の心の根底をなす道徳感情に根ざしたものである。そのような感情を基盤とすることによって、現在の経済的な利害関係を超え、人々はつながることができるとともに、人権や尊厳、共生・共同といった存在の次元で語り合うことができるのではないだろうか。そしてこのことが、脱近代への鍵になるのではないかと私は考えている。

おわりに

資本主義社会の進展によって人々が陥っている状況をなぜ私が自然だけでなく、共同性や人間性の源泉からの根こぎに注目するかというと、それがエコロジーへの接続の必要からだけではなく、尊厳という言葉に代表されるような人間存在の次元に関わっているからである。このことはまた、現代の資本主義社会下に蔓延している利己主義や個人還元主義、それにともなう無責任や無関心を克服していくために必要であると考えている。なぜなら、本論でみてきたように人間の根源的欲求な存在欲求として共同性欲求をみいだすことができ、その共同性への志向は極めて感情的・道徳的なものであると同時に、その次元におい て人間存在の尊厳が認められると考えられるからである。その次元から「根こぎ」にされていること、いいかえれば「社会的・共同的存在」から疎外されていることが資本主義社会における諸問題の元凶となっていると私は考えている。

このことはまた、公共圏の問題にも通じているように思われる。つまり、資本主義社会の問題点を克服し、脱近代をめざしていくための公共圏の次元として必要なのは、この存在の次元なのではないだろうか。そのため公共圏においては共同性の必要や妥当性の議論からだけではなく、存在をお互いに尊重しあうということが求められるのであり、それが担保されてはじめて、共生の議論が可能になるように思われる。したがってここでも「人間は根を欲する存在である」と捉えるヴェイユの指摘は重要な示唆を与えてくれるように私には思われるのである。

●注●

（1）原発が事実上唯一の収入源となっている過疎地域にとっては、原発の再稼動は非常にシビアな問題である。なぜならそれによって今後の生活が存続できるかどうかの瀬戸際に立たされているからだ。そのため原発は高い危険をともなうものだと理解していても、それと現在の生活の維持とを天秤にかけた時、当事者の多くは迷いながらも、今の生活の維持を選択すると予測される。ただこれは現代社会における利害関係の一つの側面にすぎない。この問題の背後には、地域住民だけでなく、企業、政府、研究者、経済界など、何重にも利害関係が複雑に折り重なっている。利害関係でのみ議論を行なうだけでは脱原発の道は険しいと予想される。そうではなく、別の価値、とくに倫理的な価値観や生命・環境へのリスクの問題が重点的に議論されなければならないだろう。利害関係を超えた所にあるはずの、私たちが本当に大切にすべき価値を明示し、その方向へと転換していくことが脱近代には求められるように思われる。
(2)　ユルゲン・ハーバーマスはこの近代以降に生じた経済システムと政治システムの独立過程を「システム的合理性」の発展であり、それによって生じた人間社会への影響を「システムによる生活世界の内的植民地化」という言葉で表現した。
(3)　エコ・フェミニズムの論者とされるキャロリン・マーチャントも、有機的な自然観が機械論的な自然観になってしまった原因として、商業主義や工業化を指摘している。
(4)　ポランニーの研究を組み合わせるなら、ここに人間の社会性・共同性や自然性の剥奪も加わるのであるが、マルクスの初期の疎外概念（マルクス　一九六四）をみてみると、労働の疎外のなかにこの社会性・共同性や自然性の疎外は含意されているととらえられる。
(5)　寄木細工性とは、現実を構成する諸要素はたがいに関連しあうことのできる部分からなっており、その部分を一つの単位として操作され、分離や結合が行われる、という認識である。一方、秩序整然性はそれぞれが特定の管轄に分類され、それを実行するためには正当な手続きを必要とする、という認識である。前者を機械論的世界観、後者を方法論的合理性といいかえるとわかりやすいかもしれない。
(6)　これがみたされなければ人間は植物的な生に近い状態へと落ち込んでいくとヴェイユはいう。
(7)　ヴェイユによると「場所（lieu）」は「真ん中（mi）」とむすびつき、人為的な国境や言語や習俗や文化をこえて拡がるアモルファスな人間的「環境（milieu）」を生みだすという。
(8)　ただこの共同財には注意が必要である。テンニエスは以下のようにいう。「共同財というものは、主体の側における擬制（Fiktion）によって存在せしめられうるものであるが、しかし、このような擬制が可能となるためには、同時に共同の主体およびその意志というものが擬制的に作りだされて、それにこの共同価値が関係せしめられなければならない。しかし、このような擬制は十分な根拠なしには作りだされない。その十分な根拠はすでに物の遣り取りという単純な行為のうちに存在している。すなわち、この単純な行為によって接触交渉が行われて、双方の主体から欲しがられ『取引』の期間中存続する共同の領域が成立する。」（上：九二－九三）
(9)　心理学者のT・リップスは、他者のなかに自己が入り込むことを empathy [Einfühlung：独]（感情移入）と表現し、他者の経験をわがことのように経験する能力だとした。現在の心理学ではこのリップスの用法を踏襲し、

empathy が共感として使われることが多い。とくにカウンセリングの現場において、この empathy という言葉がよく使われている。
(10)　簡単に説明すれば、「まね」はすでにみてきたように、他者の顔の表情や動きを模倣することによって自分も同じ感情を経験するという共感反応である。「古典的条件づけ」はある場面と快や苦痛が結びつけられ、その場面に遭遇した際引き起こされる共感反応、「直接的連合」は相手が陥っている状況を見て、自分自身の過去の感情経験を想起した時に起こる共感反応、「媒介的連合」とは言語情報から自分の過去経験を想起して生じる共感反応、「役割」とは相手の立場に自分自身を置いて想像することによって生じる共感反応である。ホフマン（一九八四）をはじめとし、いくつかの論文ではこの五つに加え新生児の第一次循環反応（他の新生児が泣き始めるとそれに同調して自分も泣く）が加わっているが、ここでは最近の著作に書かれている区分にしたがった。

●引用・参考文献●

ヴェイユ、シモーヌ著／田辺保訳（一九九五）『重力と恩寵』筑摩書房
ヴェイユ、シモーヌ著／冨原眞弓訳（二〇一〇）『根をもつこと』（上・下）岩波書店
澤田瑞也（一九九二）『共感の心理学　そのメカニズムと発達』世界思想社
澤田瑞也編（一九九五）『人間関係の発達心理学1　人間関係の生涯発達』培風館
テンニエス、F著／杉之原寿一訳（一九五七）『ゲマインシャフトとゲゼルシャフト―純粋社会学の基本概念』（上・下）岩波文庫
仲島陽一（二〇〇六）『共感の思想史』創風社
ドゥ・ヴァール、F著／西田利貞・藤井留美訳（一九九八）『利己的なサル、他人を思いやるサル―モラルはなぜ生まれたのか』草思社
ドゥ・ヴァール、F著／柴田裕之訳（二〇一〇）『共感の時代へ―動物行動学が教えてくれること』紀伊国屋書店
バーガー、P・L&B・バーガー&H・ケルナー著／高山真知子・馬場伸也・馬場恭子訳（一九七七）『故郷喪失者たち―近代化と日常意識』新曜社（Berger, Peter Ludwig & Berger, Brigitte & Kellner, Hansfried, 1974, *The Homeless Mind: Modernization and Consciousness.* Penguin.）
バーガー、P・L&トーマス・ルックマン著／山口節郎訳（二〇〇三）『現実の社会的構成――知識社会学論考』新曜

社
フロム、エーリッヒ著／日高六郎訳（一九六五）『自由からの逃走 新版』東京創元社
ポランニー、K著／野口建彦・栖原学訳（二〇〇九）『［新訳］大転換』東洋経済新報社
マーチャント、キャロリン著／団まりな・垂水雄二・樋口裕子訳（一九八五）『自然の死—科学革命と女・エコロジー』工作舎
マルクス、K著／手島正毅訳（一九六三）『資本主義的生産に先行する諸形態』大月書店
マルクス、K著／城塚登・田中吉六訳（一九六四）『経済学・哲学草稿』岩波書店
マルクス、K著／向坂逸郎訳（一九六九）『資本論』（三）岩波書店
見田宗介（二〇〇六）『社会学入門—人間と社会の未来』岩波書店
見田宗介（二〇〇八）『まなざしの地獄』河出書房新社
宮本憲一（二〇〇七）『新版　環境経済学』岩波書店
Hoffman, M. L. (1984) "Interaction of affect and cognition in empathy", *Emotion, cognition, and behavior*. Cambridge University Press, pp. 103-131.
Hoffman, M. L. (1987) "The contribution of empathy to justice and moral judgment", *Empathy and Its Development*. Cambridge University Press.
Hoffman, M. L. (2000) ***Empathy and moral development: implications for caring and justice***. Cambridge University Press.
（菊池章夫・二宮克美訳（二〇〇一）『共感と道徳性の発達心理学』川島書店）

7 エコロジー的主体とエコロジー的社会の探究

——近代「個人」の批判と自由の時間の考察を通じて

大倉　茂

はじめに

環境危機は、公害問題として、さらに地球環境問題としてわれわれの眼前に現れた。しかし現代においては、もはやただ眼前にあるだけではなく、環境危機は、われわれ自身の問題として内面化されているといえる。言い換えれば、環境危機は、人間の外にある「自然」を問題とすると同時に、人間、そして社会そのもののあり方、さらには現代社会の世界観をも問題としなければならないことを人類に突きつけたといえる。そこで本章は、世界観の批判を背景に置きながら、人間、そして社会のあり方を問うていきたい。より具体的には、人間と自然の分離を前提とした近代「個人」の批判を通じて、生命性、意識性、共同性を備えたエコロジー的主体としての個人のあり方、さらにエコロジー的主体を十全に発揮しうるエコロジー的社会のあり方を問うていきたい。

そこで本章では、まず環境危機と近代「個人」の問題が、機械論的世界観の視座から見れば同じ射程に収まることを論ずる。次に、現代のあり方を基礎づけている近代の「個人」概念を改めて批判し、人間存在の三側面としての生命性、意識性、共同性をマルクスの議論を踏まえて論じ、生命性と共同性を基礎とする意識性を踏まえた「個人」概念、すなわちエコロジー的主体としての「個人」を導出する。最後に、そういった「個人」が十全に発揮されうるエコロジー的社会を「自由の時間」をヒントに検討する。

I　機械論的世界観とその展開

ところで、一見して環境危機と近代「個人」概念の話がまったく異なる話ではないかと思われるかもしれない。しかし、実際にはかけ離れた問題ではなく、機械論的世界観という視座から見れば同じ射程に収めることができる。そして、同時に語るべき問題として立ち上がる。したがって、ここで環境危機と近代の「個人」概念が根をともにする問題であるということを、機械論的世界観という視座から考えてみたい。

科学史の研究者であり、同時にエコフェミニズムの主要な論者として紹介される、キャロリン・マーチャントは、以下のように述べる。機械論的世界観が自然に対する人間の操作と管理を可能にし、「機械論的哲学は今日でも産業中心の資本主義を正当化するイデオロギーであり、また自然を支配する産業中心の資本主義固有の倫理であり続けている」（マーチャント　一九九五：八二）、と。このようにしばしば機械論的世界観は、資本主義、ならびに環境危機の思想的背景として語られる。では、なぜ機械論的世界観が環境危機の思想的背景として論じられるのか。そのことを吟味したい。それを通して、環境危機と近代の「個人」概念の関係について考えたい。

機械論的世界観の成立は、デカルトをもって語られる。デカルトは、「我思う故に我在り」というテーゼによって、「思う」私、すなわち意識性で語られる私の存在を明確に示した。ここに、主体（subject）である意識性で語られる私と、それによって把握される客体（object）とがはっきりと区別される（コギト原理）。デカルトの言葉を借りれば、「心と物体、即ち思惟するものと物体的なものとの区別がここから認識される」（デカルト 一九六四：三九）こととなる。さらにデカルトは、その客体（物体的なもの）の本性を、「延長」であるとする。言い換えれば、色、形、大きさ、香り、硬さなどを主観的なものとして退け、広がり、すなわち延長こそ物体の本性としたのである。そして、客体は、複雑な機械であると規定する。機械がひとつひとつの部品に分解して理解できるのと同じように、世界は要素にわけることで理解できる（要素還元主義）と考えられた。世界を機械としてみることは、認識にかかわると同時に、世界に対する人間の態度も規定することとなる。世界は、機械と同様に、人間によって管理・支配・制御可能な対象と考えられるようになる。したがって、機械論的世界観とは、アトミスティック（原子論）な機械をアナロジーとして、世界を捉え、同時に人間が管理・支配・制御可能な機械として捉える世界観であるといえる。

本章の文脈からは少し離れるが、機械論的世界観は、心と身体の分離、人間と自然の分離、事実と価値の分離を決定づけた。本章の背景を紹介するだけではなく、機械論的世界観から派生された現代においても重要な点であるので、順に考えてみたい。第一に、心と身体の分離は、先のコギト原理に基づいて、人間それ自体が、意識性で語られる心と機械と捉えられる身体とに分けて考えられ、同時にそれぞれが独立した存在として考えられることである（心身二元論）。この点は、本章の主題とかかわらせて、後に詳述したい。第二に、人間と自然の分離は、なぜ機械論的世界観が環境危機の思想的背景として論じられるのかという問いにもつながる。人間と自然の分離もまたコギト原理に基づいて、意識性で語られる人間と機械と捉えられる自然との分離を意味する。さらにこのことは、単純に分離を意味するだけではなく、機械論的世界観が世界を人間が管理・支配・制御可能な対象として捉えることからも明らかなように、自然に対して人間が管理・支配・制御可能な対象と捉えることとなる。そのことが、先に紹介したマーチャントのように、しばしば機械論的世界観が環境危機の思想的な背景として捉えられる理由でもある。第三の点は、事実と価値の分離である。機械論的世界観は、客観的世界を没価値的な世界とし、またその世界を認識する主体、すなわち人間の精神を価値主体として位置づける。そのことは、J・ロックの労働価値説に端的に表れている。事実と価値の分離は、決定論と自由意思の問題や、環境倫理における自然の内在的価値(intrinsic value)、固有の価値(inherent value)をめぐる問題など、古典的であると同時に、現代においても重要な哲学的問題につながっている。さらに近代科学の前提となる機械論的認識に関わる視点のみならず、労働価値説に端的に表れているように、事実と価値の分離は社会哲学的な視点も重要である。事実と価値の分離は、科学的認識と市場経済社会が相互に影響し合うことで、強固に現れているといってよい。

少し本章の主題から脇道に入ってしまったので、話を戻したい。機械論的世界観を批判するうえで本章の主題から改めて考えたいのが、機械論的世界観が捨象した生命性と共同性である。先にデカルトが客体の本性を延長だと規定し、主観的なものは客体からは捨象され、また事実と価値に関する論述の中で、客体は専ら没価値的な世界であると述べた。機械論的世界観による生命性と共同性の捨象は、この点と大きくかかわる。繰り返しになるが、機械論的世界観は、世界から価値を捨象した。同様に、生命性と共同性も捨象したのである。ここでいう生命性とは、「いきる」ことといっていいが、機械論的世界観のもとでは、生命体から「いきる」ことをはぎ取る。自然、あるいは生物、そして心身二元論で説明したように身体も、すべて機械にすぎない。そこには、静的で、「いきる」ことをはぎ取られた存在があるのみである。「いきる」ことをはぎ取られた、すなわち生命性が捨象された世界があるのみである。他方で、ここでいう共同性とは、「つながる」ことといっていいが、機械論的世界観のもとでは共同体から「つながる」ことは奪われてしまう。機械論的世界観のもとで、先に述べた要素還元主義によって共同体を眺めるならば、それは個々に独立したアトミスティックな個人の集合と捉えられてしまう。そこには、孤立した人間が集まっているだけで、「つながる」ことを奪われた存在があるのみである。「つながる」ことを奪われた、すなわち共同性が捨象された世界があるのみである。

そこで、本章の主要な概念である、近代の「個人」概念を考えてみるならば、生命性、共同性を捨象された、専ら意識性で語られうる個人であることがいえる。デカルトに始まり、カントによって科学的認識が基礎付けられ、意識性が強調されることとなるが、大衆社会の中で意識性が薄れていったこともまた踏まえておかなければならない。このような近代においても裏腹なあらわれを示す個人概念を本章では批判の対象とする。

このように機械論的世界観を踏まえて考えると、環境危機と近代の「個人」概念は根をともにする問題であることが理解してもらえたかと思う。すなわち、環境危機を論ずるにしろ、近代の「個人」概念を論ずるにしろ、機械論的世界観の批判を射程に入れて議論しなければならないというのが本章の基本的な立場である。したがって、近代の「個人」概念を批判することは、機械論的世界観を批判することに通じ、そのことは環境危機にも応答することであることを強調しておきたい。本章が考えるラディカルさとは、文字通り、環境危機と近代の「個人」概念の根である機械論的世界観の批判を射程に入れた論考を展開することである。

さらにここでいう「批判」とは、日本語の語感としてイメージされるような「非難」と直結するような意味ではない。ここでいう「批判」とは、性急に結論を出す前に、立ち止まって考え、対象に対して積極的な面と消極的な面をわけて考えることである。たとえば、機械論的世界観にしても、明晰判明な知のあり方を基礎付け、具体的には現代の物質的な豊かさを享受するなど積極的な面もあるはずである。環境危機などの消極的な面が強調されがちであるが、積極面を踏まえた批判を行なうべきであろう。そして、批判することとは、視点を変えれば、批判する対象を乗り越える視点をもつことであるともいえる。その意味で、機械論的世界観の批判は、脱近代の世界観を探求することに通ずる。

本節の最後にもう一度、本章の問いをまとめるならば、以下のようになろう。しばしば機械論的世界観が環境危機の思想的背景であると論じられる。機械論的世界観において近代科学や資本主義社会が成立していった。その両者の相互作用によって、われわれは物質的な豊かさを享受すると同時に、環境危機という問題を背負うこととなった。そこで本章では、機械論的世界観によって捨象されることとなった生命性と共同性、そして意識性を統合することを試みたい。現代のあり方を基礎づけている近代の「個人」概念を改めて批判し、生命性と共同性を基礎とする意識性を踏まえた「個人」概念、すなわちエコロジー的主体としての「個人」を導出する。そのことを踏まえて、そういった「個人」が十全に発揮されうるエコロジー的社会を「自由の時間」をヒントに検討する。

Ⅱ　「個人」概念の分析

その問いに応えるために、本節と次節において、近代の「個人」概念の批判を、K・マルクスの議論に沿いながら見ていくこととなる。本節と次節の見取り図として以下を引用したい。マルクスは、『経済学批判要綱』のなかで、「人間はもっとも文字どおりの意味でポリス的動物である。たんに社会的な動物であるばかりではなく、社会のなかだけ自己を個別化することのできる動物である」(MEGA Ⅱ-1: 22〔二七〕)[1]と述べている。この引用から考えられる論点は三つあるだろう。第一に、社会において自己を個別化できる存在であるということ。第二に、生命性との関わりのなかで、人間は動物であるということ。第三に、共同性とのかかわりのなかで、社会的な存在であるということである。本節では、第一の点について考えたい。第二、第三の点については、次節において考えることとなる。

本節は、「個人」概念の変遷を歴史・社会的な文脈から見ていく。そのことによって、共同性と生命性が捨象された近代の「個人」概念の特殊性と、歴史貫通的に見られる「個人」のあり方をみることができるだろう。なお、以下では、共同性と生命性が捨象された近代の「個人」概念を個人主義的個人と呼ぶこととする。

先に、マルクスが人間を「社会のなかだけ自己を個別化することのできる」存在だと論じている箇所を引用した。このことは、個々の社会形態や歴史から独立しており、言い換えれば歴史貫通的に個人は存在することを意味する。したがって、ここで論じなければならないのは、その個人のあり方を歴史・社会的な文脈からいかに読み取ることができるかということである。

マルクスによれば、「われわれが歴史を遠くさかのぼればさかのぼるほど、ますます個人は、それゆえまた生産する個人は、自立していないものとして、一つのいっそう大きい全体に属するものとして現われる」(MEGA Ⅱ-1: 22〔二六〕)という。そもそも個人は、自立しておらず、一つのいっそう大きい全体に属するものとして捉えられてきた。そして、「一八世紀になって初めて、つまり、『市民社会』になって初めて、さまざまな形態の社会関連は、個々人の私的目的のためのたんなる手段として、外的必然性として、個々人に対立するようになる」(MEGA Ⅱ-1: 22〔二六〕)ことになり、一八世紀になって個人主義的個人が登場することとなるのである。この詳細をマルクスは、人間社会の歴史の三段階として説明する。個人と諸個人の関係に注目しながらみていきたい。

マルクスにおいて、第一の段階は前資本主義段階、第二の段階は資本主義社会の段階、そして第三の段階は将来の共同社会であると理解される。第一段階については、以下のようにマルクスは述べている。「人格的な依存諸関係（最初はまったく自然生的）は最初の社会諸形態であり、この諸形態においては人間的生産性は狭小な範囲においてしか、また孤立した地点においてしか展開されないのである」（MEGA Ⅱ-1: 90-91〔一三八〕）、と。また、「交換や交換価値や貨幣の未発展な制度を生み出しているような、あるいはそれらの未発展な段階がそれに照応しているような社会的諸関係が考察されるばあいには、彼らの諸関係はより人格的なものとして現われるとはいえ、ただある限定性を受けた諸個人として相互に関連をもちあうだけである、たとえば封建君主と家臣、領主と農奴などとして、あるいはカストの成員などとして、または身分に所属する者などとして関連をもちあうだけであることは、初めから明らかである」（MEGA Ⅱ-1: 95〔一四七〕）、と述べている。すなわち、第一の段階においては、人格的な諸関係が個人の間で結ばれつつも、それはさまざまな限定性をはらんだものであったといえる。それは、「封建時代には『純粋に人格的な諸関係』があったなどという幻想」とマルクスが指摘していることからも、人格的な諸関係の限定性を捉えることができる。第一の段階での個人を共同体主義的個人と呼ぶ。

第二の段階については、「個別化された個々人の立場を繰り出す時代こそ、まさにこれまでのうちでもっとも発展した社会的な（この立場からすれば一般的な）諸関係の時代なのである」（MEGA Ⅱ-1: 22〔二六－二七〕）と一定の評価をしながらも、その諸個人は「相互にたいし、無関心な（gleichgültig）諸個人の相互的で全面的な依存性が、彼らの社会的連関を形成する」（MEGA Ⅱ-1: 90〔一三六〕）段階であると説明する。私なりに言い換えれば、第二の段階は個別化された諸個人の立場を担保しながらも、その諸個人の関係は、「無関心な」諸個人の関係なのである。そういった関係を作り出すに至った原因をマルクスは、物象化に求めている。「諸個人の相互的な関係行為としてではなく、諸個人に依存することなく存立し、無関心的な諸個人の相互的衝突から生じるような諸関係のもとへ諸個人を服属させることとして現われる。各個々人の個々にとって生活条件となってしまっているところの、諸活動と諸生産物との一般的な交換、それらの相互的な連関は、彼ら自身には疎遠で、彼らから独立したものとして、つまり一つの物象（Sache）として現われる。交換価値においては人格と人格との社会的関連は物象と物象との一つの社会的関係行為に転化しており、人格的な力能は物象的な力能に転化している」（MEGA Ⅱ-1: 90〔一三七〕）と述べ、物象化現象により無関心性に基づく関係を取らざるを得なくなったことを説明している。すなわち、第二の段階は、形式的には個人の個別性を尊重しながらも、それは物象化現象に基づくものであり、個人間の関係も「無関心的」とならざるを得ないのである。あくまで第二の段階の独立性は、「物象的依存性のうえにきずかれた人格的独立性」（MEGA Ⅱ-1: 91〔一三八〕）に過ぎない。まさに本章で個人主義的個人といった場合の人間観が第二段階にあるといえる。

ここでいう個人主義的個人の生成には、二つの側面から考えなければならない。一方は、マルクスが第二の段階についての箇所で述べているように、人間が労働力「商品」として市場経済下において扱われることによって生ずる価値関係により、「物象的依存性のうえにきずかれた人格的独立性」を帯びた個人が生成されるという、価値関係のなかでの個人である。他方で、前節で論じた機械論的自然観の背景となった、デカルトのコギト原理に基づく個人、言い換えれば、専ら意識性で語られうる個人である。この二つの生成が「不幸な一致」を見せることによって、共同性と生命性が捨象された近代の個人、つまり個人主義的個人が生成されたといえる。この点は、先のマーチャントの引用にもみられるように、近代科学（コギト原理）と資本主義（価値関係）が相互に連関しながら発展したことと無関係ではないだろう。

この隘路を突破するには、価値関係のなかでの個人のあり方を弱める必要があろう。そのためには、市場経済の縮減、労働力商品として商品化がすすめられている人間の「脱商品化」が求められる。しかし、人間の脱商品化による市場の縮減、価値関係による物象的依存性に基づく独立性から脱することを論じたとしても、同時に第一のデカルトのコギト原理に基づく個人も再考をしなければならない。デカルトの「我思う故に我あり」で導出される「我」は、人間の意識性と解することができる。その意識性を二つの論点から捉え直す。第一に、その意識性は共同性と深く結びついた意識性であるということ。第二に、生命性を基礎にした意識性であること。この二点を主張したい。このことは、デカルト、カント、ヘーゲルにいたる哲学史の意識哲学的な流れと、他者との関係のなかで意識が生まれると考える言語論的転回の流れとを踏まえた哲学的課題に密接に関係している。

上記の点を踏まえて、本節では触れなかった、マルクスのいう第三の段階はどのような個人ないしは、個人間の関係をみているのだろうか。そのことについて、次節の議論のなかで紹介する。

Ⅲ　共同性と意識性、生命性と意識性

本節では、前節冒頭において引き出した論点の第二の点と、第三の点を考えたい。すなわち、意識性と共同性の関係の論点と、そして意識性と生命性の関係の論点である。ここでは、生命性と意識性、意識性と共同性にわけて話をすることとなるが、この三者は、独立した存在ではなく、内的連関をもっている。なお、哲学的には生命性と意識性に関しては心身問題に通じ、共同性と意識性は個と共同体の問題に通じているといえる。

マルクスは『経済学・哲学草稿』において、「動物はその生命活動と直接的に一つである。動物はその

生命活動から自分を区別しない。動物とは生命活動だからである。人間は自分の生命活動そのものを、自分の意欲や自分の意識の対象にする。彼は意識している生命活動をもっている」（MEW Ergänzungsband Ⅰ: 516〔九五〕）と述べている。マルクスにとって、動物は生命的存在であるという。そして、人間も動物であることから、人間も生命的存在であるということになろう。しかしながら、人間は、動物と異なり、「生命活動と直接的に一つ」というわけではない。人間は、意識をもっている。したがって、人間は生命性、意識性の二重の存在であることを意味している。そのことをマルクスは、先の引用に続いて以下のように述べている。「意志している生命活動は、動物的な生命活動から直接に人間を区別する。まさにこのことによってのみ、人間は一つの類的存在なのである。あるいは、人間がまさに一つの類的存在であるからこそ、彼は意識している存在なのである、すなわち、彼自身の生活が彼によって対象なのである」（MEW Ergänzungsband Ⅰ: 516〔九五–九六〕）、と。動物と人間を画するものは、意識性であり、生命性を動物と共有しているという意味で、人間は動物であるということがいえるのである。しかし、『経済学批判要綱』からの先の引用では、あくまで「ポリス的動物」、「社会的動物」として理解されていた。この点も、「人間がまさに一つの類的存在であるからこそ、彼は意識している存在なのである」という一節を読み解くことによって理解できる。私なりに理解すれば、人間は意識的存在であるが、そのことによってのみ人間は一つの類的存在であるとマルクスが述べていることから、人間の意識性によってのみ人間は共同的存在であるといえる。したがって、意識的存在であることは、共同的存在であるといえ、意識性と共同性の間には本来的に深い内的連関があるといえる。このことを踏まえて、「ポリス的動物」、「社会的動物」ということを読み解けば、以下のようになろう。人間は、生命性をもつというレベルでは動物であるといえ、意識性をもつことによって動物と区別することが可能であり、その意味では人間は「意識的動物」なのであるが、そこでとどまらず、その意識性は共同性と深い内的連関があることから、「ポリス的動物」、「社会的動物」となったと考えれば、この言葉のもつ意味がより一層理解できよう。

本章では十分に展開できないが、人類史の視角から人間の意識の生成を考えるならば、その源は記号活動と道具活動ではなかろうか。記号活動は、コミュニケーションとして考えられ、意識性と共同性の関係と接合点を見いだすことができる。他方で、道具活動は労働として考えられ、意識性と生命性の関係との接合点を見いだすことができる。しかし、だからといって、先に意識性、生命性、共同性の三者が内的連関をもっていると述べたように、労働とコミュニケーションがそれぞれ独立しているのではなく、ここにも内的連関があるだろう。この点については、アイデアを提示するにすぎないが、今後の課題として取り組んでいきたい。

さて、ここで導出された、生命性と共同性を基礎にする意識性を踏まえた個人こそが、歴史貫通的に捉えられるべき個人であると考える。そして、本章において、生命性と共同性を基礎にする意識性をふまえた個人をエコロジー的主体としたい。共同体主義的個人においては、意識性は軽んじられ、共同性は限定性を孕むものであった。そして、個人主義的個人は、生命性、共同性ともに捨象されていた。そこで生命性と共同性を基礎にする意識性を踏まえた個人とは、この文脈で捉えれば、共同体主義的個人と個人主義的個人の止揚した個人であるといってよい。

ここで強調しておきたいのが、人間存在の三側面としての生命性、意識性、共同性を常同時に捉えることの重要性である。どの側面も一面的に称揚されることを許してはならない。先に述べたように共同体主義的個人と個人主義的個人が問題性を孕んでいたことはもちろんだが、生命性の一面的な称揚も、共同性の一面的な称揚も避けなければならない。ナチス・ドイツが、先進的な自然保護法を制定していた一方で、有機農業の実験農場のなかで囚人たちの身体それ自体を「肥料」として用いていたことは、人間存在の意識性を覆い隠し、生命性のみを称揚した結果として捉えることはできまいか。さらに、近代において社会が大衆社会化していくなかで、第二次世界大戦下のドイツや日本のような体制が成立してしまったことは、近代が当初、意識性を強調していたのとは裏腹に、意識性が弱められたなかでの過度な共同性の称揚の結果として捉えることはできまいか。

では、歴史貫通的に捉えられるべき、エコロジー的主体はどのような社会において十全に発揮されるのであろうか。本章では、エコロジー的主体の性質が十全に発揮しうる将来社会をエコロジー的社会と呼びたい。すなわち、エコロジー的社会とはどのような社会であろうか。

マルクスは将来社会について以下のように述べている。「諸個人の普遍的な発展のうえにきずかれた、また諸個人の共同体的、社会的生産性を諸個人の社会的力能として服属させることのうえにきずかれた自由な個体性（freie Individualität）は、第三の段階である。第二段階は第三段階の諸条件をつくりだす」（MEGA Ⅱ-1: 91〔一三八〕）、と。この論述を私なりに理解すれば、以下のようになる。共同体主義的個人と個人主義的個人を止揚することを基礎とすること、すなわち、生命性と共同性を基礎にする意識性をふまえて、個と共同体といった論立てでしばしば議論されるように、対比的に捉えられる個と共同体を統合し、共同的人間存在の関係の総体としての共同体、同時に自然とともにある共同体を基盤としながら自由な個体性を発揮する個人を基層とする社会がマルクスの考える将来社会であろう。そのような社会の鍵となるのが自由の時間の概念であるように思う。次節において、自由の時間とそこでの個人のあり方を論じてみたい。

Ⅳ　自由の時間と必然性の時間

本章では、エコロジー的社会を時間という側面から考えていきたい。ここで構想したいエコロジー的社会は、自由の時間と、必然性の時間とに分けられる。自由の時間について、具体的なイメージをもってもらうためにもマルクス&エンゲルスの『ドイツ・イデオロギー』から引用したい。
すなわち、労働が分割され始めるやいなや、各人は、ある特定の活動範囲だけにとどまるようにしいられ、そこからぬけだすことができなくなる。かれは、猟師、漁夫、または牧夫、または批判的批評家のいずれかであって、生活のてだてを失うまいと思えば、どこまでもそのいずれかでありつづけなければならない。――これに対して共産主義社会では、（中略）、私はしたいと思うままに、今日はこれ、明日はあれをし、朝に狩猟を、昼に魚取りを、夕べに家畜の世話をし、夕食後に批判をすることが可能になり、しかも、けっして猟師、漁夫、牧夫、批判家にならなくてもよいのである。（マルクス&エンゲルス 一九九二：六七－六八）
分業を前提とする商品経済社会が全面化している現代社会において、人間は賃労働をすることによって、自らを労働力商品として市場にその身を投げ出さなければ生きていけない。その様子は、右の引用の「生活のてだてを失うまいと思えば、どこまでもそのいずれかでありつづけなければならない」という状況そのものである。そのような状況にある時間を必然性（necessity）の時間と呼びたい。したがって、現代社会は専ら必然性の時間で占められている。さらに現代社会においては、その必然性の時間のあり方にも問題がある。すなわち、必然性の時間における労働の問題である。本来、労働は、対象化活動であるが、賃労働である限り、その意義は見失われ、労働は専ら自分以外のもののために成立することになり、労働によって作られた対象物も労働者から完全に切り離されることとなる（疎外された労働）。したがって、労働の解放が求められているのである。一方で、そのいずれかでありつづける必要がない、「今日はこれ、明日はあれをし、朝に狩猟を、昼に魚取りを、夕べに家畜の世話をし、夕食後に批判をすることが可能になり、しかも、けっして猟師、漁夫、牧夫、批判家にならなくてもよい」時間を自由の時間と呼びたい。本章は決して、マルクスの将来社会構想（共産主義社会）を礼賛するものではなく、このマルクスの論述を現代社会における文脈で捉え直すことが重要だと考えるが、現代社会の文脈で論ずるならば、価値関係による物象的依存性に基づく独立性から脱することをめざし、いかに市場経済を縮減させるか、いかに人間の脱商品化を促すかが論点となろう。したがって、「いずれかでありつづけなければならない」必然性の時間のあり方を見直すと同時に脱商品化を促し、さらに自由の時間を創出することが求められていると言えよう。このことを労働の観点から捉え直すならば、必然性の時間における疎外された労働からの解放が求められており、さらに自由の時間における必要労働からの解放が求められているのである。この労働からの二重の解放については、次節において、アーレントの議論と関連させながら詳述したい。

また、自由の時間に類似した概念として、余暇が挙げられる。余暇学の主要な論者である瀬沼克彰は、余暇は労働との相関の中で語られ、「労働力の再生産」（疲れをとる、気晴らし）として捉えられてきたという。昨今では、徐々に余暇が変質してきており、一部では「自由時間」という言葉が使われながら、「労働の補助的存在」ではなくなり、「自分が楽しむ時間としての利己的余暇」と「他者に貢献したり、他者を楽しませてあげる利他的余暇」に分けて考えることができるという。また、余暇にとって重要になってくるものは、時間とともに金銭であるという（瀬沼 二〇〇四）。私なりに言い換えれば、ここでいわれる余暇は、ボランティア活動などは含みながらも、労働とは切り離された経済的活動であるといえる。先の自由の時間を語るうえでの現代的意義を、市場経済の縮減と人間の脱商品化と論じたことを踏まえれば、自由の時間はあくまで非市場経済的活動として位置づけるべきであろう。しかしながら、ここで述べられている余暇は、自由の時間を現代社会に位置づけるプロセスのなかでは重要な視点を含んでいるように考える。さらに、本章の立場からいえば、余暇を利己的、利他的とわけて考えるのではなく、「自由」概念に照らして自由の時間のありようを論じなければならないだろう。自由の時間の定義は、「自由」時間たる、自由の概念に依存しているといえる。I・バーリンは、その著作『自由論』（一九六九年）において、自由を「積極的自由」と「消極的自由」とに分類した。積極的自由とは、「ひとが自分自身の主人であることに存する自由」であり、自己実現に通じる自由である。他方で、消極的自由とは、「自分のする選択を他人から妨げられないことに存する自由」である。このバーリンの分類を踏まえれば、自由の時間は消極的自由と積極的自由を共に担保する時間であるといえる。この点については、まさにバーリンが、積極的自由が消極的自由を抑圧する可能性を論じているように、議論を尽くすべき論点であるが、自由の時間に関する点から言えば、以下のようにいえる。[2] 専ら労働の再生産にかかわる、労働力商品としてその身を市場に投げ出す労働からの自由を享受する意味での自由の時間は、前者の消極的自由を担保する自由の時間である。他方、ボランティア活動、家事労働、家庭菜園における、非市場経済下における労働や相互行為への自由を享受する意味での自由の時間は、後者の積極的自由を担保する自由の時間である。

先述したように、現代社会においては、必然性の時間に占められており、その必然性の時間も疎外された状態にある。そこで自由の時間を増やすことによって、必然性の時間のあり方もかわってくるように思う。その必然性の時間の変化を通じて、自由の時間のあり方もかわってこよう。このように必然性の時間と自由の時間の相互浸透が期待される。このように考えれば、当初は、自由の時間が専ら消極的なものと解され、余暇としてのあり方のみが理解されるかもしれないが、段階を追っていくにつれて、必然性の時間のみならず、自由の時間のあり方も変わっていくように考えられる。

Ⅴ　自由の時間における人間の活動

さて、先にここで構想したいエコロジー的社会は、自由の時間と、必然性の時間とに分けられると述べたが、これはマルクスの「自由の国」と「必然性の国」の論述からヒントを得ている。少し長いが引用したい。


「じっさい、自由の国は、窮乏や外的な合目的性に迫られて労働するということがなくなったときに、はじめて始まるのである。つまり、それは、当然のこととして、本来の物質的生産の領域のかなたにあるものである。未開人は、自分の欲望をみたすために、自分の生活を維持し再生産するために、自然と格闘しなければならないが、同じように文明人もそうしなければならないのであり、しかもどんな社会形態のなかでも、考えられる限りのどんな生産様式のもとでも、そうしなければならないのである。彼に、この欲望を充たす生産力も拡大される。

自由はこの領域のなかではただ次のことにありうるだけである。すなわち、社会化された人間、結合された生産者たちが、盲目的な力によって支配されるように自分たちと自然との物質代謝を合理的に規制し自分たちの共同的統制のもとに置くということ、つまり、力の最小の消費によって、自分たちの人間性に最もふさわしく、最も適合した条件のもとでこの物質代謝を行なうということである。

しかし、これはやはりまだ必然性の国である。この国のかなたで、自己目的として認められるような人間の力の発展が、真の自由の国が始まるのであるが、しかし、それはただかの必然性の国をその基礎とし

てその上にのみ花を開くことができるのである。労働日の短縮こそは根本条件である。」（MEW 25: 828〔一〇五一〕）
ここで確認しておきたいのは、自由の国は、必要性に迫られて労働するということがなくなったときに始まり、そして、必要性に迫られて労働する中にも自由が存在するということである。言い換えれば、必然性の国における自由と、自由の国における自由とが区別されて論じられているといえる。
しかし、政治哲学者として知られるハンナ・アーレントはその著書、『人間の条件』（*The Human Condition*）のなかで、以下のように述べる。
「したがって、家族という自然共同体は必要（necessity）から生まれたものであり、その中で行われるすべての行動は必然（necessity）によって支配される。
これに反して、ポリスの領域は自由の領域であった。そして、この二つの領域の間に何か関係があるとすれば、当然それは、家族内における生命の必然（necessity）を克服することがポリスの自由のための条件である、という関係にある。」（Arendt 1998: 30-31〔一五二〕）
必然を克服することが自由の条件であると述べている点などを見ると一見、マルクスとアーレントは同様の趣旨の内容を論じているように見えるが、その内実は異なる。アーレントは、人間の基本的活動を〈労働〉（labor）、〈仕事〉（work）、〈活動〉（action）とにわけている（アーレントの分類にしたがう場合にのみ〈〉をつけることとする）。ここで問題となるのは、〈労働〉と〈活動〉の対比である。アーレントによると〈労働〉は、「労働の人間的条件は生命それ自体である」（Arendt 1998: 7〔一九〕）と述べている通り、生命にかかわる活動であり、先の家族とポリスの対比からいえば、必然の領域に対応する活動であるといえる。

他方で、〈活動〉は、「物あるいは事柄の介入なしに直接人と人との間で行われる唯一の活動力」（Arendt 1998: 7〔二〇〕）と述べられ、古代ギリシアのポリスを念頭に置き、自由の領域に対応する活動（コミュニケーション）であるといえる。アーレントは、自由を専ら〈活動〉に位置づけ、〈労働〉を必然の領域に押し込めているといえる。たしかに、現代社会における疎外された労働は、アーレントの〈労働〉に近いイメージで見ることができる。しかしながら、先のマルクスの必然性の国における自由と自由の国における自由との区別を踏まえて考えてみても、労働とは自己対象化につながるように自由ともつながる。したがって、労働は、決して必然性の国にのみあるものではなく、自由の国にも位置づけうる。逆に〈活動〉についても、専ら自由の国にあるのではなく、必然性の国の「住民」が社会化された人間である限りは、必然性の国にも位置づけうる。本章の文脈からいえば、必然性の時間においても、同時に自由の時間においても、労働とコミュニケーションを位置づけうるのである。したがって、自由の時間においても、必ずしも必要性に迫られない、必然性の時間よりも一層自己実現の性格が強い労働が展開されることになろう。

おわりに

機械論的世界観を概観し、近代における個人概念を批判し、生命性と共同性を基礎にする意識性をふまえたエコロジー的主体としての個人を論じ、その個人の性質が十全に発揮されるエコロジー的社会のあり方について、自由の時間と必然性の時間の対比を通して論じた。現代社会においては、自らを労働力商品として市場経済に投げ出さなければ生きてはいけない。このことは、裏を返せば、現代社会において市場経済が全面化しているといえる。そこで、自由の時間を社会に位置づけ、市場経済の縮減を狙うと同時に、自由の時間を消極的自由の時間と積極的自由の時間の相互関係のなかで捉え、家庭菜園における労働など、必ずしも必要性に迫られない自己実現の性格が強い労働を位置づけることで、自由の時間と必然性の時間が共に存在するエコロジー的社会が立ち現れることとなろう。そして、そこにいる人間は大地とのつながりのなかで「いき」、ときには葛藤を抱えながら、ときには喜びを感じながら人間同士が「つながり」、個々の人間が自由に「おもい」をめぐらせていることだろう。

●注●

（1）以下、『経済学批判要綱』と『経済学・哲学草稿』からの直接引用については、MEW 版、MEGA 版の区別、巻数、頁数を記すこととする。また、欧文献と翻訳文献の頁数を併記する場合は、欧文献の頁数を記したのちに、〔 〕内に翻訳文献の頁数を記すことにする。また、翻訳文献の翻訳を本稿において訳し直していることもある。
（2）ジョン・クラークが、バーリンの議論を踏まえて、「共同的個体性、社会的自己実現、自己決定、強力な行為や承認の概念」（クラーク 二〇一一：一五〇）に基づく第三の自由を唱えている。この点は、共同性を人間存在の三側面の一つとして捉えている本章の立場からしても重要な視点を含んでいるように考えられる。積極的自由と消極的自由との関係とともに、今後の課題としたい。

●引用・参考文献●

大倉茂（二〇一二）「機械論的世界観の批判と脱近代の世界観の探究」博士論文（東京農工大学）
尾関周二（一九九二）『遊びと生活の哲学』大月書店
クラーク、ジョン著／大倉茂・尾関周二訳（二〇一一）「第三の自由概念（Ⅰ）」『総合人間学5　人間にとっての都市と農村』学文社
クラーク、ジョン著／布施元訳（二〇一二）「第三の自由概念（Ⅱ）」『総合人間学6　進化論と平和の人間学的考察』学文社
瀬沼克彰（二〇〇四）「なぜ「余暇学」か」瀬沼克彰他編『余暇学を学ぶ人のために』世界思想社
デカルト著／落合太郎訳（一九六四）『方法序説』岩波書店
バーリン、アイザイア著／小川晃一他訳（一九七一）『自由論』みすず書房

藤原辰史（二〇〇五）『ナチス・ドイツの有機農業』柏書房
マーチャント、キャロリン著／川本隆史他訳（一九九五）『ラディカルエコロジー』産業図書
マルクス、K&エンゲルス、F著／花崎皋平訳（一九九二）『新版ドイツ・イデオロギー』合同出版
Arendt, Hannah. ***The Human Condition,*** 2nd ed. The University of Chicago Press, 1998.（ハンナ・アーレント著／志水速雄訳（一九九四）『人間の条件』筑摩書房）
Marx/Engels Gesamtausgabe（MEGA）, Ⅱ Band. 1, Akademie Verlag, 2006.（マルクス著（一九八一）『資本論草稿集』①、大月書店）
Marx-Engels: Werke（MEW）, Ergänzungsband Ⅰ, Dietz Verlag, 1968.（マルクス著／城塚登・田中吉六訳（一九六四）『経済学・哲学草稿』岩波書店）

8 情報思想からみた地球環境問題への応答責任

――コミュニケーション、苦痛、そして他者性の視点から

吉田　健彦

はじめに

環境問題とは何か。それを明確に定めることは難しいが、本章ではこれを、グローバルな経済システムによって引き起こされる自然の破壊と人間性の疎外、そして加害者―被害者関係の非対面関係という二点によって特徴づけられる、いわゆる地球環境問題に焦点を絞り議論する。この基本的な認識を分析の出発点としたうえで、コミュニケーションとグローバル化をキーワードにしつつ、環境問題に対して――単なる技術論としての情報化を超えたものとしての――情報思想がなぜ必要とされるのか、そしてそこにどのような応答の可能性が見いだされるのかを考察することが、本章の目的となる。

情報化は、一般的にはコンピュータやインターネットなど、今日の社会を特徴づけている諸技術を指すものとして使われている。その歴史的な起点はJ・ノイマンやA・チューリングの計算機科学、そしてC・シャノンの情報理論に求めることができるだろう。しかしこの情報化をより広義に、近現代の社会構造を形づくってきたものとして捉えなおすこともできる。デカルト以降の機械論的世界観やG・ライプニッツによって創始された記号論理学は、自然科学の基礎であるという以上に、近現代における人間像その

ものに大きな影響を及ぼしてきた。それらは他者や自然を客体化／抽象化することにより、他者との関係性――すなわちコミュニケーションの在り方そのものを変化させたといえる。そしてその基本的な構図は、いわゆる電子メディアによるコミュニケーション形態にも通底している。

情報化は資本主義市場経済システムと結びつき、グローバル化を暴力的なまでに進展させてきた。他者との重層性に満ちた関係を商品として一元化し消尽していく資本主義システムと同様、情報化は自然や人間を交換可能な抽象的データへ還元し、そこにある固有の生命性を捨象してしまう。しかし経済システムによる（自然をも含めた）他者からの他者性の簒奪は、植民地時代から連綿と行なわれてきたのであり、近視眼的な情報化批判のみではその根本要因を見通すことはできない。

近代資本主義の醜悪な到達点としてのグローバル化に対しては、いうまでもなく徹底して批判しなければならない。しかし一方で、環境問題の歴史的背景としてグローバル化は厳然と存在しており、これを無視してはいかなる解決策の提示も不可能であるということ、そして人間がその本性としてコミュニケーションの拡大を求める存在である以上、グローバル化もまた人類史上における必然性をもっているということから、この意味においてグローバル化は避けようもないものとして現れる。ただし本章ではそこに普遍的な連帯や公共圏創設への可能性を見ているわけではない。本章の目的は、あくまでこの避けようもないグローバル化によって現れた異質な他者と私との間に、いかにして倫理的な関係性を持ち得るのかを問うことにある。

それゆえ、この避けようのなさから目を背けグローバル化と情報化の歪な相互深化をただ否定するのではなく、そのただなかに踏み込みつつ、自然や他者との確かなつながりへの可能性を描きださなければならない。それが脱近代へ向けた情報思想の第一歩として求められているのである。

I　コミュニケーション

尾関周二（二〇〇〇）は環境問題と情報化が「相互に連関し、両者相まって人間を含む生命体と人間生活そのものに深刻な影響をもたらしつつある」（同書：一二）にもかかわらず、それらが別箇に扱われてきたことを指摘している。ここで重要なのは、ここにはより根源的な共通基盤があり、それを捉えなおすことにこそ問題解決の鍵があるのだという観点である。

環境問題がグローバルな規模で捉えるべき問題である以上、グローバル化を推し進めている情報化を切り離して考えることはできない。グローバルな経済システムは南北問題に代表されるような国家間の格差を拡大し続ける。経済成長はもはや一国内部のみで支えることはできず、自然資源や労働力、そして市場を、われわれの知らない――知らずに済ませている――世界へと求めざるを得ない。情報化はこの世界規模に拡大した経済システムを可能にし、さらに収奪の構造を効率化していく。

このとき、情報化は二面性をもって現れてくる。それは資本主義市場経済システムとの高度な親和性によってあらゆるものを抽象化し、責任の放棄と搾取を容易にすると同時に、いままでは不可能であった他者とのつながりを生みだし、構造的暴力に対抗する新たな公共圏を構築する可能性ももつ。

しかし、他者を抑圧するグローバル化を他者と連帯するグローバル化に転換するという主張は、独善に陥る危険性ももつ。なぜなら他者との連帯という言説には同質な他者――しかし同質な他者という表現自体が語義矛盾なのだ――という前提条件が内包されており、そこでは異質な他者が原理的に排除されているからである。たかだかこの十数年の間に世界が経験してきた内戦や紛争を思い起こすだけでも、普遍性に基づいた公共圏の困難さは十分すぎるほど示されている。自由で理性的な公共圏の構築は確かに必要なことだが、それのみを唯一の解答として固執するのであれば、われわれは早晩限界に直面するであろう。

そもそも異質性とは、われわれの社会に多様性をもたらすもの、尊重すべきものである以前に、何よりもまず生々しさと恐ろしさをともない、われわれに迫りくるものだ。しかし同時に、現代社会を生きるわれわれがもはや世界に張り巡らされたネットワークのなかでしか生存できないという事実を前に、その異質さゆえに他者との断絶を正当化するのではなく——もしそうであれば、ただ資本主義市場経済システムのみがその断絶を架橋する、コミュニケーションならざるコミュニケーションとして、ますます強大になっていくだろう——むしろ異質であるにもかかわらず絶対的に結びつけられているものとして、そのつながりの原理を探求していかなければならない。そしてこの異質な他者とのつながりは、それが社会的格差であれ、文化的差異であれ、あるいは地理的距離であれ、従来の直接的対面関係では担保しきれない。それがグローバル化する現代社会における決定的な特徴となる。

それゆえ、本章が探求すべき情報思想は、情報化という技術的次元における分析を、異質な他者とのコミュニケーションというより根源的な枠組みから構築しなおすようなものでなければならない。それが求められている理由は、われわれは他者とつながらなくては存在できないがゆえに他者に対して責任=倫理がある、という極めて単純な事実に拠る。責任=倫理とはすなわち、私が独立して完結した主体であるという傲岸な——しかし脆弱な——虚妄を捨て去り、異質な他者によってはじめて存在し得たという恐ろしいまでの偶有性に耐えることへの勇気に他ならない。要するにそれは、他者は常に私より先に存在するという、無条件で絶対的な承認を意味している。

新しいメディアの誕生は、それに固有なコミュニケーション形態を出現させ、社会構造に大きな変化をもたらす（たとえばグーテンベルクの印刷技術）。いまわれわれがまさに経験しつつある情報化についていえば、グローバルな電子的ネットワークにより、あくまで理論上ではあるが、われわれは情報伝達の速度と範囲においてその限界にまで辿りついたといえる。このときわれわれは、M・ポスター（二〇〇一）が指摘しているように、「ここ」という自己を根拠づける決定的な基盤＝身体を喪失することになる。いかなる場所へも、ただちに完全な情報を送れるようなコミュニケーションが可能となったとき、「ここ」に在る――他に在りようのない――身体は、もはや絶対的な参照点となり得ない。「もし、カリフォルニアですわっている私がパリにいる友人に直接話しかけたり、電子メールで語りかけたりできるとすれば、（中略）それでは、私はどこにいる誰なのであろうか？」（同書：三二）。

コミュニケーションはこの時点において、二つの深刻な矛盾をわれわれに突きつけることになった。第一に、本来何かを伝える出発点であり、伝えられる終着点であるはずの自己という存在がネットワークのなかへと拡散し、消失してしまうという矛盾。ただしこの矛盾にはさらに別の矛盾が潜んでいる。現実と仮想の二重性について仮面をキーワードにして分析しているO・カルテンボルンによれば、仮想空間においては身体という物理的制約が消失し、無数の仮面を自由に選択することによって自我を複数化できるという主張は、原理的に不可能である。なぜならそこには、一義的な自己から解放され多元的な自己を実現したいと強く願う一義的な自己という矛盾が存在するからである。カルテンボルンは自我の自由があるのなら、逆説的にそれは、この固有の身体という制限があってこそ初めて意味をもつのだという（カルテンボルン 二〇〇九）。

そして第二に、それとは逆に、世界中の情報を「ここ」から一歩も動くことなく受け取ることを可能にするコミュニケーション技術が、世界からの撤退のための手段へと転じてしまうという矛盾。世界からの撤退は、われわれが世界に対して負うべき責任を放棄しているということを意味するだけではない。われわれが悪を為すとき、そこには悪を為したことへの罰を受けるリスクが存在する（無論、それゆえ悪が正当化されるわけでは決してない）。しかし、自らを安全な場に置いたまま世界に触れることが可能になるとき、われわれは責任を取るリスクからさえ逃避するという悪を為しているのである。和田伸一郎（二〇〇六）はこのような状況を「二重の悪」と呼び、厳しく断罪する。電子的メディアの向こうの誰かの生を自らの刹那的な快楽のために消費することへのいかなる罪悪感もなく、そこに映しだされた人や動物、自然環境といったあらゆる他者の戦いや苦しみや喜びを、単に自分の欲望のためにのみ喰らいつくす。本来われわれに世界との接続をもたらしてくれるはずであったコミュニケーションは、もはやわれわれの飽くことなき貪欲さを満たすための手段となるのである。

ここで改めてインターネット／コンピュータについて考えてみよう。ここまで述べてきたように、前者に関していえばコミュニケーションの問題として捉えるべきである。そしてコミュニケーションとは、人間が人間である限りにおいて、あるいは人間がまさに人間であるために欠かせない本質的な要素だといえる。尾関は「自ら生み出した社会的文化的環境への適応とまさに他者とのコミュニケーション的な相互作用」（前掲書：二九）こそが人間の起源において決定的な役割を果たしたという。

また後者については、とくに近代の特徴である機械論的世界観から考える必要がある。人間は機械化された労働のなかで自らを機械へと変貌させていき、同時に機械もまた人工知能等の技術的進歩によって人間へと近づいていく。しかし本当にそうなのだろうか。チューリングテスト(1)が人間を人間として根拠づけるための原理であると考えることに無理がある以上、そこにはやはり乗り越え難い断絶があり、本章ではその断絶の本質を他者との関係性における苦痛と恐怖をともなったコミュニケーションの有無に見いだす。

そうであるのなら、インターネット／コンピュータの発展は、いずれにせよコミュニケーションという一つの人間論的観点から捉えなおすべきだということは明らかであろう。

カルテンボルンによれば、ネット上でわれわれがつける仮面は、他者関係において不可避的に生じる苦痛なしに他者との出会いをコントロールできるという幻想を与えるがゆえに危険である。痛みと怖れなしに出会われた他者との間での「国際理解を進めるグローバルな寛容」（前掲書：二二八－二二九）など仮面舞踏会でしかないと、カルテンボルンは皮肉をこめていう。同様に、和田もまた、メディアの進化が世界からの撤退を加速させることを指摘している。

彼らの主張はおそらく正しい。しかし何よりも根本的な問題として考えなければならないのは、そもそも電子的メディアの向こうにいる他者が、対面する他者よりも本当に倫理を問わない他者であるのかどうかということである。他者とは、メディアによって抽象化されてしまうようなものなのか。「抽象化できる」という言説それ自体が、実は他者を抽象化する一因なのではないだろうか。われわれはメディアによって、本当に苦痛から遠ざけられているのだろうか。

Ⅱ　苦痛からの逃避

機械化、あるいはより素朴に道具の使用は、人間を苦痛から遠ざける方向に発達していく。たとえば農業を考えてみれば、人間が自らの身体と、せいぜい単純な構造の農具を使用していた時代に比べ、農具の進歩や家畜の利用によって、その労苦は軽減されていった。やがて近代に至り農具が機械化され、さらには工場内で自動管理された農業へと進むとき、そこからはもはやあらゆる苦痛が追放されることになる。

機械化された労働は身体的苦痛から人間を解放した。それ自体は何ら非難されるものではない。機械化されていない前近代的労働、あるいはより口当たり良くいえば伝統的労働などといったものへの礼賛に本章はまったく賛同しない。近代的労働が労働者の物理的な負担を減じさせたのは事実であり、安易にそれらを批判するとき、われわれは前近代的社会構造のなかで抑圧され、過酷な労働を強要されてきたあるひとりの人間の苦痛を無視するという暴力を働くことになる。しかしそこにあった自然への畏怖が失われることにより、単なる満足などではない人間の本源的な魂の充足が失われてしまったこともまた、忘れてはならない。

情報化によってもたらされたネットワーク上のコミュニケーションもまた同様に、他者との物理的な接触が不要であるという事実によって、他者との関係性から生じるさまざまな労苦からわれわれを解放した。インターネットによって媒介される他者は、自らを傷つける可能性をもった危険な、それゆえ真剣に全力で向き合わなければならない何者かではなく、単に安全な位置から消費すべき情報体に過ぎなくなる。モニタに映る飢餓に苦しむ人々、紛争で殺しあう隣人たち、あるいは経済成長の名の下に破壊されていく原生林。われわれは安楽な部屋のなかから、自然、人間を問わない他者から簒奪した商品に囲まれ、その悲惨な光景を眺めている。一時彼らの境遇に同情し、あるいはその不正義に憤慨し、そしてチャンネルを変えるかリンクをクリックして別の刺激を探しに行き、数秒後にはすべてを忘れている。メディアの向うに存在する他者は、すでに消費の対象以外の何ものでもない。

もし苦しんでいる他者が私の眼前に在るのであれば、私はそれを見捨てることはできない。あるいは少なくとも、見捨てることに対して罪悪感を覚えるだろう。しかし、電子的メディアにより直接的な対面関係は失われ、われわれはもはや画面の向こうで苦しむ他者を見捨てることに対していかなる罪悪感も持たなくなる。すなわちこのとき、悪を為すことへの責任を負うことからさえ逃れているという意味において、われわれは二重の悪を為している。だからこそわれわれは、世界から撤退せず、リスクを引き受け世界に向けて進んでいる人間に対して、自らの惨めな姿を逆照射するものとして憎悪をぶつけるのである。二〇〇四年のイラク人質事件の際に見られた被害者への異常なバッシングに対する和田の分析は極めて当を得ている。そして同時に、仮にわれわれがそこで表面的な義憤や同情にかられ、反射的な「善意」によって何らかの——決して真の意味では自己を脅かさないよう慎重に計算された——行動を起こすとしても、それは所詮自らの快楽のためでしかなく、他者を消費するという点において変わるところはない。

　歪で醜悪なこれらの現実を前にしたとき、われわれは情報化に対して根源的な疑問を感じざるを得ない。しかしでは、われわれは無邪気にそれを否定し、自らの手で触れられる誰かを、自らの足で踏みしめられる大地をのみ愛すれば良いのだろうか。そうであるはずがない。もしP・ヴィリリオ（一九九八、二〇〇二）のようにグローバル化と情報化を否定し、豊かな人間性というものが実現されていた古き良き共同体《ユートピア》へと退行しようとするのであれば、それは現実問題としてわれわれがつながっている他者たちに対する責任＝倫理の放棄でしかない。A・バディウは、ユーゴスラヴィア紛争時、報道メディアから発せられた「パリから飛行機でたった二時間」という身近な場所において起きた残虐な行為に対する憤りに対して次のような厳しい批判を投げかけている。「倫理的諸原則、人間の犠牲的本質、「権利は普遍にして侵すべからず」という事実がそんなに大事なら、なぜ飛行機旅行でかかる時間が重要だというのか？　「他者の承認」が大切なのはこの他者がある意味で身近なときだけ、とでもいうのか？」（バディウ 二〇〇四：六一）。

　われわれが地域性の賛美などという妄想に耽っているあいだにも、経済の論理で動く企業や国家は道具としての情報化を推し進め、搾取と支配の構造をより強化していくであろう。そしていうまでもなく、技術論の立場から楽観的に情報化を語り、そこにさまざまな問題があることは認めつつも、情報化それ自体は価値中立的であって「適正な使い方」さえすればより善き社会《ユートピア》が到来するということを素朴にも信仰しているような技術論に与することもまた、許されない。ユートピアの唯一の条件は、かつて存在したこともこれから存在することもないという存在の不可能性にこそある。

したがって問うべきは、他者としての自然や人間を抑圧し搾取するものとして規定するグローバル化と情報化を根本的に転回させるような思想的枠組がいかにして可能なのかということである。

S・ソンタグ（二〇一一）は『戦争に反対する戦争！』[2]を例として挙げつつ、われわれの倫理的態度について鋭く批判する。ソンタグは、極度の苦しみを顕している写真を見る権利があるのは、「その苦しみを軽減するために何かができる人々」あるいは「それから何かを学べる者たち」だけであり、そうでなければそれは「覗き見をする者」（同書：四四）でしかないという。もしわれわれがメディアを通して映しだされる他者の苦しみに共感するとしても、それは結局のところ本物ではない。むしろそのような表面的な共感は、この私がメディアの向こうで苦しむ他者を苦しめていることに対して責任がないという欺瞞、自己弁護の表れに過ぎない。

メディアの向こうで苦しむ他者を前にして、われわれには何もできない。われわれは安全なところにいる。われわれは苦しみを受けていない。それは決して絶望ではないし、倫理の不可能性を意味しているのでもない。むしろそれこそが倫理の根源なのだ。「これは地獄だと言うことは、もちろん、人々をその地獄から救い出し、地獄の業火を和らげる方法を示すことではない。それでもなお（中略）悪の存在に絶えず驚き、（中略）幻滅を感じる（あるいは信じようとしない）人間は、道徳的・心理的に成人とは言えない」（同書：一一四）。

われわれが世界との接続を完全に放棄していない限りにおいて、いかに身体が安全な場所に置かれているとしても、メディアの向こうに映しだされた自分とは「無関係」な人々の苦しみに、われわれは単なる同情などではない痛みを覚える。画面に映しだされる名前も知らない人々、一生訪れることのない土地に暮らす一生言葉を交わすこともないであろうその誰かに対して、にもかかわらずそのときわれわれには、何を、ということも分からないままに、けれどいますぐに応えなければならないという切迫した衝動が生まれる。

物理的に遠くにいる他者との接続が本物ではないと断定してしまうことは、一見、他者との現実の関係性を重視しているかのように見えて、グローバル化する世界において実は責任の放棄を意味している。しかし現実は、やはりそこにも苦痛があるのだ。問題はむしろ、電子的メディアによって、苦痛をともなったコミュニケーションから逃避する――あたかもそれが可能であるかのような――手段が与えられてしまったということにある。そして、尾関のいうようにコミュニケーションが人間本性の根源に位置するものである以上、コミュニケーションからの逃避は人間性の喪失に他ならない。われわれが他者から切り離されて在ることなどできない以上、そのとき、もはやわれわれは真の意味でわれわれではなくなっている。

近代は一貫してわれわれを苦痛から遠ざけてきた。われわれの自己は傷つくこともなく、薄暗い部屋のなかで蒼白く光るモニタに囲まれ、自らも蒼白く無様に肥大化していく。それが電源を落としたとき空虚なモニタに映しだされるわれわれの姿であり、そしてだからこそ、われわれはモニタの電源を落とすことを怖れる。しかしもしその醜さに絶望するのであれば、その絶望のなかにこそ、われわれが自らを閉じ込めている牢獄から自己を解放する希望がある。われわれは、他者から届く痛みや恐怖というものが人間存在の必然として在り続けることに気づかなければならない。そのときわれわれは、他者への責任から逃避し、それによって自己が自己であることへの責任からも逃避する（すなわち人間性を喪失する）という、おそらく人間にとって最も悲惨な状況から抜け出すことができるであろう。

Ⅲ　他者とは誰か

それでは、われわれが責任を負わなければならない他者とはいったい誰のことか。本章が環境問題への情報思想からの応答を試みているということを再確認しよう。したがってここでいう他者とは、グローバル化する世界において、われわれの生活を成立させるために抑圧し搾取しているにもかかわらずそれに気づかないでいる、いや気づかないようにしている何ものか――安価な賃労働や劣悪な労働環境で搾取される途上国の人々、そして外部経済として無制限に消費されるだけの自然など――を意味している。資本主義市場経済システムと結びついたこの搾取の構造を変えない限り、環境問題を解決することはできない。問題はこの構造があまりにも巨大化しており、従来の倫理的な枠組だけでは応答できなくなっているという点にある。情報化はあらゆる存在を抽象化し、交換可能な電子的データとすることによってグローバル経済を可能にした。しかし同時に、われわれの身体スケールをはるかに超えて拡大した支配―被支配関係のなかで、この手で触れることのない他者に対してわれわれに責任があるということを根拠づけるには、この情報化のなかでなお消去しきれないものとしての他者性に賭けるよりほかかない。

環境倫理は、A・レオポルドの土地倫理やP・テイラーの生命中心主義、そしてP・シンガーの動物の権利論など、われわれが倫理的な責任を負うべき他者とは誰なのかについて問い続けてきた。倫理的な責任を負うことを根拠づけるようなある性質を共有する共同体、すなわち倫理的共同体の範囲から外れるものに対しては、われわれは少なくとも直接的な義務を負う必要はない（ただし間接的な義務が生じる可能性はある）。その範囲により、環境倫理は大まかに、人間中心主義、苦痛感受能力中心主義、生命中心主義、そして生態系中心主義に別けることができる。

さらに、われわれがその境界線を決定しようとするとき、延長戦略と絶対主義の二つの立場を選択することになる。

延長戦略の場合、人間に苦痛を与えることが倫理的に許されないのであれば、同じように苦痛を感じていると思われる高等動物に対する暴力もまた、倫理的に許されないことになる。しかし現実問題としてわれわれは家畜や他の高等動物を殺すことによって生存し、社会を成立させている。もし苦痛を感じる能力が倫理を基礎づけるのであれば、苦痛を感じる存在に対して平等にふるまうことには重大な困難が生じるだろう。倫理的な境界を設けることは、必要ではあるが恣意的なものであり、かつ実践的にはその倫理的共同体の内部において階層性を持たせなければならない。さらに、もしその境界線を拡張するのであれば、すなわちその倫理的共同体に属する存在が増えるのであれば、その内部における階層間の対立もまた増加していくことは避けられない。

延長戦略を取らない場合、われわれは絶対的な準拠点から倫理を語ることになる。このような立場のうち、L・フロリディによる情報倫理（ＩＥ）の構想は、情報論と環境倫理を統合している点において注目すべきだろう（フロリディ 二〇〇七）。フロリディは上述した倫理的共同体の理論上の最大値として、情報圏を根源的な要素とした情報圏を考える。この情報圏と呼ばれる世界において、あらゆる存在物は情報エンティティとして平等に扱われる。情報圏の概念は、自然環境はもちろん、バクテリアやソフトウェアさえも含めたあらゆる存在物を情報として捉えることにより——無論、フロリディ自身そこには階層があることを認めているが——確かに延長戦略とは異なる絶対性をもっている。しかしそこでは逆に、あらゆるものが抽象的な情報存在として平板化されてしまうがゆえに、人間理解として、そして他者に対する責任＝倫理を生みだす起因としては根本的に欠落した部分がある。コンピュータウィルスを倫理の対象とすることには、おそらくほとんど賛同を得られないだろう。

では人間とコンピュータウィルスとを隔てる本質的な差異はどこにあるのだろうか。A・クレプス（二〇一〇）はその根拠を目的論に求める。この目的には実践的目的と機能的目的の二つの次元があり、倫理的に配慮すべき対象か否かを決定する基準となるのは前者のみであると彼はいう。コンピュータウィルスは確かに目的（感染したコンピュータを破壊する、個人情報を流出させるなど）をもつが、それはあくまで作成者によって予め与えられた機能を実行しているに過ぎない。これは機能的目的であり、ある存在が機能的目的に従って行為している限りにおいて、われわれが責任を負うべきものではない。しかしもし何ものかが自らの行為を自らの意志によって遂行しようと努力し、その意図を他者に対して開示できるのであれば、そこには実践的目的があるとクレプスはいう。そのような目的に基づいて生きているものが倫理の対象となる。この場合、機能的目的と実践的目的とを切り分けるのは複雑さではなく、また人工物であるか否かでもない。したがって金槌よりも飛行機の方が倫理的だということはないし、自ずから発生するからといって悪性腫瘍が倫理的であるということでもない。クレプスは機能的目的によって起きることがらを「偶発事として生じる出来事」、実践的目的によって起きることがらを「行為」として区別する（同書：九二）。明らかにわれわれは、台風などの自然的な出来事それ自体に対して責任を負うことはできないし、仮にいつの日か機械がより進化し、生物を限りなく模倣することが可能になったとしても、結局のところこの実践的な意味での目的に従った行為を機械が為し得ないのであれば、それは倫理の対象とはならない。しかし明らかに、クレプスの議論は一面的に過ぎるように思われる。第一に、われわれが倫理を感じる対象が実践的目的をもつ他者のみだとするためには、われわれがそこに実践的目的があることを確証できることが保証されていなければならない。しかしもしチューリングテストを完全にパスするようなソフトウェアが将来的に作られるとしたら、われわれはメディアの向こうにいる他者が実践的目的をもった存在かどうかを判断する根拠を持てないことになり、そのとき、倫理は直接的な対面関係を超えては何も語れないという、極度の収縮を余儀なくされることになる。

第二に、われわれは果たして本当に実践的目的をもっている他者に対してしか責任＝倫理を負えないのか。最初の飛行機を造った技術者たちが大気と重力に挑戦したとき、漁師が命を懸けて海と対峙し、自らを導いてくれる星々に感謝の祈りを捧げるとき、あるいは職人が木材と対話しながら家具を造るとき、そこには擬人化などという言葉では表現しきれない、他者に対する確かな倫理があったのではないか。もはや医学的には決して意識を回復する見込みがないとされた昏睡状態にある誰かを前にして、なおわれわれが（回復への希望を失えないということを超えて）その彼／彼女に対して逃れようもなく責任を感じるのはなぜか。問題は、他者が実践的目的をもっているかどうかを私が判断することではなく、その他者と対峙するこの私こそが、その対峙それ自体のなかで私自身の内に実践的目的を見いだすかどうかである。すなわち私はこう問い直さなければならない。「他者とは誰か」と問う私とはいったい誰なのか、と。

資本主義市場経済システムが効率性を求めるなかで、われわれは交換可能な部品であることを強要される。そしてこの点において、情報化は比類なき徹底さをもって機能する。しかしわれわれはそこに、この私がいないことへの存在論的な不安を感じ、それゆえ、自分が自分でなければ為し得ない何かを求め、交換可能な世界を抜けでようと苦闘する。合理的で置き換え可能なデータとして表現される限りにおいて、私は決して私にはなり得ない。だからこそ、われわれはこの私とは異質な他者を求めざるを得ないのだ。その異質性が反射することで私は誰かという問い＝呼びかけとなり、その問いに答える者として初めて、私はこの私としての存在を始める。私が私である限りにおいて、だからこそ私は、私を私たらしめた他者に対して責任＝倫理をもつのである。

私はその存在論的な原理として、私に呼びかけてくる他者、呼びかけを可能とするような絶対的に異なる他者によってしか顕現できない。そしてその場において他者との接続を特徴づけているのが、根源的に異なる他者がその異質性（説明不可能性あるいは不透明性といっても良いだろう）ゆえに、私に苦痛と恐怖をもたらすということである。われわれはその恐怖に対して剥きだしのまま曝されている。私にとって不透明なものによって私の生が成立しているということは、それだけで耐えがたい恐怖である。しかしその恐怖を否定し、他者を自らと同質な、すなわち安全な存在物と見なすのは、それ自体が他者の固有性を剥奪する暴力である。おそらく、われわれは完全に説明できる存在に対していかなる責任＝倫理を抱くこともない。

倫理を問う際に、他者にこの私との（延長によって辿りつけるような）類似性を前提することは、それ自体で一つの境界線を作り出す。それは理性であったり、苦痛感受能力であったり、あるいは生命性であったりする。しかしその瞬間、常にわれわれはそこから弾きだされる他者を生みだすことへ加担していることを忘れるべきではない。とはいえ、すべてを情報体と見なすことによって倫理を絶対化／普遍化することが正当化されるというわけでもない。私が他者に対して責任＝倫理をもつのは、異質な他者がその異質性により私への呼びかけを通して私を存在させるがゆえなのである。そして、その異質な呼び声によって在らしめられたこの私は、その存在の根源に自己にさえ説明不可能な不透明さを内包し続ける。私は合理的に記述できる、情報圏を漂流し続けるデータなどではない。そして同時に、私が私で在る限りにおいて、私は異質な他者とのコミュニケーションを求め続ける。

　他者との倫理の基盤として、直接的な触れ合いや親密な関係性、対面でのコミュニケーションを位置づけることは、無論無意味ではない。しかし、それが倫理の十分条件なのではないし、おそらく必要条件でさえない。倫理は、ある要件を満たした者同士の承認手続きなどではなく、私を在らしめる何ものかに対する私の責任として、その一方的な関係性のなかに根源的な萌芽を宿しているのである。

おわりに――情報化は他者から他者であることを奪い得るのか

　他者からの呼びかけに対して開かれ、その呼びかけによってのみこの私となる私に対して、他者は私の被る仮面など貫通して私に迫ってくる。それゆえ、現在情報倫理を問う際にしばしば議論の中心となる匿名／顕名という二元化は、本質的な問題ではまったくない。なぜなら、そこにあるのは常にどうしようもなく他者に対して開かれて在る者としての人間存在であり、そのとき他者は、匿名／顕名という記号を超えたものとしてこの私に呼びかけてくるからである。問わなければならないのは、「匿名性が他者を傷つける」のか否かではない。「傷つける」ことへの可能性、まさに可傷性（vulnerability）がそこに現れているということなのだ。そうでなければ、いわゆる「現実世界」で人間関係に疲れネットへ逃避し、なおそこで自己を否定されることで死を選ぶまで追いつめられる人々がいることを、われわれはせいぜい病理現象としてしか説明できないであろう。

われわれはどうしようもなく世界に対して開かれており、情報化によってさらに無数の他者に対して剥きだしに曝されていくことになる。だから倫理が必要とされるのではない。むしろその剥きだしに曝されていること、その苦痛と恐怖とともにしか私が存在しないということそれ自体が、あらゆる存在物に対する私の責任＝倫理の源泉となるのだ。

このとき、コミュニケーションとしての情報化は、グローバル化とともに顕在化してきた遠く離れた他者——それは物理的な距離としての遠さでもあり、また社会構造上の差異あるいは断絶としての遠さでもある——を、そして消費の対象に貶められてしまった他者をわれわれと直接つなぐものとなり得る。

無論、情報化それ自体にわれわれを他者へ結びつける動因が備わっているわけではない。あくまでそれは、他者からの呼びかけに対して自らを開くことに対する、この私自身の勇気にかかっている。私は私を脅かすことのない安全な快楽のみを求め、指先をわずかに押し込み別のサイトへのリンクをクリックするだけで私へ呼びかける他者を拒絶することができる。しかしどれだけ逃避が容易であったとしても、ここまで繰り返し述べてきたように私が他者とのコミュニケーションによってのみ私となり得るのであれば、逃げだした先に、もはや逃げだした私は存在しない。苦痛と恐怖から逃れようとする限り、私は人間が本来そうであるかたちから乖離しているがゆえに、存在論的な不安から離れることはできないだろう。そしてそれは他者とのつながりに内在する受苦とは異なり、ついに私を私たらしめることのない茫漠として空虚な不安である。私は情報的開かれを通して受苦へと歩み続けることによってのみ、他者への責任＝倫理のなかで自らを生みだし続けることができるのである。

本章の最初の問いかけに戻ろう。そもそも環境問題を語るうえで、なぜ情報化が問われているのか。それは端的に、環境問題——そこには自然破壊だけではなく南北問題も含まれる——が資本主義市場経済における必然としてのグローバル化によって生じてきたものである以上、そのグローバル化を可能にした情報化を無視することはできないからである。われわれは遠く離れた他者に対して、いかに倫理的な責任を負えるのかを問い続けなければならないし、そこでは情報化が基盤にならざるを得ない。環境思想においてしばしばみられる、地域性や土地性に対するノスタルジックな憧憬に対して本章が同意しないのは、いかに語られようとも、その閉鎖的な世界観が、いままでにわれわれが犯し、いまこの瞬間にも犯し続けている他者への搾取と支配という悪に対する責任への、いかなる応答回路も持ちえないからである。われわれには、現実に対する応答責任が問われている。

　いま、われわれには二つの未来が提示されている。グローバル化と情報化が顕にした異質な他者と苦しみを恐れずつながるのか、あるいは自らの生を支えている、けれど遠くにいる他者たちの発する声なき声を遮断し、安楽で矮小な王国に自らを閉じ込めるのか。けれども、それは選択肢ではない。他者への受苦を拒絶するとき、そこに選択主体としての私はもはや存在し得ない。同時に、もし選択主体としての私が存在するのであれば、それは他者への受苦によって確かに他者と接続されたこの私でしかあり得ない。地球環境問題に直面している現代社会に生きるわれわれは、逆説的にだが、その災厄をもたらしたグローバル化と情報化によって、人間がより人間に近づく時代の端緒に生きているのだといえる。

　他者に対する苦痛と恐怖、にもかかわらず結ばれて在ること、結ばれてしかないことを絶対的な条件とした責任＝倫理のなかで生きることには、異質な他者へと自らを曝す勇気が求められており、その勇気こそが、近代批判が脱近代ではなく退行主義へ陥ることを避けるための最大の条件となる。ただしその勇気とは、理想的な人間像としてわれわれが実現すべきものではない。人間が本来的にそうであるものだという存在論的な事実を直視することにおいて求められているという点において、それはより困難で、しかし同時に本源的な在り方へとわれわれを誘っている。

それこそが、グローバル化する世界に生きるわれわれに対して情報思想が示している、私とつながっているすべての存在物に対する責任＝倫理を通して私が私になるための、最大にして唯一のテーゼなのである。

●注●

（1）コンピュータが知能をもつかどうかを判定するための、チューリングによって提唱されたテスト。これが知能の判定基準となるかどうかについては異論も多いが、しかし電子的メディアがまさに環境化していくなかでチューリングテストが投げかける問いは、人工知能の問題よりもむしろ他者関係の問題として先鋭に立ち現われてくるだろう（本章第3節参照）。
（2）『戦争に反対する戦争！』（原題：*Krieg dem Kriege!*）はドイツの良心的参戦拒否者E・フリードリッヒにより一九二四年に発表された写真集。ここでソンタグが見ているのは、「戦争の顔」と題された、顔面に酷い損傷を受けた兵士たちの二四葉のクローズアップ写真である。

●引用・参考文献●

ヴィリリオ、ポール著／本間邦雄訳（一九九八）『電脳世界［明日への対話］―最悪のシナリオへの対応』産業図書
ヴィリリオ、ポール著／土屋進訳（二〇〇二）『情報エネルギー化社会―現実空間の解体と速度が作り出す空間』新評論
オット、コンラート著／小島優子訳（二〇一〇）「環境倫理学の見取り図―さまざまな立場についての暫定的な解説」コンラート、O&ゴルケ、M編／滝口清栄他訳『越境する環境倫理学―環境先進国ドイツの哲学的フロンティア』現代書館
尾関周二（二〇〇〇）『環境と情報の人間学―共生・共同の社会に向けて』青木書店
カプーロ、ラファエル著／竹之内禎訳（二〇〇七）「情報倫理学の存在論的基礎づけに向けて」西垣通・竹之内禎編

『情報倫理の思想』ＮＴＴ出版
カルテンボルン、オラフ著（二〇〇九）「人工知能とサイバースペースの時代における自我像と人間像」ボルツ、ノルベルト&ミュンケル、アンドレアス編／壽福眞美訳『人間とは何か―その誕生からネット化社会まで』法政大学出版局
クレプス、アンゲーリカ著／清水由美・大橋基訳（二〇〇九）「自然倫理における目的論の誤謬」『越境する環境倫理学』現代書館
ソンタグ、スーザン著／北條文緒訳（二〇一一）『他者への苦痛のまなざし』みすず書房
バディウ、アラン著／長原豊・松本潤一郎訳（二〇〇四）『倫理―〈悪〉の意識についての試論』河出書房新社
バトラー、ジュディス著／佐藤嘉幸・清水知子訳（二〇〇八）『自分自身を説明すること―倫理的暴力の批判』月曜社
(Butler, J. (2005) *Giving an Account of Oneself*. Fordham University Press.)
フロリディ、ルチアーノ著／西垣通訳（二〇〇八）「情報倫理の本質と範囲」『情報倫理の思想』ＮＴＴ出版
ポスター、マーク著／室井尚・吉岡洋訳（二〇〇一）『情報様式論』岩波書店（Poster, M. (1990) *The Mode of Information: Poststructuralism and Social Context*. Polity Press.)
リンギス、アルフォンソ著／松本潤一郎・笹田恭史・杉本隆久訳（二〇〇五）『異邦の身体』河出書房新社
リンギス、アルフォンソ著／野谷啓二訳（二〇〇七）『何も共有していない者たちの共同体』洛北出版
和田伸一郎（二〇〇六）『メディアと倫理―画面は慈悲なき世界を救済できるか』ＮＴＴ出版

第Ⅲ部

脱近代の文明・社会へ向けて

——3・11以後の世界

9

3・11原発震災と文明への問いかけ

――脱近代への条件の探究

尾関周二

Ⅰ　3・11と文明への問いかけ

二〇一一年三月十一日、東北三陸沖を震源とする国内観測史上最大の巨大地震（M9・0）は大津波をともなって東日本を襲い、死者・行方不明者、数万人という甚大な被害をもたらした。まさに自然の大いなる脅威を文字通り実感させられるものとなった。

さらに加えて重大だったのは、東京電力福島第一原発の水素爆発、メルトダウンという過酷事故が起こり、大量の放射性物質が放出されるという最悪の事態を招いたことである。そして、これらは被災地域周辺の農山漁村を津波とともに壊滅・喪失させ、多数の人々を長期の避難民や故郷喪失者にした。そして、放射性物質は広範に飛散して、近隣地域の作物や魚類のみならず、静岡など遠く離れた地域の農作物からも許容量を超える放射線量が観測されるという事態を引き起こし、さまざまな分野に甚大な影響を及ぼした。そして、一年以上たった現在もまだ放射能に汚染された土地の除染について見通しが全くたたない状況である。さらに、「核のゴミ」と言われる原発の廃棄物の処理に関して数万年規模の管理が必要であることの意味が改めて人々の意識にのぼることとなった。

今回の原発過酷事故と大災害は、エネルギー・環境問題とともに、食をはじめとする〈農〉[1]の問題にきわめて深刻な問題を提起することとなった。もとより、食料とエネルギーは社会の成立の基本にかかわるものであるが、こういったことを含めて、3・11フクシマ原発震災は、文明のあり方を鋭く問いかけることにもなっている。

おそらく日本に現在存在する五〇基（これ以外に福島第一原発の四基がある）の原発の仮に半分でも大災害によって破壊され放射能が放出されるならば、日本列島の大半はもはや人間をはじめとするすべての動植物が住むことができない土地となろう。持続可能社会どころか生命体そのものがもはや数万年にわたって存在しえない土地になるという悪夢さえわれわれに抱かせるのである。

フクシマ原発震災は、詳しくは後述するが、近現代文明を根底から問いかえすものであり、近代における本質的な諸要素である科学技術と産業（工業）資本主義と国家官僚制、これらの近代文明に固有な諸要素の負の側面の三位一体的な融合の象徴として、近現代文明の問題性を大きく露呈したものと捉えることができるように思われる。これらは、「原子力ムラ」とか「原発コネクション」（「科学者・政官界・財界・マスコミの癒着」）とか呼ばれるものの背景にあると思われるが、詳しくは後述したい。

したがって、脱原発を構想することは、脱近代の文明や持続可能社会を構想することと深く連関しているといえる。そう捉えることができ、先述のようにいかに原発そのものが〈農〉や持続可能社会と敵対的なものであるかに鑑みれば、原発震災を機縁に構想さるべき持続可能社会には、ここ数年来私が主張している、〈農〉を基礎にする新たな文明のあり方が必要であることを直観的に示しているともいえよう（尾関 二〇一一）。

私は、この近現代文明を超えた新たな文明は、さまざまな現代の深刻な課題を解決していくものであると考えるが、近代文明の限界をはっきり認識させたものが、環境・エコロジー問題であったことを考えれば、それを「エコロジー文明」と呼ぶことは妥当と思わる。そして、詳しい理由は後述するが、私は新たなめざすべき文明を「〈農〉を基礎としたエコロジー文明」と呼んで、それは人類史における第三の転換点と考えたいと思うのである。（ここであらかじめ誤解のないように述べておけば、これは工業を否定するものではなく、工業のあり方の大きな転換をも意味しているのであるが、これも後述したい。）

このように、この小論では、脱原発、持続可能社会の構想を、近代文明を超えていくこと、つまりは脱近代文明への条件の探究と絡ませて少し考えてみたいと思う。

Ⅱ　原発と近現代文明の諸要素の負の諸側面

さて、今回の原発事故の背景には、近代文明を形作っている諸要素の負の側面の集積・融合があり、その問題性が露呈されたと言ったが、この点を次に少し説明したい。まずは、それに先立って上記の諸要素、アクターに関してごく簡単にふれておこう。

近代文明は、第一に「科学技術文明」とも呼ばれ、「科学革命」によって開始されたと言われるように、実験や観察、検証可能性や予測可能性などによって特徴づけられる「科学（science）」という新たな知の誕生が強調される。そしてまた第二に、近代文明は近代以前の農業文明に対して「工業文明」や「都市文明」とも呼ばれ、「産業（工業）革命」によって促進されたとされる。「産業（工業）社会（industrial society）」は、その本質においては商品生産交換を主とする「市場経済社会」であり、さらには、資本の自己増殖を社会システムの中心にすえる「資本主義社会」として特徴づけられる。

さらに第三の大きな特徴としては、「国民国家（nation state）」の形成であり、これが、ある一定の領域において市場経済が機能することを担保する法的・政治的支えとされる。国民国家によって、国民教育、学校教育が実施され、地域の共同体が弱化、解体されることに連動して、国家が「想像の共同体」（アンダーソン）として機能し、「ナショナリズム」をつくりだす。同時にまた、国家と区別された「近代市民社会」は、「市民的公共圏」を作り出し、自由な言論の場を可能にし、民主化を促進するとされる。

以上、ここで簡単に述べたことは、この後の論述でより詳しく展開されることになろう。(2) それでは、こういった諸要素の負の側面と原発の問題性との関係に以下ふれてみよう。

科学技術信仰の破綻

今回の原発事故は、近現代文明を主導してきた「科学技術信仰」の破綻を象徴的な仕方で示した。近代を特徴づけるものは、ガリレオ・ガリレイ、デカルト、ニュートンなどによる「科学革命」であり、それは人類史において新たな知の誕生であった。この新たな知は、もっぱら頭のなかで考える思弁的な論証知と職人仕事にみられる経験的な技術知の統合によって生まれたものである。思弁的な論証知と経験的な技術知が別々の仕方では世界各地で近代以前の西欧以外の社会にもみられるが、西欧近代で特異なのは、この両者が統合されたことである。

これを端的に示すのは、ガリレオ・ガリレイの落下の法則を見出す「実験」であった。彼は、真空という自然には現実には存在しない状態を「思考実験」によって思弁的に構成し、仮説をたて、それを経験的な技術知によって制作された道具でもって検証することによって、仮説の真理性を実証的に示したのである。こういったガリレオの「実験」、さらにフランシス・ベーコンの「自然支配」の思想やデカルトの「機械論的自然観」などによって「科学革命」が遂行され、ニュートンによって近代の科学的世界像が完成させられることになる。

この科学知が近代化のもう一方の柱である市場経済の全面的な展開と結びついて、さまざまな機械や工業製品を生み出し、産業（工業）革命を推進していくなかで、科学と技術が融合されて「科学技術」となり、自然へのコントロールを通じて物質的豊かさや利便さをもたらすことによって「科学技術信仰」を形成していくこととなった。

さらに度重なる国民国家相互の戦争のなかで科学技術は軍事技術としても発展させられ、毒ガスやダイナマイトなどさまざまな大量殺戮手段が作られ、第二次世界大戦時には、その頂点として米国による原子爆弾の開発がある。このマンハッタン計画と呼ばれる原子爆弾の開発は、まさに科学技術と国家権力と産業資本主義の三位一体のもとに実現されたものである。原子力は核物理学という最先端の基礎的科学と高度産業技術の融合という点で先に述べた近代の科学技術の性格を端的に象徴するものといえよう(3)。さらにそのプロジェクトの巨大さゆえに、原子力は、「核爆弾」にしろ「平和利用」にしても国家権力によって主導され、経済成長の推進力とされるもので、まさに国家権力と科学技術と資本主義経済の一体化の象徴として理解されるものである。

「原子力ムラ」と呼ばれる癒着が、過酷災害についての深刻な反省が語られた後もなお密かに継続していることが、最近、今後の原子力規制の在り方を議論する審議会等で露呈されたが、その背景には、こういった意味で近代文明を形作った諸要素の負の融合が大きな根をはっているということから考える必要があろう。

生態循環からの産業社会の逸脱

原発によるエネルギー利用は生態循環を逸脱する〈近代〉を象徴しているといえる。そもそも近代の産業（工業）革命、成長経済は、エネルギー源として、自然生態系から切り離された化石燃料を導入することによって開始された。それまでの水力や風力といった自然生態系からのエネルギーでなく、自然生態系から切り離されたものであるがゆえに、社会発展に関して自然に制約されない社会発展のイメージがもたらされた。しかし、二〇世紀後半以降、高度成長期のなかで、公害、環境問題などを引き起こすことによって、その近代産業社会の自然循環からの逸脱、問題性が鋭く露呈されることになった。

この化石燃料を引き継いで登場した原子力はクリーンと言われながら、じつはその廃棄物、「核のゴミ」は地球の大地、海洋、大気を汚染し、何十世代、さらには何万年にもわたって毒性を放射し続け、文字通り自然生態循環を破壊するものなのである。原発は、地球生態系の循環には全くなじめないものなのである。

国民国家の暴力性のパワーゲーム

原発は、近代に生まれた国民国家の権力の暴力性の負の面を映し出している。先進資本主義国は、国民国家内部では確かに立憲主義、法治主義を確立したとはいえ、国際社会では、まさに弱肉強食の世界であるため、大国、国益をめざし、国民国家のナショナリズムによって国民を動員して、二回の世界大戦に突入していったのである。第二次世界大戦後も、原子力は国家に大国としての威信を与えるという幻想を与えることになる。日本で戦後、岸信介や中曽根康弘らの有力な保守政治家が原発推進に力を入れたのは、まさに核兵器保有の潜在能力によって国家のパワーを高めることにあったことは、今日ではよく知られていることである。その意味では、原子力は核兵器、原発いずれの保持も国民国家同士の暴力性のパワーゲームの最も有効な武器といえよう。北朝鮮やイランが原発の開発を強引に推し進めているのもこのことをよく知っているからである。

農村の都市への従属関係

原発の立地問題を解決するために、近代文明が作り出した都市と農村の関係がきわめて巧妙に利用されてきた。都市の過密化と農村の過疎化、都市による農村の従属化もまた、近代の資本主義生成期の「資本の本源的蓄積」以来の近代文明の基本的な性格をなすものである。資本主義は農村の人的・物的資源、とりわけ労働力として人的資源を都市に吸収し活用することによって形成されたからである。

まさに原発は、近代文明が生み出したこの都市‐農村の歪んだ構造を利用し、温存する形で設置されていったものである。現代日本における「東京一極集中」化と多くの過疎地域の「限界集落」化の対照は、近現代文明における都市‐農村関係の問題性を端的に象徴するものである。まさに原発の導入はこの構図と問題性を前提に促進されてきており、人口密集した東京などの大都市への電力供給のために過疎化した村の再生という名目で補助金や働き口の提供とともに原発が持ち込まれたわけである。

公共圏の形骸化

さらに今回の原発事故が、原発推進の諸勢力が公共圏を歪め形骸化してきたことを露呈させた。これは、さきの「原子力ムラ」とか「原発コネクション」といわれる人脈にかかわることであるが、金と権力を通じてジャーナリズムの批判力を喪失させ、良心的学者を排除し、御用学者をマスコミに頻繁に登場させた。

そして、原発関係官庁と電力会社の共謀による「やらせ」によって自由な批判的な言論空間を歪め、形骸化してきたのである。そして、一年後の現在でもなお、こういった癒着が続いていることがしばしば露呈されるのである。

これまでみてきたように、原発の存在そのものが、こういった近現代文明の諸要素の負の側面の集積・融合の象徴である以上、脱原発の構想は、これらを克服して脱近代へ向けての新たな文明や社会を構想していくことでなければならないであろう。

Ⅲ　人類史の転換点と文明

さて、近現代文明を超えて、新たな文明を展望していくためにはどういう点がポイントであるか、ということにまずは触れてみたいと思う。そのためには近代文明とはどういうものであるかを、人類史をごく簡単に振り返るなかで考えてみたい。近代文明とは、人類史六五〇〇万年と言われるなかで食料とエネルギーの確保といった社会の土台をなすものに関して、きわめて特異なあり方をとった文明の形態であり、五〇〇年ほど前に西欧で始まって現代に至る短い時代の文明であることの認識が一つのポイントと考える。[4]どういう意味で近現代という時代が人類史において特異であったのであろうか。

第一の転換点

周知のように、六五〇〇万年前にアフリカの地に最初の人類が生まれて、長い狩猟採集の後、今から一万三千年くらい前に農業が始まり、いわゆる「農業革命」と言われるものが起こった。これが人類史の第一の大転換である。そして、定住とともに余剰生産物を背景に都市が生まれ、階級、国家、こういうものが形成されていく。さらに、こういった農業社会のネットワークを背景に「文明」というものが生まれ、旧大陸では、四大文明というものが、発生することになる。ここで注意すべきは、「文明（civilization）」の語源に関わることである。「civilization」という言葉は「civitas（都市、国家）」から由来していることである。つまり、農業社会とはいえ、都市や国家を中核とした社会を前提にして文明が生まれ、いわゆる古代の農業社会における「豊かな」社会、階級社会が生まれてくる。そうすると、狩猟採集時代には見られなかったような、貧富の格差、欲望の肥大化、支配・被支配、自然破壊が生まれてくる。そこから社会にはさまざま矛盾が生まれてくるが、こういった矛盾を背景に二五〇〇年前から二〇〇〇年前の間に四大文明の近隣地域でいわゆる「精神革命」（インドの釈迦、ギリシャの哲学者、中国の孔子、パレスティナのキリスト等）が期せずして起こってくることになる。

農業革命が人類史においてその意義が大きいのは、やはりある意味での人間と自然の分離というものが始まっており、狩猟採集時代のように、完全に自然生態システムの循環のなかにいるという状態ではなくなることである。そして、農業社会の出現によって「自然の社会化」の第一段階が始まったことである。自然生態システムの一部を社会システムの論理によって部分的に改変・社会化し、同時に自然生態システムから独立した社会システムの論理が機能し始めたことである。社会化された自然と人間社会の相互作用、共進化が始まるのである。

したがって、その社会独自の展開論理が生まれるとともに、いくつかの地域では、森林破壊や砂漠化などすでにさまざまな自然生態系や環境の破壊が、また社会内部では、貧富の格差や階級制、欲望の肥大化が生まれたわけであるが、しかし、この段階ではなお大枠では、社会システムは自然生態システムのサブシステムといえるものであり、やはり自然の循環のなかに大きくは位置しているといえる。それは生活の基盤が〈農〉を基礎にしており、まさに〈農〉はこの二つのシステムの媒介項をなし、人間と自然の共生領域が形成されてきたからである（たとえば、里山や里海）。

第二の転換点

こういった人間－自然関係という視点から近代文明の形成をみると、その大きな特徴は、人類史の第二の大転換であり、「自然の社会化」の第二段階であるということである。そして、この転換点で、人間社会の自然循環からの離反というものが決定的になってきたということである。

つまり、近代の社会システムは、エネルギーを化石燃料に依存することによって、自然生態システムのサブシステム的な位置から離脱して、それとは無関係に社会独自の論理でもって発展できるかのように見えてくる。人間の営みは自然循環を無視し、「自然支配」の追求として、社会システムの近代独自の展開論理が「進歩」や「成長」として語られるようになるのである。

近代以前の農業社会では、社会システムの論理が機能しつつも、それが常に生態システムにサブシステム的につなぎ止められていたのは、そのエネルギー基盤を自然生態システムからのエネルギーに依拠していたからである。また、同様に食料生産も大枠では地域の自然循環のなかに位置づけられていたからである。近代工業社会の経済成長システムを維持できるように思えたのは、システムの拡大再生産に必要なほとんどの動力を、自然生態システムの物質循環やエネルギー代謝から離れた、地下資源からエネルギーを引き出していたからである。食料生産も自然循環を無視して化学肥料などの投与によって拡大再生産が実現できるようにみえたからである。

そしてまた注目すべきは、近代における社会システムの展開論理には、市場経済の論理が入り込んで絡み合っていることである。そもそも市場経済の論理の全面化、すなわち、資本主義の生成（資本の本源的蓄積過程）には、周知のように英国でのエンクロージャーに象徴されるように、貧農・小作が土地（自然）から追い出され、都市の賃労働者となっていく過程がある。したがって、人類史的にみれば、資本主義の生成とは、大量の人間を土地（自然）から切り離す過程である（これは、シモーヌ・ヴェイユの言葉を使えば、「根こぎ（derasine）」といえよう。詳しくは、6章参照）。もちろん、ユダヤ人やさまざまな難民の例や農村から都市への逃亡者などが過去の歴史にあったわけであるが、近代以降の農村から都市へのこのような大量の移動、人類の土地（自然）からの切り離しは、人類史において一大画期であり、第二の転換点を特徴づけるものといえよう。したがってまた、近代以前の都市と近代以降の都市は、同じ「都市」と呼ばれても、人類史的な視点からするときわめて大きな性格の違いがあるのである[5]。この点については、また後ほど問題にしたいと思う。

さて、留意すべきは、近代以前の社会システムは、多少の逸脱はあるにせよ、基本的には自然生態系の論理に寄り添うものであったが、この市場経済の社会システムの論理の特徴は、自然生態系の論理とは全く無縁な論理で展開・発展していくことである。近代以前の社会においては、社会システムの論理が自然生態系の論理から区別されているといっても、やはり人間もまた自然的存在であり、自然に由来する本性をもつ以上、その人間によって形成される社会関係は人間本性に根差す社会・共同的存在性を多かれ少なかれ反映するものであったといえる。しかし、近代の商品関係の全面化から新たに生まれた社会関係は、マルクスが言うように全く自然的なものに無縁で交換価値によって構成される「純粋に社会的な」（マルクス）経済的価値関係であり、「人格的な（perönlich）」社会関係にとって代わる「物象的な（sachlich）」

社会関係なのである。資本主義的社会システムは商品という物象化された価値の生産・交換・増殖の循環によって成立するものであり、それの「成長」と呼ばれる拡大再生産の自己運動が必須であるが、それは、自然（土地）から大量の人間を切り離し、自然も人間も断片化し、商品として価値増殖の手段にする社会システムといえる。

したがって、近代においては、絡み合った二重の社会関係、社会システムが存在しているといえよう。一方は、自然生態システムから区別され独自の論理をもちつつも、大きくはそれに根ざし包摂されるサブシステムである。つまり、自然や人間的自然（human nature）に根差した社会システムであり、ある意味では歴史貫通的な人間生活の基盤にも関わるものともいえる。これに対して、他方は、それらとは無縁でそれらを手段化、破壊して拡大再生産する物象的な社会システム（「自己増殖する貨幣」としての資本システム）である。この物象的なシステムは、社会システムと自然生態系システムとを媒介していた農業を市場経済システムに繰り入れることによって、「市場化・工業化された農業」へと変容させ、もはや自然生態システムと社会システムを媒介するどころか、逆にそれを破壊するものにしてしまったのである。レイチェル・カーソンの『沈黙の春』は、まさに農薬の過剰使用に代表されるこういった農業のあり方による環境・生命破壊に警鐘を鳴らすものでもあったことを思い起こすことができよう。

したがって、近代文明という人類史の第二の転換点は、「自然の社会化」という点でも、その「社会化」の内容が、それ以前とは質的に違うのである（5章、参照）。資本主義システムは、確かに生活基盤となる社会システムにおいて人為的につくられたものであるが、そこにはまさに〈疎外〉の論理が働いているといえるのである。つまり、資本主義システムは、それをつくった人間やその生活基盤から自立し、いわば〈主体〉化したものとなり、その拡大再生産の自己運動のもとに、今日グローバル資本主義にまで成長し、自然を、さらには人間を〈客体〉化し、管理・支配・搾取の対象とし、人間の心身を破壊しつつあることになったといえるのである。したがって、地球環境の破壊と資本主義企業のもとでの労働者の心身の病は、深い内的連関のもとにあるのである。

ここで、私はフェリックス・ガタリが語った「三つのエコロジー」（ガタリ 一九九三）を利用して次のようにいえるかもしれないと思っている。ガタリの三つのエコロジーとは、「自然のエコロジー」、「社会のエコロジー」、「精神のエコロジー」であるが、資本主義システムは、今日グローバル資本主義として、これら三つのエコロジーを破壊しつつあるのではないかということである。自然のエコロジーの破壊はもとよりいうまでもなく、自然環境問題であるが、社会のエコロジーの破壊とは、人間の人格的・共同的本性を反映する生活基盤となる社会システムや社会環境の破壊である。さらに、精神のエコロジー破壊は、さまざまなコミュニケーション病理や精神病理となって今日表れている問題といえるのではないだろうか(6)。

そして、私のいう、来たるべき「エコロジー文明」の「エコロジー」には、自然のみならず、こういった社会や精神のエコロジーも示唆させるものとしたいと思う。

第三の転換点

したがって、近現代文明を超えて、自然生態システムとの新たな共生をめざす社会システムの創造は、近代がもたらした積極面を保持しながらも資本主義システムなどがもたらす近代の負の諸側面を長期的に克服していくことになるが、この新たな文明、「エコロジー文明」への移行は人類史における第三の大転換となるといえよう。

すでに述べたように、二〇世紀の後半以降、近現代文明の諸要素の負の側面がさまざまに噴出してきたわけであるが、近代主義者にとっては、原発はある意味で救世主であったといえよう。化石燃料の枯渇や環境負荷との関係で、原発は環境にクリーンで、コストも安く見え、さらには経済成長の牽引力ということで米国や日本などの多くのいわゆる先進国で積極的に推進されてきた。日本は、「原発立国」とさえ宣言した。しかし、実際には、核の廃棄物の処理一つとっても、一〇万年の管理が必要とされる自然生態循環になじまないものという意味では、近現代文明の負の端的な象徴であることが明らかになってきたのである。そのことはすでに、スリーマイルやチェルノブイリの原発事故が起こることによって、ヨーロッパにおいては原発に関して二つの流れの分岐点が形成されてきたといえる。引き続き原発の安全に注意しながら進めていくというフランスに代表される流れと、原発を自然エネルギーに積極的に代えていくというドイツに代表される流れである。この間、経済不況もあって原発依存の志向が改めて世界的にも復活し、ドイツもその方向へ向かい始めたのであるが、フクシマ原発震災は、改めてこの分岐を深く問うことになった。ドイツ首相の脱原発への政策転換が劇的に示したように、脱原発と自然エネルギーの流れを強化し、新たな文明を展望することを切実なものにさせることになった。（ドイツとの関連では、10章参照。）

Ⅳ　持続可能社会とエコロジー文明へ向けて

それで次に、私なりにこれまで述べてきた近代文明を生み出し維持発展させてきた近代社会の主要な諸要素の正負の面に注目しながら、脱近代文明の展望のもとに、その変容・変革を通じて持続可能社会への道を構想してみたい。また、その展望を、短中期的展望と長期的展望との区別と連関を意識しながら考えてみたい。

脱近代の持続可能社会をめざして

まずは、私はさしあたり短中期的にめざしていく社会は「環境福祉社会」と呼びうると思う。「環境と成長経済の両立」から転換し「環境と福祉の両立」を主要スローガンに掲げ、社会的共同性を重視し脱成長主義志向という基本視点が重要と思う。要するにある意味で福祉国家のバージョンアップといえるもので、この試みは、北欧などにおいてすでに実績とともに新たな模索が始まっている。そういう経験を世界的に広めていくことが重要であるが、そういう視点のなかで近現代社会を構成する主要なアクターやエレメントのそれぞれに即して転換をはかっていくことを考えてみたい。

①国民国家から環境福祉国家へ

国民国家の枠組みをグローバリゼーションの進行が超えていくなかで、国家の地位というのも相対的に低下していっているが、私はそこからただちに国家の視点を軽視して、単純な地域主義（ローカリズム）や世界主義（コスモポリタニズム）を主張するだけでは不十分だと思う。地域主義や世界主義の視点を押さえつつ、国家の役割、これの今日的な役割を適正に位置づけ、もっぱら国益中心の国民国家的な発想で国家を捉えるのでなく、国家を従来の国民国家から脱皮させて、まさに他国との連帯を求める環境福祉国家に転換していくことが重要である。そういった環境福祉国家群とさまざまなレベルの市民活動・労働運動の連携で国際的な法規制をつくり、「国際立憲主義」の確立（小林 二〇一一）を志向していくことが重要で、それによって覇権国家の横暴やグローバル資本主義の暴走を抑え、民主的にコントロールしていくことが必要だと思う。

その意味ではまた、現在の北欧・中欧の福祉国家には問題点もあり、たとえば、いくつかの国の原発容認の姿勢や外国人移民の問題をめぐってある種の排外主義が根強くあるが、こういうナショナリズムを克服していくことも国家が近代の「国民国家」的性格から脱皮していくうえで重要なポイントといえよう。

②近代工業社会からの脱出と市場経済の縮減

近代工業社会（industrial society）における産業の重点を大工業から農業や福祉や教育・知識に移していくことが重要と思われる。そして、工業労働から農業労働とかコミュニケーション労働（コミュニケーション労働というのは要するにケア、介護、医療、教育などの労働といえる）といった人間や生命を対象にする労働、しかも人間の生存にとっては極めて重要な労働に重点を移すことによって、工業労働もこういったソフトな労働と連携するような形態へと転換していくことが必要と思われる。情報通信技術の発展もグローバル資本主義の発展手段からこういった労働をサポートする手段へと方向転換していくべきであろう。こうして工業と農業の関係も大きく変わっていくことになるが、もちろん大工業的に生産するものがある程度残ることは考えられよう。

そういうなかで市場経済のあり方の再考、ひいては縮減を実現していくということがポイントである。市場経済の資本主義的発展は、もともと市場経済になじまない非工業的労働（〈農〉的労働、コミュニケーション労働等）を、近代工業をモデルにして無理に市場経済に合わせるように改変したが、その方向ではなく、むしろ市場経済システムからはずしていく社会的条件をつくっていって、市場経済の論理を縮減していくという方向で考えることである。普通、われわれは、経済成長と言う場合には、経済の貨幣部門が拡大していくということをイメージしているといえる。しかし、実際には、それを支えている、相互扶助のような人と人との関係とか、さらにそれらを支える自然との関係の部分で、いわゆる「コモンズ」と言われるものに注目することが必要である。これらがあって初めて市場経済も成り立っているにもかかわらず、市場経済の拡大によって、その足もとが破壊されつつあるのだということを多くの人々が認識する必要があろう。
したがって、私は、市場経済を全面的に否定するわけではないが、長期視点から市場経済システムも縮減され、その適正なあり方をやはり考えていかなければ、社会や世界はもたないのではないかという点を、TPPの議論なども通じて共通の問題意識にしていく必要があると思う。(7)

③資本主義からの脱出へ向けて

資本主義は市場経済の全面化を前提にしている。K・ポランニーの「自然と人間の商品化」という定式が表現しているように、自然、人間、貨幣といった本来商品化されないものが擬制的に商品化されることを背景に出現してくるのが、資本主義の社会システムである。とりわけ、「人間の商品化」といわれる、「労働力の商品化」は資本主義システムの存立にかかわって重要であり、このことは、マルクスによる次の言葉からもしめされよう。

「資本主義的生産の全体系は、労働者が自己の労働力を商品として売る、ということに基づいている。」
（マルクス『資本論』第一巻第四篇第十二章）

こういった商品化が（そして、さきにふれたように、これは人々の土地からの切り離しと不可分であるが）、すでにみたように近現代文明のさまざまな問題性の根源にあるのである。したがって、自然と人間の「脱商品化」ということが可能になるような条件づくりの運動や政策をさまざまな視点や局面において展開していくことが重要ではないかと思う。(8)これが脱近代志向の根幹にあるべきと思うのである。近代批判をしても資本主義批判がない場合には、いくら脱近代を言っても結局は思想潮流としてのポストモダニズムのように無力になったり、あるいは前近代の伝統主義に流されて、結局は、日本型企業社会のように、資本主義の論理に巧妙に絡め取られることになるのである。さらには、その前近代志向が軍国主義などと結びついて、戦前の日本やドイツでみられたように、「近代の超克」の名のもとに〈近代〉の積極面をも乱暴に否定するファシズムの温床にもなりかねないのである[9]。

もちろん、脱資本主義化ということは容易なことではないと思うが、この点で、長期的展望のもとで、その第一歩という意味で〈農〉への着目は重要である[10]。本来〈農〉はわれわれの生存手段を提供し、すでに指摘してきたように、自然生態システムと生活基盤としての社会システムを直接に媒介するものであるからである。

したがって、たとえば、現代における「〈農〉の復権」と呼べるような流れにも注目できると思う。地産地消、半農半X、市民菜園、週末農業、等々、〈農〉への関心がさまざまに語られている。最近のNHKのテレビ番組（二〇一一年一〇月一七日「クローズアップ現代」）で「自給」というキーワードのもとに、「地域で自給する」という志向をもつ人々が増えていることを内橋克人へのインタビューとともに紹介している。そこで内橋は、「自給」は古いあり方に戻るように思われるかもしれないが、じつは未来を志向しているのだと強調していた。

実際、何らかの仕方で多くの人々が農業に直接関わり、食のような直接生存にかかわる条件に関して市場を通じて貨幣を取得する必要が少なくなっていけば、「労働力商品」というあり方から部分的にも漸次解放され、市場の論理に振り回されることが少なくなっていくわけである。そしてなによりも「労働力商品化」こそが資本主義的な社会関係を形成していたからである。また、食と並んで社会の成立の基本であるエネルギーに関しても、現代の科学技術を利用した自然エネルギー（再生可能エネルギー）の利用は、各家庭やコミュニティにおいてエネルギー自給を可能にして、巨大企業としての電力会社からの商品としての電力を購入する必要を縮減していく展望を与えている[11]。したがって、上記にみられる食やエネルギーの「地産地消」には脱近代へ向けて重要な位置づけを与えることができよう。

また、土地などの自然の私的所有に関しても、景観論争にみられるように私的所有権への公的制限が議論されたり、漸次さまざまな共有地化、社会化が進められていけば、資本主義システムの結節点からはずれていくことになると思われる。また、企業に関しても、ソーシャル・ビジネスや種々の協同組合などのような、もっぱら利潤拡大を追求していくものでないような形態もさまざまに今日生まれてきている現状がある。企業や会社の社会的責任などの議論も企業活動の変容をもたらしている面があるが、こういう流れも脱資本主義の大きな方向に位置づけていくことが重要だと思われるのである。

④科学技術の資本主義的・国家主義的利用からの脱出――生活世界への定位

科学・技術に関しても、科学技術信仰から脱するとともに、ある種の近代批判にみられるような反科学主義に陥ることなく、科学・技術のポテンシャルを資本主義システムの拡大再生産から生活世界の回復・充実に役立つように転換していく基本視点が重要と思われる。情報通信技術や遺伝子工学などが典型で、現在は資本主義システムの拡大再生産の有力な手段になっているが、これらを生活世界的に社会を再生産させていく手段へとその位置づけを転換し、脱近代へと定位させていくことが重要である。さきの〈農〉の復権、環境保全型の持続可能農業を形成していくために、前近代の共同体的農業の積極面を生かしてサポートしていくとともに、すでにふれたが、やはりそれの否定面を克服していくうえで、農業に関わる科学技術や情報通信技術の役割は大きいと思われるからである。（国家主義的利用はすでにふれたので省略したい。）

⑤共生的公共圏の構築へ

現代社会におけるさまざまな利害対立や差別抑圧を克服して近代から脱近代へと社会の大きな舵取りを民主的に行っていくためにはやはり公共圏の意義が決定的に大きいと思われる。近代以降、労働運動や女性運動、さまざまな市民運動を通じて、基本的人権や人民主権が実質化していくなかで、富と教養を基準にした「市民（ブルジョア）的公共圏」の限界も明らかになり、公共圏の範囲は拡大してきた。それと同時にまた、大衆社会化のなかで、メディアが巨大化しその影響力によって、公共圏の形骸化や偽りの公共圏などの問題も現れてきている現状もある。これはまさにすでにふれたように今回の原発事故にかかわってマスメディアなどのあり方や公聴会での「やらせ」問題など種々議論されていることである。

他方でまた、インターネットなどの発展によって国家権力に都合の悪い情報も開示されるようになってきたということもあり、この点での公共圏の性格を巡る闘争は一層重要性を増してきているように思われる。さらには、私なりに積極的に社会的弱者やマイノリティなどへの共感をふまえて、これまで異質とされたメンバーに公共圏が開かれていくことを考えて、「共生的公共圏」という考えを提起してきた（矢口、尾関 二〇〇七）。

次にもう少し脱近代への長期的展望に重点をおいて述べてみよう。

共生型持続可能社会とエコロジー文明⑫

近代以降、人間社会の主たる構成部分としては、〈国家〉と〈個人〉が強調されて国家主義や個人主義が形成され、人類史の長きにわたって比重の高かった〈共同体的なもの〉の地位が低下してきたことがこれまた近代文明の大きな特徴といえる。しかし、脱近代の新たな文明をめざす社会を展望していく基本としては、国家と個人の中間にある各種の〈共同体的なもの〉の比重を高めていく視点が重要と思われるのである（11章、参照）。

①〈農〉を基礎にした共生型共同体の構築

これまでの議論から脱近代を考えていくうえで、〈農〉を基礎にした共同体を重視する観点が出て来ることは理解されると思う。さきに述べたように、二〇世紀後半以降、コミュニタリアン（共同体主義者）によるリベラリズムの個人主義への批判から「共同体」（コミュニティ）の再建が強調されたが、環境思想の観点からも伝統的な「共同体」（コモンズ）が注目されて議論されてきた。コモンズ論というのは、一種のエコロジカルな共同体論であり、自然と人間の共生的な関係性を基礎に地域の生態系に根付いた共同体というのがコモンズといえる。だから伝統的共同体というのは、多くはそういう意味でコモンズであるが、しかし、さきほども述べたように、伝統的な共同体主義に陥っては脱近代の新たな文明は展望できないわけである。伝統的な共同体の正負の面をしっかり捉えて、安易な前近代志向でなく、近代の積極面のポテンシャルを生かす仕方で、伝統的共同体の負の面を克服し脱近代の「自由な共同体（コミューン）[13]」をめざさねばならないのである。

共同体のもつ人間存在にとっての重要性を認識し、しかし、単に近代以前に戻るのではなく、近代文明を超えていくような脱近代の「自由な共同体」をどう作っていくかという、そこを考える必要がある。（7章、参照）その場合に、情報ネットワークの役割は、その使用の仕方によっては、〈場所の喪失〉、〈身体性の希薄化〉や〈監視社会化〉に関わる問題性はあるにせよ、大局的には、個人相互や共同体相互のさまざまなネットワークや連帯を種々のレベルで作り出していくうえで、また公開性を拡充していくうえで、大きな役割を演じることになろう（8章、参照）。

したがって、長期的視点からは私は資本主義システムを克服した共生型共同社会というものを提起している。共生という理念についてもいろいろ語るところがあるが、要するに人間と自然の関係、人間と人間の関係と関わって〈異質さ〉を排除するのでなく、その意義を認め、積極的に受容していく仕方を考えるのがポイントである。伝統的共同体の負の側面に関しては、〈異質さ〉を排除・抑圧するということが、それを象徴的に語るものと私は考えるので、異質さを受容する共生理念を生かして、伝統的共同体の変容を構想する必要があると思う。かつてのように、伝統的共同体の解体を主張することはあまりに単純といえよう。共生理念を、近代を超えていくような共同体や持続可能社会のあり方に具体的にかかわるものとして考えていく必要がある（4章、参照）。

私は工業的農業から環境保全型農業へと転換した〈農〉と再生可能な自然エネルギーを基礎にした新たな社会形成が、近代社会がもたらしたさまざまな負の面を克服し近代文明を超えていく積極面があるのではないかと提起してきた。なぜなら、すでに述べたように〈農〉は自然生態システムと社会システムの自然生態循環の実質的な交わり・媒介の部分をなすものであるからである。この点では、近代以前の農業社会がそうであったように、新たな文明における社会システムもまた〈農〉によって自然生態システムに繋ぎ止められねばならないのである。

したがって、〈農〉を基礎にした新たな文明ということを言っているのであるが、ただ、私は「農業文明」という表現よりも「エコロジー文明」の方がよいと思う。というのも、「農業文明」という表現は、「工業文明」との対置という印象が強く、誤解をうみやすいと思われるからである。来たるべき新たな文明は、〈農〉を基礎にするとはいえ、環境保全農業や自然エネルギーの構築からも理解されるように、科学技術の発展と新たな質の工業の生成を不可欠としている。それらを含んで、自然生態系との新たなより高い次元での共生を実現するような文明ということを表現する意味で「〈農〉を基礎にしたエコロジー文明」という表現が適当ではないかと思っているのである。

②農村と都市の新たな関係へ

〈農〉を基礎にした文明といっても、都市や工業をなくし、もっぱら農村や農業の社会になるというイメージではなく、あくまでも〈農〉は基礎であって、農村と都市の新たな関係、農業と工業の新たな関係を創造していくことを考えていることに注意してほしい。歴史的に都市や工芸が人間精神のある種の開放性や創造性にかかわってきた面も忘れてはならないのである。この点は、〈農〉を強調すると、ともすればいわゆる「農本主義」的発想をイメージされがちだが、その点への批判的留意が必要ということである。戦前の日本の農本主義だけでなく、中国の毛沢東主義、さらにはその影響を受けたポルポト派によるカンボジアの惨劇の例なども思い起こすことが必要かと思う。私が〈農〉が基礎であるというのは、脱近代の視点から自然生態システムと社会システムとの媒介項の回復という意義であり、また市場経済の縮減という意義からである。これによって自然生態系と共生しうる社会システムを実現しなければならないのである。その意味では「農工共生社会」という表現がよいかもしれない。

すでに述べたように、近代にいたるまで、都市は農村を基礎にする関係にあったが、近代文明以降は、資本主義化・工業化によってこの都市と農村の関係が逆転し、市場化・工業化を内包する資本主義的「都市化」によって農村は都市に従属していくことになったわけである。とくに、すでに述べたように、近代以降、人類史上、かつてない仕方で、人々が大量に土地から切り離され、近代の「都市化」は、その延長線上にあることに留意すべきであろう。国連の関係機関の発表によれば、二〇〇九年に世界の都市人口が農村人口を上回ったとされる。このことを人類史的な観点から「自然からの人間の切り離し」の画期の象徴としても捉えるべきであろう。そして、グローバル経済は、東京、ロンドン、ニューヨークなどの「世界都市」を生み出し、金融資本主義による人間と自然を支配する世界支配の拠点としている。

こういったことはまた、第二の大転換以降の近代文明を象徴するものである。農村と都市の共生、農業と工業の共生を実現していくことは、自然生態系との共生の過程において大きく位置づけられるものであろう。環境・エネルギー問題を意識して「コンパクトシティ」や「スマートシティ」の提案もいろいろなされているが、これらの試みも大きくは脱近代へと位置づけられるべきであると思う。しかし、根本的には、近代以降の〈都市〉が、それ以前の都市とはまったく異なった性格を資本主義的近代化によって帯びたことにあることを念頭におくことが重要であろう（ハーヴェイ 二〇一二）。

いずれにしても、農村と都市の関係、それぞれの在り方もすでに述べてきたように、人類史の第三の大転換にふさわしい自然生態系の論理と共生しうるような新たな文明・社会システムや人間精神のあり方に深くかかわるものになろう。

そういう意味では、二一世紀には、五〇〇〇年前の近代文明への第二の転換点に立ち戻って考えるとともに、二五〇〇年前に、農業社会の成熟・危機のなかで、ある種の「精神革命」と呼ばれるものが起こったわけであるが、今回は、一部の偉大な人々だけでなく、多数の民衆・市民レベルで、それに似た同じような状況が生まれつつあるのではと思うのである。そういう脱近代、新たな文明の転換の開始への助走を、二一世紀初頭に起こった3・11フクシマ原発震災が提起しているのではないかと思われるのである。


〔付記〕この小論は、『季論21』第15号に掲載された拙稿「脱原発・持続可能社会と文明の転換」を大幅に加筆修正したものである。この掲載の機会を与えて頂いたことに関して、当該編集委員会に深く感謝したい。

●注●

(1)　私は〈農〉という表現で、広く歴史貫通的に農業、農村、農民を包含するとともに、さらに広義には林業や水産業も包括して用いている。
(2)　科学や市場経済社会の出現にともなって、デカルトやロックなどの哲学者によって、新たな近代の自然観・人間観が基礎づけられることになるが、これに関しては、前著『環境哲学の探求』の拙稿「環境問題と人間・自然観」において詳細に論じたので、ここでは割愛したい（尾関　一九九六）。
(3)　日本の原子力政策が中曽根康弘などの保守政治家によって強引に進められていくなかで、朝永振一郎などの良心的な科学者がいかに苦悩したかについては、朝永振一郎『プロメテウスの火』から窺がえる。
(4)　ダイアモンドの有名な『銃・病原菌・鉄』は、人類史的に文明の生成をたどりながら、なぜ近代西欧文明が他の文明を圧倒したのかを探求するものであり、さまざまな興味深い論点があるが、究極的には〈農〉の環境と手段の問題が決定的に大きかったということを語っていると読み取れよう（ダイアモンド　二〇〇〇）。
(5)　近代以降の「都市」拡大に関しては、ハーヴェイによれば、都市の「建造環境」の建設（都市空間の形成）それ自体が資本主義の発展の原動力の重要な一つであったのである（ハーヴェイ　二〇一二）。
(6)　小原秀雄の「人間の〈自然さ〉への問いかけ」という重要な問題意識も、私なりには近現代文明の自然生態系からの逸脱を背景にしてより深く理解できるのではないかと思っている。
(7)　ＴＰＰには別の機会に触れたこともあるので、紙数の関係でここでは全くふれなかったが、これまで述べてきたところからＴＰＰが文明の転換方向に全く逆行していることは容易に理解してもらえよう。
(8)　「脱商品化」に関しては、北欧などで種々のレベルで議論が行なわれており、以下の論文が参考になる。（田中　二〇一一）参照。
(9)　戦前日本で、有力な知識人たちが「近代の超克」という名のもとに無謀な戦争を擁護したことを思い起こす（吉田　二〇一一）参照。
(10)　「資本主義からの脱出」というと、以前は「荒唐無稽なことを言っている」という反応が多かったが、最近は状況は随分変わってきて、たとえば、筆者と立場はかなり違う論者も「資本主義以後の世界」を語ったりしている（中谷、二〇一一）。
(11)　３・11は現代文明が分岐点に立っているという視点から、地域のエネルギーを地域で自給するという「エネルギーの地産地消」（ＥＩＭＹ）を提起している新妻（二〇一一）を参照。
(12)　この章については、前掲『〈農〉と共生の思想』の拙稿の後半をも参照されたい。
(13)　ジョン・クラークは、論文「第三の自由概念」で、バーリンの有名な「二つの自由概念」をふまえて、共同体と関わる自由の概念を「第三の自由概念」と呼んで考察している（Clark 2010）。

●引用・参考文献●

尾関周二・亀山純生・武田一博・穴見愼一編著（二〇一一）『〈農〉と共生の思想――〈農〉の復権の哲学的探求』農林統計出版
尾関周二（二〇〇七）『環境思想と人間学の革新』青木書店
尾関周二（一九九六）『環境哲学の探求』大月書店
小原秀雄（二〇〇七）『人間（ヒト）学の展望』明石書店
ガタリ、フェリックス著／杉村昌昭訳（一九九三）『三つのエコロジー』大村書店
小林直樹（二〇一一）『暴力の人間学的考察』岩波書店
ダイアモンド、ジャレド著／倉骨彰訳（二〇〇〇）『銃・病原菌・鉄』（上下）、草思社
田中拓道（二〇一一）「脱商品化とシティズンシップ――福祉国家の一般理論のために」『思想』3月号、岩波書店
朝永振一郎（二〇一二）『プロメテウスの火』（江沢洋編）みすず書房
中沢新一（二〇一一）『日本の大転換』集英社
中谷巌（二〇一二）『資本主義以後の世界――日本は文明の転換を主導できるか』徳間書店
新妻弘明（二〇一一）『地産地消のエネルギー』ＮＴＴ出版
ハーヴェイ、デヴィッド著／森田成也他訳（二〇一二）『資本の〈謎〉』作品社
矢口芳生、尾関周二編著（二〇〇七）『共生社会システム学序説』青木書店
吉田傑俊（二〇一一）『「京都学派」の哲学』大月書店
Clark, John（2010）“The Third Concept of Liberty”（『環境思想・教育研究』4号、二〇一〇年、この論文の邦訳は、『総合人間学』5号と6号に掲載。）

10 ドイツ「脱原発」の背景の思想と心情
――〝3・11〟に臨んだドイツ人たちの反応から

ライノルト・オプヒュルス鹿島

はじめに

最初に、3・11フクシマ原発震災直後のミヒャエル・イエーガーの言葉を引用してみよう。
数年前、ルードルフ・バーロは自然について、あたかもそれが一個の主体的人格であるかのようにこう述べている。自然は、人類が自然に対して振るう暴力を寛恕できない、かならず対抗して報復してくる。実際、最近の多くの出来事はこう示唆している。つまり、人類が宣戦布告もせずに自然に対して行なっている戦争が、最終段階に差しかかってきているかのようだ、と。昨年はメキシコ湾の原油タンカー事故、現在は日本の福島第一原子力発電所での核燃料棒の溶融という危機的状況。共通しているのは、ハイリスクな技術が、その危険性にもかかわらず応用されて使用され、いわば武装した突撃部隊が［自然という］敵陣奥地にまで侵攻を試みた結果、大きな被害をもたらす軍事衝突が起きているかのようだ、ということである。（ミヒャエル・イエーガー「傷つく社会」インターネット版『Freitag』紙二〇一一年三月一二日付記事　www.freitag.de/politik/1110-verwundbare-gsellschaft, 2012. 02. 06 に確認）
日本で起きたこれらの出来事は、われわれがエコロジー［「環境との、維持・管理可能な調和」という考え方］の概念を、どのように補って考え直すべきか教えてくれる。というのも、資源の消費量と、その再生量や再利用量を釣り合わせて［環境全体での］均衡維持をめざすこの［エコロジカルな］目標は、本当は達成可能にもかかわらず、いまのところ人類には実現できていない［から、環境破壊を回避するために、その均衡を達成する責任が人類にはある、と考えられがちである］が、しかし環境破壊による危機的な現状の責任が人類にある、と言えるのは、なにもそれだけが原因ではないからだ。原子力発電施設は、このような維持可能な均衡状態に到達するための「橋渡しとなる技術」と捉えられてもきた。つまりそれは、この［資源の消費と再生を均衡へ導き維持するという、修正が必要なエコロジーの］文脈のなかにある技術だったということだ。

そうではない。むしろそもそも自然を好きなように調教して何度でもレイプできると思い込んだ人類が、自分専属の奴隷であるかのように自然を利用し始めた段階でもうすでに、人類が負うべき責任が発生していたのだ。この意味で言えば、複数の大陸プレートが衝突する地帯に原発を建設して、それを「耐震化処理する」ということ自体が自然に対する宣戦布告といえる。自然の領域の境界線を侵犯し、地震という現象やメキシコ湾の深度を相手取って格闘するということは、エコロジカルな意味で間違いなのだ。（ミヒャエル・イェーガー「その後の世界」インターネット版『Freitag』紙二〇一一年三月二四日付記事 http://www.freitag.de/wochenthema/1112-das-str-uben-der-wilden-masse 2012.02.06 確認）

ドイツ人たちが――日本在住の、そしてドイツ本国にいるドイツ人たちが――「フクシマ」というデキゴトに対してどのような反応を見せたのか、それは三つの視点から叙述されよう。すなわち、ドイツ語圏のメディア報道において、個々人の心理的反応において、そしてドイツの公共圏と政治領域における反応を視野に納めた説明によって、である。

I　メディアの反応

あの二〇一一年の「3・11」から二週間、被災地である日本においてと同様にドイツ語圏のメディアにおいても、この三重の大災害（地震、津波、原発事故）について非常に詳しい報道がなされた。たとえばテレビでは緊急速報が絶えず打たれ、新聞各紙では事細かな情報までも次々と大見出しで伝えられたが、そのさいメディアの関心は急速に、福島第一原子力発電所での事態の推移へと移っていった。そこには分かり易いニュース報道、とりわけテレビと印刷媒体を問わず視聴者や読者に直接訴えかける――ドイツ語では「肌に染みこむ（興奮させ、夢中にさせるという意味）」という比喩でうまく言い表され、同時に「チェルノブイリ」の記憶を甦らせる――映像情報があったが、それと並行して、日本とヨーロッパとの地理的ならびに文化的な隔たりが大きく影響して、このデキゴトを不気味で理解が困難なものと感じさせていた。ドイツ語圏のメディアが用意することのできたそれらの映像とニュースは、ほぼすべて日本で報道されていたものの流用だった。それゆえ誤報でないものに限れば、3・11後の二週間に目にされた映像とニュースは、日本とドイツにおいて非常に似通ったものとなっていて、ドイツ語圏でそれらの情報を受け取っていた者たちは必然的に、「日本人たち」――西欧世界に住むほとんどの人々にとって、どちらかといえば馴染みのない国の住民たち――の、この事態に対する反応を身近に知ることになったのだ。

すぐさま明らかになったのは、危機に臨んだ日本側とドイツのメディアとのコミュニケーション（情報交換・意思疎通）が――当時、それは公官庁や行政組織、日本のマスメディア、そして個人との関係を問わない、さまざまな当事者たちとのコミュニケーションを含んでいたが――それが過大な負荷で破綻してしまった、ということだ。破綻はすでに日本語から英語へ、そしてそこからドイツ語へとなされる必要不可欠な翻訳処理が、数多くの誤謬を含んでいくことから始まっていた。よく知られた例はおそらく、繰り返し伝えられた「フクシマ50」（危機状況の福島第一原発に残って、自己犠牲をいとわず働いていたと信じられ、過大な英雄化がほどこされた「作業員五十名」の意）であろう。これは単に誤訳に基づいて広まったフレーズだった。英語やドイツ語といったインド・ヨーロッパ語族の諸言語と異なり、日本語には単数形と複数形の区別が往々にして必要ない。ゆえに、日本語からの翻訳では文脈から単複を使い分けねばならないのだ。

もう一つのコミュニケーション破綻の例は、「3・11」以降の日本の報道メディアにひっきりなしに姿を見せた枝野幸夫（一九六四年生）が、この時点で、いかなる職分・地位の人物なのかがほとんどのヨーロッパ人には理解されなかった、という点だろう。「内閣官房長官」（つまり「政府行政組織の事務・監督の統括責任者を意味するジェネラル・セクレタリー」のこと）は、大雑把に言えばドイツの行政組織でいうところの、ドイツ連邦政府の内閣組織における国務大臣にあたるが、ドイツ語圏のメディアでは彼はずっと、政府広報官として――ドイツ政府内ではどちらかといえば地位の低い存在として――紹介され続けたので、そういうものとして受け入れられることとなった。

総じて、ドイツ語圏のメディア関係者が有している日本に関する一般知識の量は多いとはいえない。ゆえに、あからさまな誤報が繰り返しなされても驚くには当たらない。日本学および歴史研究者のラインハルト・ツォルナーは、その著書『日本　福島　そしてわれら放射性地震災害の司祭たち』（二〇一一年）で、フランクフルター・アルゲマイネ紙や公共テレビ放送局のような真摯な（はずの）メディアにおいてもどうやら日常化されていた、数多くの誤報、間違った解釈、不必要なドラマ化に対して怒りを露わにしている。引用しよう、「数々の番組で間違いが溢れていた―それらは往々にして日本社会について、そして日本語についての知識が欠けていたことによって生まれていた」（Zöllner 2011: 150）。ツォルナーはそのさい、とくに以下のような事例を挙げている。
ヨアヒム・ミュラー＝ユングは六月半ばに［二〇一一年六月二〇日付け『フランクフルター・アルゲマイネ新聞』掲載の記事「いかがわしい警報」と題された論を］寄稿し、そこで［日本のメディアの］六つの別々の報道内容を組み合わせて提示して、［日本の当事者たちの］技術的かつ政治的な失敗の全体像を示しつつ、非難を込めてこのように述べている。「わかりやすい情報が一般の人々に漏れ伝わる量は依然としてわずかである」、あたかもそういった情報は、東電と日本政府が独占して管理する［放射性の］毒物格納容器のドラム缶に密封されているかのように、と。
ただし、その六つの報道のうち三つが誤報であった。「日本の四七都道府県の大学生と生徒に（……）携帯用ガイガーカウンターを配布せよ」との行政命令が出された、という報道が［ドイツ語圏のメディアでは］引用されていた。しかし実際は、［福島県のなかでも］福島市内の小学生と幼稚園児たちだけに当てはまる内容の報道であった。（……）最後にミュラー＝ユングは、ＮＨＫの行なった水道局浄化施設における浄化槽沈殿物内の放射性物質量の調査に依拠し、「どの種の放射性物質についての調査だったのかは依然として不明だった」と述べている。これも間違いだった。ＮＨＫは放射性セシウムに関しての報告を行なっていたし、その凝集濃度も同時に公開していた。（Zöllner 2011: 148）
さらに「3・11」以降のあの決定的な数日間、欧米メディアの報道関係者たちは、そのほとんどが日本社会のさまざまな文化コードによって暗号化されたメッセージを読み取ることができなかった。それゆえ、枝野官房長官が儀礼化されたように公の場に姿を見せて何度も会見していることが、日本社会の文脈における緊急事態の表れとはほとんど受け取られなかった。日本のメディア、とくにテレビが、危機にさいして原発事故の技術的な側面を説明しようとする態度は、たとえば『Freitag』紙（二〇一一年三月三一日付一八頁）では、実際の日本メディアの報道映像が引用されつつ、このようなキャプション付きで説明された。つまり、「優しい報道：日本のテレビは説明不能なものを簡単にわかるように説明しようとしている」、と。
三重の災害に見舞われ、パニックとカオスが勃発して当たり前だと思っていたドイツのメディアにしてみれば、驚くほど冷静沈着に行動している日本国民の態度もまた理解不能であったし、それゆえそのさい「禁欲的な日本人」という表現を用いたレッテル付けが歓迎された。『フクシマ　地震から核施設災害へ』（二〇一一年）に寄稿している東京ドイツ日本学研究所所長フローリアン・クルマスと、ユーディット・シュタルパースは、欧米メディアとドイツ語圏のメディアに認められるこの手の報道に、まさに怒りに満ちた反応を見せている。

欧米メディアの報道関係者たちは、被災者たちの行動を日々追いかけて驚愕した。自分たちに都合がいいと彼らがほどなく気づくことになった題材の一つは、［日本の］被災者たちが荒廃のただなかで示した規律ある行動と、運命を受け入れているのだ、と誤解された彼らの［落ち着いた］態度だった。（……）日本人は、天皇に付き従って無条件に破滅に向かっていった第二次世界大戦時と同様に、いまだにこれほど従順で、服従気質を失っていないということなのか？　この種のことが大まじめに議論され、われわれもそうだろうか、と問われたのだった。（Coulmas und Stalpers 2011: 101）

ドイツと日本のメディアを比較すると、もう一つ重要な違いが明らかになる。ドイツのメディアが事態進行の複数のシナリオを提示すること、とりわけ最悪の事態のシナリオ、つまりいかなる状況で、どのようにそれ（最悪の事態）が起きるのかということを報道する傾向があったのに対し、日本のメディアは技術的な説明と、実践においてとるべき行動のマニュアルを提供することを好んでいた。

複数のシナリオをもとに思考するドイツのメディアの傾向の一例として、カトリン・ツィンカントが『Freitag』紙（二〇一一年三月三一日付一八頁）に発表した記事がある。「破滅への盲目飛行」や「ブラックボックス化した原子炉」という見出しで、さまざまなシナリオに基づいて思考実験され、入手された個々の情報が、どのシナリオの全体像と合致するかが検証された。原子力安全委員会委員のミヒャエル・ザイラーの言葉を間接的に引用するかたちで、ツィンカントはこう述べている。「原則にしたがえば、既存のモデルケースのシナリオから判断して考えれば次になにが起こるのか、つまり比較的に短時間で核燃料棒が溶融するということはわかっている。だが、「そのようなシナリオは、冷却装置がもはやまったく存在しなければ、という前提に基づいている」とザイラーは語っていた。そして、まさにこの［冷却が不可能な］事態は、福島〔原発〕には当てはまらなかった。なにか方法はないかと精一杯に工夫を凝らし多大な労力を投じて、いくども海水が原子炉内へと注水され、［冷却に］成功を収めたのだ、むろん成功といっても、そうして注水された海水中の塩が核燃料棒に固着し、冷却を阻害はしないまでも、その効果を減退させることになりえる、というIAEA（国際原子力機関）が憂慮していた事態をともなったかたちでではあったにせよ。」

ドイツのメディアの報道における特徴の一つに、黙示録的な（絶望的状況を暗示する）イメージやシナリオを好むという点があり、この傾向は少なからず、場合によってはヒステリーとしか言い表しようのない態度を、ドイツ語圏メディアとその報道に与《あずか》る国民のあいだに引き起こした。終末論的な思考はキリスト教文化から出てきているが、そういった考え方を好み、世界の破滅をイメージする方向に進みがちなこの傾向は、ドイツ文化圏ではなんらかの危機がやってくるたびに何度も出てくる。「黙示録の世界チャンピオン」という見出しのもとに、ツォルナーの著作には、二〇一一年三月にグーグル検索で用いられたキーワードのトレンドのなかで、「世界の破滅」や「黙示録」というワードを用いてなされた検索結果の分布を示す図表が収録されている（Zöllner 2011: 155）。そこではっきりとわかるのは、「主要なヨーロッパ諸語と日本語での検索結果と比較してみた場合、ドイツ人が、福島のこの事故をきっかけに黙示録［という キーワードで検索をかけた回数ナンバーワン］の世界チャンピオンとなっていた」ということだ（上掲）。二〇一一年三月一三日付けの『Financial Times online』紙[1]に掲載された記事が、その例証となる。引用しよう、「日本のハルマゲドン［世界破滅最終戦争］―地震と津波でボロボロの国を、さらに核施設災害の悪夢が襲う。自然災害だけで一万人以上もの犠牲者を出す。原子力発電所の大規模災害には至らず。―日本［の人々は］は、この未曾有の大災害がもたらした被害と影響を克服せねばならない。壊滅的な被害をもたらした地震、巨大な津波、複数の原子炉での危機的な燃料棒溶融、これらは世界第三位の経済大国を、第二次世界大戦以降で最悪の危機状態に突き落とした。」（http://www.wissen.de/wde/generator/wissen/services/nachrichten/ftd/PW/6002539８.html, 2012. 02. 10）
黙示録的なイメージはドイツ語圏の国々の少なからぬ人々のあいだにパニックを引き起こし、彼らは「フクシマ」からやってくる死の灰を恐れてヨード剤とガイガーカウンターを購入した。

II 個々人としてのドイツ人たちの反応

個々人としてのドイツ人たちの反応は、日本在住のドイツ人たちの態度を観察することで、とくにはっきりと特徴づけることができる。彼らの一部は3・11直後、その数日中にすぐさま日本を離れている。災害発生後でも、さしあたって居住地を離れようとは思っていなかった者たちですら、その多くが翌週末には国外に脱出するか、少なくとも日本国内の別の場所へと疎開した。メヒティルト・ドゥッペル＝高山の態度は、これらの傾向をとてもよく代表しているといえるが、彼女は自身の対応を以下のように描写している。

私はインターネットでドイツの新聞を読みました。「日本は大規模原子力発電所災害と格闘している」、「東京は死の不安に包まれている」とありました。え、なんですって？［そんなバカな…。］ドイツから届く［安否を気遣う］メールはますますヒステリックになっていきます。引き続き私は［みんなに］落ち着くように伝え、東京は危険ではない、と発表しているドイツ大使館のホームページを参照するように言いました。しかし、ドイツ大使館のホームページの文言は日を追うごとに不穏な内容に変わっていき、ドイツからのメールと電話に、落ち着いて対応していくことにますます神経をすり減らすことになりました。（……）ドイツではどうして、日本人は愚かだと主張されているのか？　どうして私が、ドイツに渦巻く不安を鎮めてあげなければならないのか？（……）ドイツ大使館が［東京から退避して］大阪に機能移転し、ドイツ系企業がとっくに従業員たちを日本から避難させ、あらゆるドイツ系機関が東京を離れ、もうルフトハンザが成田空港には着陸しないことを知ったとき、私は［誤解を解くことを］諦めました。春季休暇の残りを、ドイツで過ごそうと決めたのです。(Duppel-Takayama 2011: 249f)

確かに三月後半の東京は一時期、外国人がほとんどいない街と化し、このことはおそらく長きにわたって心理的な影響を残すことにもなるだろう。パニックとヒステリーを起こす度合いでは、ドイツ人たちの態度[2]はその他の国民の反応を凌駕していた。それは東京のドイツ大使館がどのように対応したかによく表れている。ドイツ大使館は三月一七日から四月一一日まで完全に閉鎖され、それは他のどの国の大使館の閉鎖期間よりも長く、大阪のドイツ領事館は一時的に、東京大使館の業務を代行せねばならなかった。ドイツ大使館で重要な地位を占めていた人々の何人かは比較的長い期間にわたってドイツへと退避したので、夏も終わるという時期まで大使館の要職の人事が決まらず、そのことが問題化したと伝えられている。日本での報道を引用しよう。
独外務省職員が福島第一原子力発電所事故による放射能汚染を懸念する余りに、日本への赴任を希望しないためだ。関係者の話を総合すると、大使館全職員の4分の1に当たる約10のポストが現在空席になっている。その中には経済部長（公使参事官）、政務班長（参事官）、経済班長、文化班長などの重要ポストが含まれるという。空席が生じ始めたのは福島第一原発事故後。ドイツ大使館は3月18日～4月29日、原発事故の深刻化に備え大阪に退避したが、その際、本国に帰国した職員の中でそのまま本省勤務を希望した者がいたという。また、毎年夏に行われる定期異動をいったん受諾しながら、原発事故後、赴任を拒否した職員もいた。関係者は、空席が埋まるのは来夏の定期異動まで待たねばならないとみており、「大使館が全面的に機能しているとは言えない」という。（二〇一一年九月五日七時五〇分『読売新聞』　http://www.yomiuri.co.jp/feature/20110316-866921/news/20110904-OYT1T00778.htm, 2012.02.09 確認）
もちろんドイツ大使館関係者たちのこのような態度は、日本の当局関係者たちに苛立ちを覚えさせ、それによって「ドイツ日本交流一五〇周年を記念して二〇一一年に祝賀の催しを行なおうとしていた」（Zöllner 2011: 157）日独関係そのものに、まさに水を差したのだった。災害直後の二週間のあいだにドイツ語圏でなされた報道と、そこで繰り返された最悪のシナリオの印象がドイツ国民の記憶にしっかりときざみこまれてしまったが、にもかかわらず、その後はというと、日本の状況についてほとんど報道がなされず、報道されても不確かな情報しか提供されなかったために、今もなお多くのドイツ人たちが東京に行くならば健康被害のリスクを覚悟しなければならないと考えており、それゆえ彼らは依然として日本に行くことに躊躇《ためら》いを感じている。

もう一つ、ドイツのメディアが示している別のかたちの反応がある。それはドイツのメディアが、その技術力の高さで有名な「日本」を、いまとなってはグローバルな経済競争における敗者とみなしている、ということである。このことは、当の「ドイツ」がこのような世界規模の競争において目下のところ連戦連勝を続けていることと関連している。『Financial Times Deutschland online』は二〇一二年一月一七日付の記事「日本―世界的スターの凋落」で、こう述べている。「日本株式会社の企業運営モデルはもはや機能していない。製造業の中心は日本を離れ、経済は強い円に困憊し、津波の影響と勃興する近隣諸国の勢いに苦しんでいる。これからどうなる?」(http://www.ftd.de/politik/konjunktur/:agenda-japan-abstieg-eines-weltstars/60155453.html, 2012.02.10 確認)[3] 国際経済競争の領域におけるドイツの順位を、国粋主義的な立場から独善的・功利的に捉える傾向がますますはっきりと伸張しつつあるが、このような考え方は必ずしも日本の災害からなにかを学んだり、自分のことを振り返って首尾一貫したエコロジカルな転換に向けた結論を引きだそうという姿勢をもたらすことがない。なぜなら、この考え方にしたがえば「ドイツ」の経済的な成功、もっと言えばドイツの輸出産業の成功以上に価値のあるものなど、他にないのであるから。

Ⅲ　政治的な反応

ドイツ人たちの関心は、災害が発生してから約二週間後には日本から離れ、国内の原子力エネルギー政策へとその方向を転じた。ドイツにおける政治的な反応を理解するには、過去のドイツにおいて、原子力エネルギーをめぐってなされた議論が、いかなる意味をもっていたか、まず確認しておく必要がある。

そのさいの重要な観点の一つはもちろん、一九六〇年代の学生運動から派生してきた、七〇年代初頭の複数の政治活動や市民運動グループの一部が、さらにそこから環境運動に取り組み始めたことで、彼らが原子力発電所建設に反対する闘争に、その当初から関わっていた、ということだ。その起点を形作ったのは、一九七三年から持ち上がったバーデン州南部のカイザーシュトゥール近郊、ヴィールに建設予定の原発をめぐる議論であり、複数地域の多くの住民が抵抗運動を起こしたということである。フランスとドイツでは原子力利用をめぐる議論が異なる展開をみせたが、恐らく、その原因の一つはここにある。つまり、ドイツのヴィールで原発が建設されることはなかったが、対照的にフランス領ライン河岸地域のフェッセンハイムには、同様に激しい抵抗があったにもかかわらず、一九七七年に原発が建設され、その運用が開始されているからだ。

一九七六年以降、一部激しい抵抗運動があった北ドイツのブロクドルフ原発では建設中止にまで漕ぎつけたが、それも一九八〇年には撤回されてしまった。一九八一年にはブロクドルフ近郊で、約十万人が参加した最大規模の原発建設反対デモが行なわれており、原子力エネルギー利用反対の運動は今も依然として、一九八〇年に結党された緑の党（現在は九〇年同盟／緑の党）の存在意義を示す中心的な特徴の一つを成している。さらにそこに、一九七七年のＮＡＴＯのいわゆる二重決議に対する、一九八〇年代初頭に急速に拡大した反対運動が付け加えられる。核弾頭搭載の巡航ミサイル、とりわけ「パーシングⅡ」ミサイルの配備に反対し、最大約一三〇万人がドイツの複数の都市でデモを行なった。核分裂現象の軍事的、および平和的一般利用に反対する闘争は、緑の党にとって、さらにＢＢＵ（ドイツ環境保護運動同盟）やグリーンピースなどの大規模な環境保護団体にとっても同様に、「原爆による死」や被曝の危険性の撲滅をめざす、共同戦線を展開するさいの共通のテーマだった。それゆえ二〇一一年の三月一一日（3・11）以降、ドイツの公共圏では一般に、なぜヒロシマの恐怖を経験した国でこれほどまで無思慮に原子力発電所が建設されてきたのか、何度も問いかけられることになった。
その後の一九八六年、つまりブロクドルフ原発をめぐる議論からまだ間もない時期に、チェルノブイリで史上最大規模の原子力発電所災害が起こった。放射性物質を含む粉塵がドイツにも到達し、原子力エネルギー利用反対派が広く訴えてきた警告が実証されることとなる。こうしてドイツでは、原子力エネルギーの平和的一般利用に反対する人々が、今日なお有権者全体のなかで安定多数を占めることとなった。
たとえばゴアレーベンに建設予定の廃棄物処理施設建設反対の数十年にわたる運動を始めとして、国民の過半数が原子力エネルギー利用に反対していることによって、八〇年代中盤頃以降ずっと、新規の原発建造が行なわれずにきた。二〇〇四年に稼働を開始したドレスデンの原子力技術者育成・研究用原子炉を例外として、一九八九年以降のドイツでは、新たな原発が電源を供給し始めることはなかった。二〇〇〇年代に入ってからも継続された議論は、営利用途で稼働中の原発の、その使用期限までの耐用年数をめぐるものだった。SPD（ドイツ社会民主党）と緑の党とのあいだで初めて成立した「赤－緑色の」連立政権によって「原子力エネルギーを用いた営利発電事業の計画的撤廃法」が二〇〇二年四月二二日に取りまとめられ、それにしたがい、それぞれの原発の最終使用年限が定められた。そのさい「原子力エネルギー合意協定」によって、ドイツ内のすべての原子力発電所に対して、廃炉までに供給すべき発電量（発電残量）が規定されたのだ。（http://de.wikipedia.org/wiki/ Liste_der_Kernreaktoren_in_ Deutschland, 2012. 02. 09 確認を参照）
二〇一〇年、ドイツ連邦首相アンゲラ・メルケル率いるCDU／CSU（キリスト教民主連合／キリスト教社会同盟）と、FDP（ドイツ自由民主党）による保守－リベラルの連立政権によって、原子炉停止期限延長法が新たに制定された。現存する原子炉は、平均して一二年間その稼働期間を延長されることが決定された。同年の秋にベルリンでは、それに抗議して五万人から十万人の人々が参加したとされる大規模なデモが起こった。このことは、原子力エネルギー問題が依然としてドイツで大きな意味をもっていることを証明しており、緑の党と環境保護団体が、長年もはや動員することのできなかった量の人々を、この法律への抗議運動に限っては動員できるのだ、ということを示したのだ。政治的な議論がこのように巻き起こったことで、「原子力エネルギー」問題が、ドイツ国民の意識にふたたび浮上してきた。

ちょうど、まさにその半年後の二〇一一年三月一一日に、大地震と津波によって福島原子力発電所の事故災害が引き起こされ、ドイツ国民は激しい反応をみせることになる。三月二六日、複数の環境団体によって、「福島は警告する：全原子力発電所の稼働を停止せよ！」というスローガンのもと、ベルリン、ハンブルク、ケルン、そしてミュンヘンにおいて総勢で約二五万人が参加したデモが組織された。三月一四日にすでに連邦首相のアンゲラ・メルケルは、ドイツの全原発の稼働期限延長法に対して、その執行猶予を宣言し、三月一五日には最初期に建造された七基の原子炉が一時的にその運転を停止した。最終的に六月三〇日には、ドイツ連邦議会において「原子力法改正第十三条」が可決され、それにしたがい、遅くとも二〇二二年までにドイツ国内の全原子炉が稼働停止することが決まった。「フクシマ」がもたらした政治的影響として、ヴィンフリート・クレッチュマン（一九四八年生）が緑の党所属の政治家として初めて、バーデン・ヴュルテムベルク州の州首相に選出された、ということが挙げられる（二〇一一年五月一二日の選挙にて）。二〇一一年三月二七日の州議会選挙では、緑の党が二四・二％を獲得し、それまでの二倍以上の得票率でＳＰＤ（ドイツ社会民主党）に次ぐ第二党に躍り出た。

Ⅳ　ヘルマン・シェーア——エネルギー供給政策の急進的転回に向けて

「フクシマ」というデキゴトは、原子力エネルギー反対派だけでなく、再生可能なエネルギー利用を推進する発電政策へと、可能な限り早期に転換することに賛成する、あらゆるドイツ人たちを鼓舞することとなった。二〇一二年現在、ドイツは電力供給過剰な状態であるが（ちなみにフランスにも電力を輸出している！）[4]、原子力由来の電力供給への依存度は、二〇〇八年では石炭の四三・六％に次いで二三・三％であり、一三・〇％の天然ガスを上回っている。風力発電は六・三％で増加傾向にある（http://de.wikipedia.org/wiki/Stromerzeugung, 2012.02.09 確認）。よって、どのような形態のエネルギー供給方法によって原子力エネルギーを代替できるか、というのが問題となる。持続可能なエネルギー政策上の原則を一貫して選択しようとする社会であれば、その電力需要を、ほぼ完全に風力や太陽エネルギー、地熱発電やバイオマス燃料発電、ならびに水力発電などの、再生可能なエネルギー源から賄わねばならないだろう。政治家（SPD）で、何冊も著書を発表しているヘルマン・シェーア（一九四四—二〇一〇）は、徹底的なエネルギー転換の必要性を訴え続けてきた人物である。彼はドイツで大きな影響力をもった代表的な識者の一人であり、その絶筆となった著作『エネルギー倫理的〔定言〕命法　いかにして再生可能エネルギーへの転換は可能か』（二〇一〇年）で、エネルギー転換を求める自身の主張に具体的なイメージを与えている。そのさいシェーアは、どうしたら迅速かつ完全に代替エネルギーの利用へと切り替えていくことが可能か[5]、そして、ちなみに消費者に対してコストの上昇をともなわないやり方はどのようなものになるのか、ということもあわせて示している。

そのさいシェーアは、どのエネルギー源が利用されるべきかのみならず、そのエネルギー生産がいかなるシステムに組み込まれていくべきか、すなわち電力供給は現在と同様に大規模発電所によって行なわれるべきか、そういったシステムに必要な、広大な、同じ系列企業の合同体によって管理された送電線ネットワークによって供給されるべきかどうかを問うている。それゆえシェーアは、バルト海の干潟領域のまん真ん中に計画され、環境保護の観点に抵触する巨大な沖合洋上風車施設「Seatec」や、莫大なコストをかけて北ヨーロッパに送電されねばならない、サハラ砂漠に設置が計画されている「Desertec」計画の大規模太陽エネルギー発電など、代替エネルギーの選択肢において巨大発電装置の建設を提唱する計画については、それを批判することも辞さない（Scheer 2010: 141-150）。これら二つの構想は、大規模な投資を必要とする。ゆえに国家からの助成を獲得した大企業にしか実現できないからだ。

シェーアによれば、代替エネルギーを供給する新システムとして有効なのは、脱中心化された分散的な発電方式である。そのさい、その電力のほぼすべてが公共電力供給事業者を介して、地方自治体の水準で供給されるのがよい、と主張している。エネルギー問題において、再生可能エネルギーへの抜本的な転換を求めるならば、現行のエネルギー供給業界における発電システムと地区分割システムに異議を唱え、それらを作り直す必要があるのだ。これが実現するならば、ドイツの四大電気事業コンツェルン（E.ON, RWE, EnBW そして Vattenfall Europa）のような、損益を被る存在も生まれるため、「フクシマ」を経験した後であっても、この転換には大きな抵抗が出てくるに違いない。

最後にもう一度、徹底してエコロジカルに思考する哲学者ミヒャエル・イェーガーが、「希望」について語った言葉を引用しよう。

もしかしたら、日本はこれから［エコロジカルな、思考方法の大きな］転換を先導することになるだろうか？　思考方法の転換をもたらす諸条件は、京都議定書の発布された国においての方が、ヨーロッパやアメリカにおいてよりも整っているかもしれない。というのも、まず一つは、日本は西欧的なメンタリティのもたらす成果をたしかにたくさん手に入れてきたが、だからといって自身の文化を捨て去りはしなかったのだから。この国には、［西欧世界の、自然を搾取する思考法に含まれる］毒を含んだ果実をふたたびまた放棄するのに必要な活力が、西欧世界よりもたくさん蓄えられて残っているのかもしれない。日本はこれまでずっと、他者から知識を吸収する国であると言われてきた。そうすることで西欧世界の生産方式を学習して、つまりは完全に自分のものとしてきたということだ。日本が西欧世界と維持してきた関係は、もしかしたら表面上のものに過ぎず、それゆえに、その関係を再び解消するか、あるいは大きく変化させることができるのではないか？　こんどは世界の方が、日本から学べるのではないだろうか。きちんと［自然との闘争での］敗北を認め、その敗北の意味を理解して、それに対して決然とした対応を見せる、その方法を？　もう一つは、この国がすでに広島と長崎で、今回とは別の核技術による被害を経験していることからそう言える。これほど、被爆のなんたるかを知っている国民はいない。当時も思考方法の転換が生まれた、つまり、日本は［戦争を放棄して］平和主義を選択したのだ。（ミヒャエル・イェーガー「傷つく社会」インターネット版『Freitag』紙 二〇一一年三月一二日付け記事より、http://www.freitag.de/politik/1110-verwundbare-gesellschaft, 2012.02.06 確認）

〔付記〕日本語の下訳を作成するに際しては、眞鍋正紀さんの協力を得たことを記して感謝の意を表したい。

● 注 ●

（1） 特筆すべきは、この記事がすでに『Financial Times Deutschland』紙オンライン版上には見あたらず、www.wissen.de でのみかろうじて確認できるということだ。
（2） このことがとくによくわかるのは、ドイツ人ジャーナリストのヨハネス・ハノ著『日本の災害』（Hano, Johannes (2011) *Das japanische Desaster-Fukushima und die Folgen.* Freiburg: Herder.）においてである。ドイツ公共テレビ放送局「ドイツ第二放送局」ＺＤＦの中国特派員であったハノは二〇一一年三月九日に来日し、ジャーナリストとして日本での経験を日記形式でまとめている。たとえば福島第一原子力発電所2号機の水素爆発後の三月一五日、ZDFのスタジオを大阪に移し避難する決断が下されたが、その時の様子についてハノは以下のように描写している。

＊

彼ら〔東電と日本政府〕がそこでそのとき何を主張しようと完全に関係なかった。われわれは自分で決断せねばならなかった。彼らの言い分を信頼することは、いずれにせよもはやわれわれにはできないのだから。こういった情報の錯綜を経験した今の私にも、とうとうはっきりとしたことは、われわれが今日、東京を離れるということだった。

（……）

「フクヨ、空港までの道が込んでいるってニュースとかあった？　住民が街を離れている、なんていう兆しはないの？」

「今のところないわよ。今までとなにも変わらず静かよ。私も、そんなに急にそんなことが起こるとは思えないわ。みんな、まだどれだけ危険なのかわかってないんだから。」（……）

リロは完全に混乱していた、頬に涙が流れた。「私の〔日本人の〕夫と息子は一緒に来ないって言ってるの、二人を連れずに私だけ行けないわ。二人と一緒にいるわ、何が起こっても。（……）」（……）

「リロ、どうなってるの？　原子炉が次々に爆発してるんだぞ、これからもっと酷いことになるし、大阪便のチケットは君たち全員分ある。議論の余地なんてないだろう？」（Hano 2011: 75）（※フクヨ、リロはハノ氏の部下）
（3）　売り上げ部数ドイツ最大の日刊大衆紙『Bild』には、たとえばユーロ危機時に「強いドイツへの妬《ねた》み」のような見出しで、「ドイツ首相〔メルケル〕が強気で行けば、ドイツも強くなる！」というコメントが掲載されている。（http://www.bild.de/politik/inland/deutschland/wird-unsere-staerke-zum-problem-neid-auf-super-deutschland-22366982.bild.html, 2012.02.10 確認）
（4）　この点に関してはさらに、『フランクフルター・アルゲマイネ』紙の記事（http://www.faz.net/aktuell/wirtschaft/trotz-atomausstiegs-deutscher-strom-rettet-frankreich-11642130.html）を参照。
（5）　SPD所属のドイツ連邦議会議員であるヘルマン・シェーアは、再生可能エネルギー、とりわけ太陽光発電を促進する諸法案の導入に主導的な役割を果たした。重要なものとしては、「再生可能エネルギーのための給送電法（一九九一年）、再生可能エネルギー法（二〇〇〇年）、再生可能エネルギーの優遇のためのドイツ連邦建設法改正（一九九六年）、太陽発電ルーフ十万戸政策（一九九九年）、再生可能エネルギーの市場価値刺激政策（二〇〇〇年）、そしてバイオ由来発電原料の免税法（二〇〇三年）」などがある。（http://de.wikipedia.org/wiki/Hermann_Scheer, 2012.02.12確認）

●引用文献●

Coulmas, Florian, und Judith Stalpers（2011）***FUKUSHIMA-Vom Erdbeben zur atomaren Katastrophe.*** München: C. H. Beck.
Duppel-Takayama, Mechthild（2011）„Vom Diskutieren", in: DAAD（Hg.）: In der Ferne zuhause, ***die Heimat im Blick-Ortslektorinnen und Ortslektoren berichten.*** Bonn: Köllen Druck und Verlag.
Hano, Johannes（2011）***Das japanische Desaster-Fukushima und die Folgen.*** Freiburg, Basel, Wien: Herder.
Scheer, Hermann（2010）Der energethische Imperativ. ***Wie der vollständige Wechsel zu erneuerbaren Energien zu realisieren ist.*** München: Verlag Antje Kunstmann.
Zöllner, Reinhard（2011）***Japan. Fukushima. Und wir-Zelebranten einer nuklearen Erdbebenkatastrophe.*** München: iudicium.

11 環境哲学における〈共〉の現代的視座
——人間と自然の関係についての新たな社会哲学的構想

布施　元

I　環境哲学の現代的課題

環境哲学は、アクチュアルかつラディカルであるべきであり、問題に正面から迫る現代性と、問題を根源から捉え直す歴史貫通性とをそなえることがめざされる。そして、二〇一一年三月一一日の東日本大震災の後に発生した福島第一原発の事故の問題は、現代日本における環境・エコロジーにかかわる主要課題となり、これまでの自然に対する人間の関係性への根本的な反省を促すような環境哲学的な営みを生じさせつつある。

政府によって設置された「東日本大震災復興構想会議」の特別顧問となった哲学者の梅原猛は、この度の震災を、天災であり人災であり、そして「文明災」であると位置づけ、近代文明のシンボルである原発に拠らない新たな文明を模索している。彼は、デカルトに始まる人間中心主義的な近代哲学に代わるものとして、生きている草木や大地と人間との共存を求める「草木国土悉皆成仏」という日本古来の思想を援用するとともに、今でも日本人のなかに息づいている助け合いや慈悲の精神に焦点を当て、金銭欲や権力欲にとらわれることによって失われつつある道徳心を、被災地の復興および新たな文明の創造のための礎にすることを提案している（梅原 二〇一一、梅原、島 二〇一一）。

たしかに、このように梅原が近代を問題にしつつ、人間以外の生命体と人間との共生のあり方を主張していることは、傾聴に値する。しかし、助け合いや慈悲の精神、あるいは道徳心といった個々人の内面ばかりを重視する傾向は一面的であり、バランスを欠いている。道徳や倫理に依拠することは、ともすれば社会的関係への軽視に通じ、問題解決の責任を個々人に押し付けてしまう。個々人の生き方を方向づける内的な志向性は、社会環境によって外的に影響されたり規定されたりし、その一方で社会環境は、その社会の成員である個々人の関係の総和を通じて硬化したり変化したりする。したがって、人間と自然との関係を問題にする際、その背後にある人間と人間との関係も無視することができない。環境哲学が環境[1]についての哲学であるかぎり、人間の内面を律する道徳や倫理とは別の視点も要求される。

近代文明のシンボルであり問題の元凶である原発が、そもそも誰のために、何のためにあるのかを問うてみる。人間と自然の生命を脅かすようなものは、何のために存在するのか。人間がより幸せになるために自然へ働きかけそれを加工し創造したはずのものが、逆に、人間に対して不幸せな結果を招いている。不幸せどころか、生命の危機さえもたらしている。このように生命とは対極に位置する原発の登場は、主として原子力産業と原子力政策によって先導され、電力会社やそれに関連・付随する企業の利益追求と、政府によるその支援および無責任とに密接に関係している。このことはまた、その背景に、足尾銅山鉱毒事件や四大公害病を発生させてきた同様の社会構造（企業による利潤追求と政府による責任放棄）があること、つまり、（日本の）近代化が内包する社会的問題性を明らかにする。この度の事故は、近代の人間－自然関係のみならず、近代の社会構造ないし人間－人間関係も根底から改めて問う必要性を浮き彫りにしている。このようにして環境哲学は、一方で、近代を超える視点から、他方で、人間－人間関係の視点から、社会哲学的に深められることを課題とする。[2]

本章は、以上のような問題関心のもとに、環境哲学において倫理学的アプローチの欠点を、社会哲学的アプローチによって補うことを意図する。そしてさらに、〈共〉（〝common〟）という社会哲学的な分析視角を通じて、環境哲学の深化・豊富化の可能性を追究する。先述したように、原発を推進してきた主要なアクターは国家と企業であるが、これらはそれぞれ、社会を部分的に構成する〈公〉（〝public〟）と〈私〉（〝private〟）としてしばしば位置づけられる。そして、この二つの社会領域に対置されるのが、経済学、社会学、人類学、政治学などを包含する学際的な観点から社会構想のための視座を提供してきた〈共〉である。これは、近代の問題性を克服する方向性（脱近代の視座[3]）において、日本に限定されない地球規模で共通の重要な示唆を与えてくれる。そこで、本章ではまず、この〈共〉についての概要を確認し、その後、人間－自然関係に関する従来の議論を概観しつつ、〈共〉の視座からそれを批判的に検討し、これからの（脱近代の）人間－自然関係を、とくに「主体」と「客体」の関係性を基軸にして考察し構想する。

Ⅱ　〈共〉についての基本的了解

社会は、おのおの存立原理を異にする〈公〉と〈共〉と〈私〉に分類され把握されうる。国家ないし行政システムとしての〈公〉や、企業ないし市場システムとしての〈私〉と区別され、独自の論理をもつ〈共〉は、〈公〉的ないし〈私〉的な所有・管理の対象とは異なる、共有地、共用地、入会地、共有財産、共同用益の関係・空間などといったコモンズが営まれる現場としての「共同体」と、「官」（〈公〉）でも「民」（〈私〉）でもない、NGO・NPO、ボランティア活動、協同組合などといった、市民による自発的で協同的な運動・組織としての「公共圏」とによって特徴づけられる。〈共〉は、地球規模の環境問題や世界的な貧富格差の問題をはじめとする、人間と自然をめぐる危機的な課題の顕在化を背景として、一九八〇年代後半以降、次第に脚光を浴びはじめ、主に、共同体論やコモンズ論、また市民社会論や公共圏論において取り上げられ、現代思想において大きな役割を演じつつある(4)。

環境問題や社会問題は往々にして、〈共〉を担う住民や市民の生活現実において発生し発見されてきた（足尾銅山鉱毒事件、四大公害病、福島原発事故はその象徴的な事例である）。一方で、そういった人間や自然にかかわる諸問題はこれまで、主として〈公〉と〈私〉によってその解決が試みられるも抜本的な効果は得られてこなかった（「政府の失敗」と「市場の失敗」）。このような実情との関係において、とりわけ一九六〇年代、七〇年代以降、世界各地で労働者運動や学生運動、平和運動、人種差別反対運動、先住民運動、フェミニズム運動、反原発運動、環境保護運動などといった、多様な形態の住民運動や市民運動が出現するようになったことを見過ごすことはできない。また、一九八〇年代、九〇年代以降、東西冷戦構造の崩壊後の市場経済的グローバル化と関係して、こうした運動がより一般的に組織化しオルタナティブな動向（NGO・NPOなどの市民の自発的な行動）として世界中で頻発するようになったことも特筆すべきである。

従来の（近代の）社会の存立形態は、〈公〉と〈私〉を両輪とするとともに、前近代から続く〈共〉を縮減・解体しつづけ、その結果、現代において極限状態（近代の行き詰まり）に達し、種々の問題群を発生させてきた。そのような状態と傾向を克服するべく、〈公〉と〈私〉とは質的に異なる〈共〉の潜在性と可能性を契機とする、新たな（脱近代の）社会のあり方が追究され模索されている。

この〈公〉〈共〉〈私〉という思考枠組について論じている広井良典は、歴史的な視点から、〈共〉に基づく社会を展望している。近代以前の伝統的社会では相互扶助的な関係を中心とする〈共〉（共同体）が基本をなしていたが、近代以降の市場化や産業化にともない、私利の追求をインセンティブとする〈私〉

の領域が拡大し、同時に市場に対して介入する〈公〉の領域としての政府部門が展開してきた。こうした状況に直面して、これからの社会のあり方として、〈公〉でも〈私〉でもない「新たなコミュニティ」（新たな〈共〉）の領域が展開し、それが「新たな公共性（市民的公共性）」の担い手として政府（〈公〉）の役割の一部を代替し、市場における企業（〈私〉）が営利と非営利の連続性や社会的責任といった形で〈共〉の一部を担う、という〈公〉〈共〉〈私〉の相互連携の姿を提示している（広井 二〇〇九）。

広井と同じように、〈公〉〈共〉〈私〉の関係について積極的な提言を行なっている古沢広祐は、構造的な視点に着目しつつ、〈公〉〈共〉〈私〉においてそれぞれの長所と短所を見極め共存させる方向性を提案する。そのあり方を、〈公〉〈共〉〈私〉のそれぞれが重なり合う「三つの社会経済システム」によって図示し、それぞれのセクターが相互浸透するあり様を示す（図1）。〈公〉や〈私〉へも〈共〉が波及している実状を確認し、「貨幣部門を含むより広い範囲をカバーする、貨幣優位または利潤動機を超えた活動、いわば協同的な営みのさまざまな形態を考える立場」を掲げ、現在台頭しつつある第三のセクターである「共的セクター」を重視する（古沢 二〇〇九）。この領域において特徴的なのは、「コミュニティ」の側面だけでなく、それと位相を異にする市民的な側面（「シチズン」）が明記されている点である。コミュニティ（共同体）に、近代の積極面としての市民社会の意義や市民の役割を組み込もうとする、この考え方の論拠としては、〈共〉が場合によっては狭い集団的な共益追求に落ち込みやすい側面をもっており、開かれた市民社会形成の内実が問われることになること、またさまざまな現代的問題を解決するためには、上からの管理体制や市場経済による内部化では不十分であり、人々の自発的・協同的な活動が多面的に展開していくことが求められることを、挙げている（古沢 二〇〇七）。

ところで、〈公〉〈私〉〈共〉という鼎立関係を論じるうえで、もう一つの次元でいわれる「公」「私」関

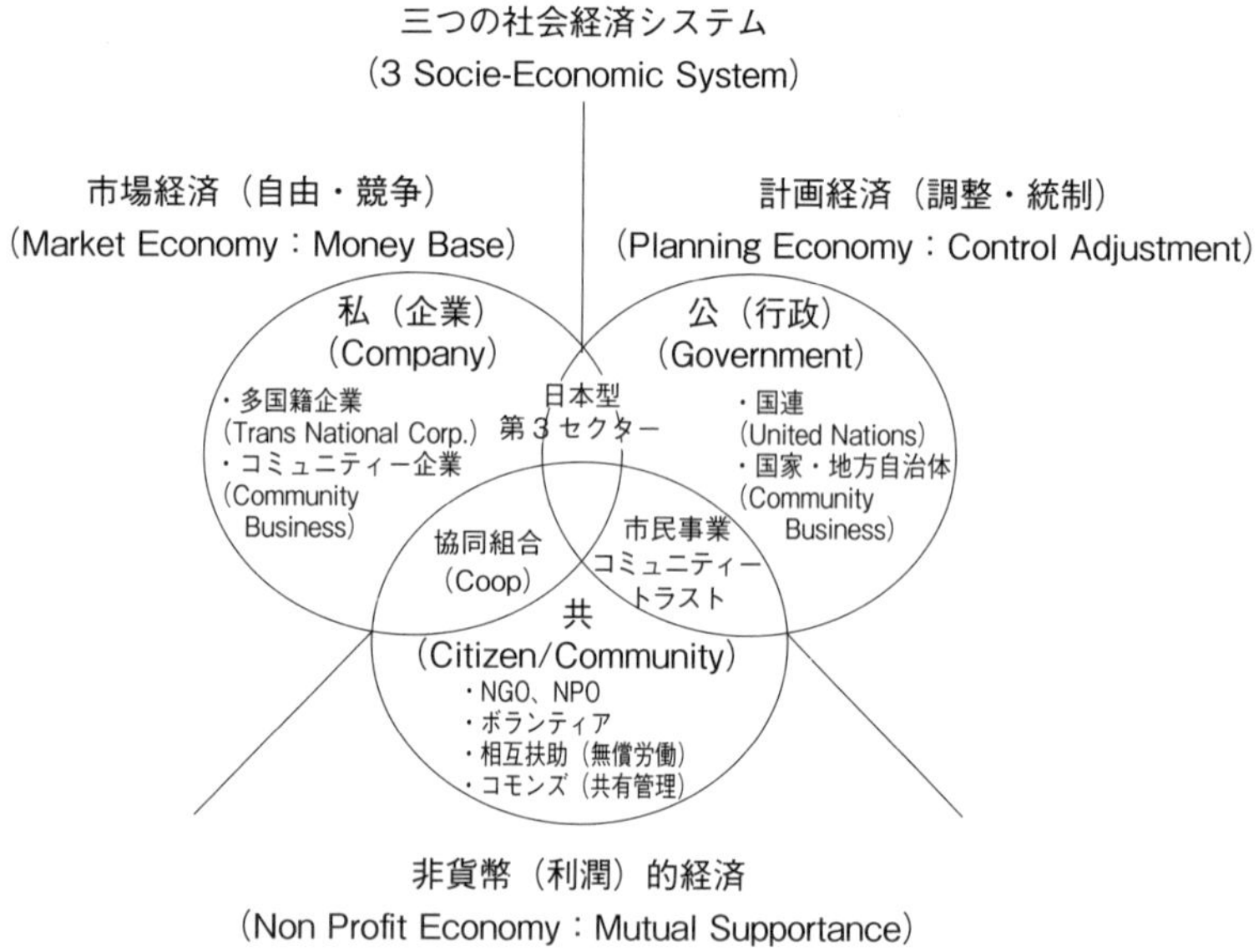

図１　三つの社会経済システム

出典）古沢広祐　2009：45

係についても考慮する必要があろう。

「公」と「私」という表現そのものはそもそも、それぞれ国家・行政システムと企業・市場システムに限定的に相当するわけではなく、いわゆる「ゲゼルシャフト」と「ゲマインシャフト」の関係に由来する議論も存在する。これらは、F・テンニエスの研究によって示された、社会結合の二つの形態を指し、ゲゼルシャフトとは成員個人の意志や契約によって結合する形態であり、ゲマインシャフトとは家族や親族に基づき感情や人格によって結合する形態である。社会は、このもう一つの「公」「私」関係の次元によっても分類され把握されうる。ゲゼルシャフトおよびゲマインシャフトとしての「公」「私」関係の理解は、国家・行政システムおよび企業・市場システムとしての〈公〉〈私〉関係についてのより建設的な議論を可能にし、〈共〉についいての認識をより確かなものにする。

そこで、本章では以上のような、ゲゼルシャフトとしての「公」と、ゲマインシャフトとしての「私」からなる二元的関係をも組み込む形で、〈共〉の構造を考察していく。つまり、ゲゼルシャフト的な〈共〉（シチズン）と、ゲマインシャフト的な〈共〉（コミュニティ）とに区別して積極的に構造化して把握する。このように、〈共〉を二つの形態に一度区別したうえで、改めて結びつけて捉え、その本質をより的確に理解することによって、〈共〉において独自に実現される人間－自然関係を導き出すことをめざすが、その前に、人間－自然関係に関する従来の議論を確認する。

Ⅲ　人間－自然関係についての批判的検討

一九七〇年代以来、環境思想を牽引してきた環境倫理学において提起され、議論されてきた「人間中心主義と自然中心主義の対立」の問題は、環境哲学においても重大なテーマであり、その問題の克服が追求されてきたが、この対立は、近代の問題と切り離して考えることができない。すなわち、近代科学と市場経済システムという近代の「進歩的」原理が、事実と価値の二元性、人間と自然の二元性をもたらしたのであり、そのことへの洞察を抜きにした、人間中心主義と自然中心主義の対立という問題設定は、近代のパラダイムのなかに依然として留まっている。人間の社会生活においては、当為や規範にかかわる行動が意識され、事実と価値が相互浸透しつつ分離してくるが、その分離状態が固定化し、二元的な対置にまで至った事態は、近代以降に支配的になる人間と自然の二元的対置と連動している。客観的世界に対する認識主観による価値的投影を排除しようとする、科学本来の合理的性質を背景にして、機械論的・要素還元的な自然観を提示した「デカルト―ニュートン・パラダイム」に基づく近代科学は、前近代の思想を支配してきたアリストテレスの目的論的・生命論的な有機体的自然観を覆し、客観的世界を没価値的な世界、機械論的でアトミスティックな世界として捉え、それを認識する強固な主体的意志（価値感情）を担保する。そして、このことは、〈客体としての自然〉と〈主体としての人間〉という人間と自然の二元的対置の観念と深くかかわることになる（尾関 二〇〇一、二〇〇七）。

また、〈主体としての人間〉が価値形成労働を通じて〈客体としての自然〉に価値を付与する、という図式を想定する、いわゆる「労働価値説」は、近代科学の興隆の背景にあると同時にそれを利用して発展してきた、市場経済に基づく社会システムの前提となり、事実と価値の二元性を強化してきた。そして、自由な価値主体としての人間はこのようなシステムを通じて、客体としての自然を支配して「進歩」と「豊かさ」を実現していくように見えたが、実際には、システムそのものが主体として立ち現れ、自然のみならず人間をも客体化していく。人間中心か、自然中心か、というよりもむしろ、近代以降に創り上げられたシステムこそが、自然だけでなく、人間自身にも対立して自己運動し「成長」していく。近代以降、市場経済の全面化と国民国家の成立にともなって、近代以前においては生活世界に埋め込まれていた経済・政治的活動は、生活世界から自立し、貨幣と権力を媒体とする経済・政治システムとして拡大再生産される、「システムによる生活世界の内的植民地化」（J・ハーバーマス）が生じる。したがって、今日、問題視されている人間中心主義と自然中心主義の対立をめぐる議論は、近代以降、人間によって創られたシステムと生命的・人間的自然との対立から生み出された、事実と価値の二元性、人間と自然の二元性のイデオロギーを基礎にしている。そこで、こうした立場に対抗して、人間も自然もともに主体と考える「人間と自然の共生」の立場が主張されている（尾関 二〇〇一、二〇〇七）。

人間中心主義と自然中心主義の対立とそれを生み出しているシステムとの関係を、〈公〉〈共〉〈私〉の関係とともに検討してみる。生命的存在である自然と人間はもともと主体として存在したが、近代化の拡大・深化を通じて、システムが主体となり、そして、自然と人間がともに客体となった。生命に積極的にかかわる〈共〉は、本来、主体として措定されるべきであるが、システムとしての〈公〉と〈私〉が発生し肥大化・全面化し社会の原理と化していくにつれ、それらは、〈共〉に対立するだけでなく〈共〉を支配し、〈共〉と〈公〉〈私〉とにおける主従関係が転倒し、人間－自然関係が疎外形態をとることになる。[5]こうして、人間中心主義と自然中心主義の対立の背後には、〈公〉〈私〉が主体として成立する、いわば「〈公〉〈私〉中心主義」の存在が浮かび上がる。人間中心主義でもなく、自然中心主義でもなく、あるいはその両者に振り分けて問題を見えにくくさせている二元論でもなく、〈公〉〈私〉中心主義こそが問題の核心である。そして、それを克服する視座を提供するのが、人間中心主義的でもあり自然中心主義的でもある、いわば「〈共〉中心主義」の立場である。〈共〉を中心に据えるこのような考え方に基づく人間－自然関係を把握する際、まず共同体からの視点が基本となる。

Ⅳ　共同体における人間－自然関係

〈共〉に関する研究はもともとコモンズ論においてなされ、そこでは共同体の存在意義が明らかにされてきた。[6]たとえば、玉野井芳郎は、共同体が「土と水の母胎のなかで生きているもの同士が関係しあう世界」、「第一次産業――水産や畜産をふくめての農林漁業――にかかわる世界」、すなわち「生命系の世界」をなすことを指摘しつつ、従来の自閉的な地元利益主義とは異なる「地域主義」を掲げ、「開かれた

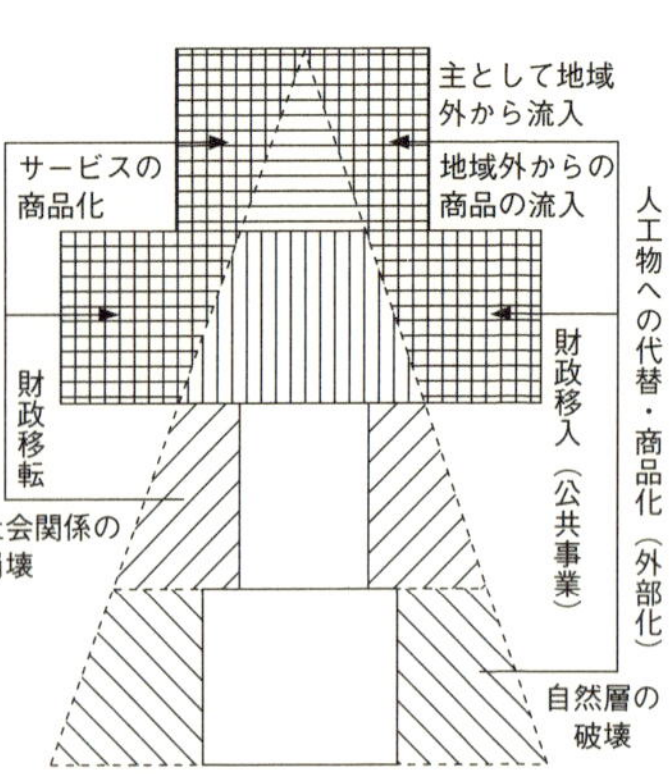

図３　非貨幣部門の破壊による経済成長
出典）多辺田政弘　1990：56

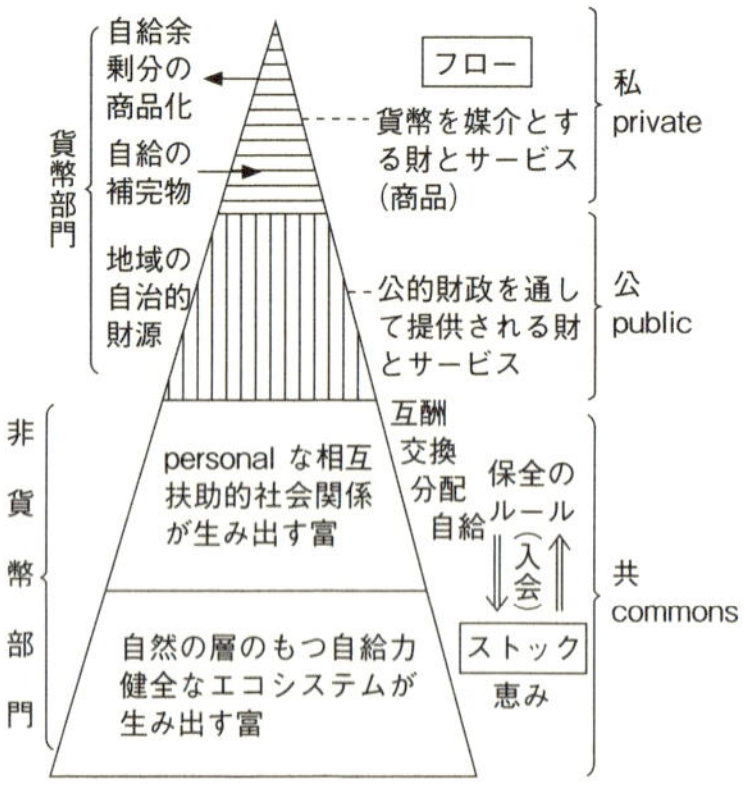

図２　健全なエコロジーがささえる経済
出典）多辺田政弘　1990：52

地域共同体」の構築をめざす（玉野井　一九七八）。また室田武は、入会、入浜、入海といった〈共〉の具体的なあり方が、人々の協力を通じて生活保障を可能にする自然の柔軟性の確保や、乱伐・乱獲を回避するための生態学的なルールの設定を行なってきた点を評価し、そこから「生業を異にするさまざまな人々の間の、現代における共同性」のヒントを引き出す（室田　一九七九）。多辺田政弘は、共同体としての〈共〉が「地域住民の『共』的管理（自治）による地域空間とその利用関係（社会関係）」であり、またそれは、「地域内の水（河川・湖沼・湧水）や森林原野、海浜、海を含む土地空間」をも意味し、「相互扶助システムとしての労働力、サービス、信用などを含む地域の『共同の力』」を含むものである、と規定する（多辺田　一九九〇）。

このような〈共〉（共同体）の視角から人間－自然関係（および人間－人間関係）を考察するうえで、この多辺田の議論を参考にしてみたい（図2、3）。豊かな自然が生きているところでは、自然から直接、住民が天与の恵みとして受け取るモノやサービスの自給的領域が充実し、貨幣を媒介としない相互扶助的な社会関係の領域が広がる。ここでの人間は、空間を共有する地域住民を指す。地域共同体は、自然環境と共生してきた歴史の過程において、その永続的あるいは更新的な維持・管理の方法を編み出し、積み重ねてきた。このように〈共〉には、社会関係（人間の相互関係）だけでなく、自然そのものも含まれる。〈共〉の社会関係は、人格的な相互扶助的関係をなし、自然の自給力や健全なエコシステムを可能とする（多辺田 一九九〇）。それは換言すれば、人間の相互関係として、主体－主体関係が形成され、人間の対自然関係としても、主体－主体関係が実践されるということである。このような関係を生む〈共〉と〈公〉〈私〉との違いは、非貨幣部門と貨幣部門との違いにある。〈公〉〈私〉の拡大・深化とは、自然および社会関係が商品化され、その過程が肥大化し全面化することである。その結果、〈公〉〈私〉によって、〈共〉の主体性は縮減・破壊される。たとえば、原発事故によって共同体の生活基盤が喪失されたが、そもそも、原子力政策を推進してきた〈公〉と原子力産業を主導してきた〈私〉の具体化としての原発の立地とそれへの依存は、土地や漁業権の買収を通じて、共同体の自立性・自給性・自治性を喪失させてきた。

さて、共同体としての〈共〉における人間と自然の主体性を補足的に認識するために、同様に〈共〉の意義を説く中村尚司の考察にも触れておきたい。中村は、人格の形成のみならず、他の動物と異なり、生後長期間にわたって生活物資を自身で調達できない状態が続くことなどにみられるように、人間が共同体なしでは生きられないことの根拠として、〈生命の維持と再生産〉を挙げる。そして、それが保たれるためには、農業共同体および地域共同体が必要とされ、共同体こそが人間にとって最も自然で普遍的な社会関係であるとする。〈生命の維持と再生産〉を基礎視角とするならば、人間の生と死はともに個体としては完結せず、共同主体的な社会関係の一環としてのみ意味をもつ。人間的な存在とは、共同体から離れることができず、個人としての活動は、共同主体的な存在構造の上に立つ、二次的な現実である。そして、その共同体は、生活様式によってそのあり方を限定される。生命の維持に必要なものを獲得する様式は、共同体の存在様式を規定していくが、何よりも人間の食物は人間以外の動植物であり、それなしに〈生命の維持と再生産〉をはかることはできない。したがって、本来的な共同体とは、人間以外の動植物の生命活動を可能にする場でなければならない（中村 一九八〇）。そのため、共同体において人間は、相互に対して主体的であると同時に、自然に対しても相互主体的にかかわることになる。人間は共同体の一員であるかぎり、相互に主体的な存在である。そして、共同体において人間は自然の一部であり、自然に対して主体－主体関係にある。たとえば、〈共〉と本来的に結びつく農業は、自然の主体性を抜きにしては成り立たないが、それに対して、〈公〉〈私〉との親和性を強くもつ商工業は、自然を客体化することで成立する。

ところで、中村の分析は、人間が共同体なくして生きることができない存在であることにとどまらず、共同体だけで生きることもできないという事実にも及ぶ。個人としての生活は〈生命の維持と再生産〉の連環からはみ出して、絶えず個人としての〈実存の一回性＝永遠性〉に賭けようとするのである（中村 一九八〇）。こうした個人に根差すようなつながり、すなわち、市民による公共圏の形成は、共同体における狭い集団的な共益追求を回避するという、消極性の克服の側面とともに、個人に由来する主体性を発現するという、積極性の促進の側面を有することになる。ただ、中村のいうように、近代を通じて広く体験され認識されてきた人間解放は、共同体からの解放（＝共同体の解体）と結びつけられるのではなく、共同体を基礎構造にしてこそ実現される。このことは、他方で、共同体に基礎を置く個人が自発的に結びつきうること、共同体と公共圏とが排他的関係ではないことを示唆していよう。そこで次に、その公共圏の視点からみた人間－自然関係を探ってみる。

V　公共圏における人間―自然関係

〈公〉〈共〉〈私〉の関係についての議論は、コモンズ論とは別に、市民活動へのエンパワーメントと、それに連動した市民社会論のバージョンアップへの機運の高まりにともなって沸き起こってきた（藪谷 二〇〇五）。山口定の分析によると、現代において、近代の特徴としての市民社会が「新しい市民社会」として積極的に論じられてきている。ソビエト社会主義体制の崩壊を契機として生じ、とりわけ政治学の分野で一九九〇年代に入ってから盛り上がりをみせている「新しい市民社会」論は、「古い市民社会」論（「近代的市民社会」論）が問題意識や理論枠組を近代化＝一国主義的性格を基調としていたのに対して、七〇年代以降の世界における「新しい社会運動」や「新しい市民運動」、そして九〇年代以降のボランティア活動やＮＧＯ・ＮＰＯの世界的展開に刺激された「現代的市民社会」論として、国家と市場と市民からなる三元論を想定し、国家と並んで市場という領域を明示し、その両者に対置される領域を形成する市民の意義を強調する（山口 二〇〇四）。

このような市民社会に関する理論からの〈公〉〈共〉〈私〉の議論への接近については、たとえば、佐藤慶幸の議論も示唆に富む。これまで論じてきた近代の積極的領域として表現される公共圏に相当する、佐藤のいう「共的セクター」は、「公的セクター」と「私的セクター」に対比される（図４）。「共的セクター」は、ＮＧＯやＮＰＯからなる「アソシエーション個体群」によって組織され、コミュニティの人々の生活と密接につながった地域型アソシエーションから、特定の地域からは空間的に自由に活動する広域的なアソシエーションまで、多様に存在する。そして、この「共的セクター」を形成する多様なアソシエーションは、自立した個人を基本単位とし、伝統的な共同体規制によって秩序が維持される集団とは区別さ

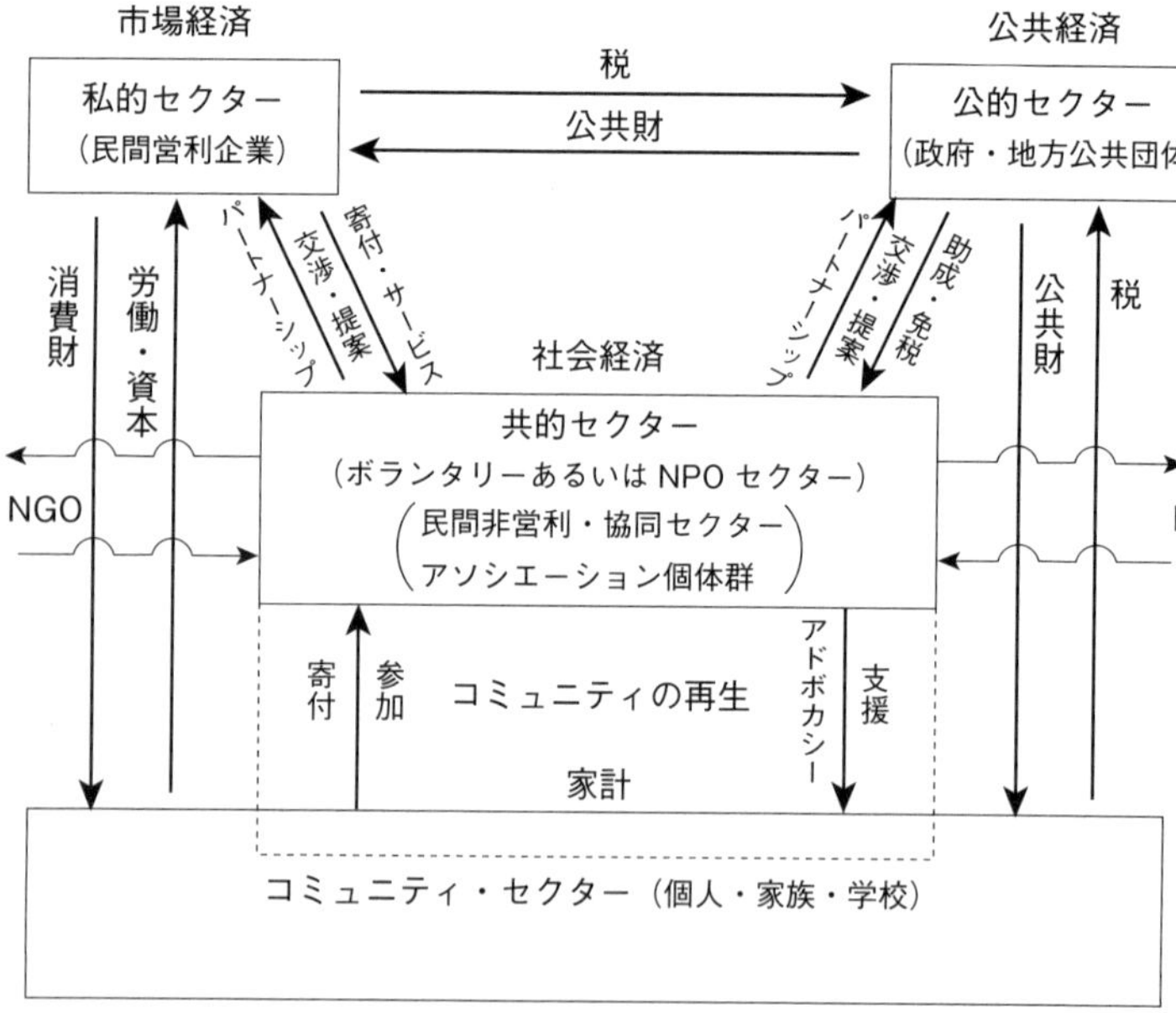

図4　NPOセクターと社会システム

出典）佐藤慶幸　2002：194

れる。また、「私的セクター」においては貨幣が、「公的セクター」においては法権力が、それぞれ関係性の媒体となるのに対して、「共的セクター」は対話や信頼によって結びつけられ、個別的な差異性ないし多様性を尊重し、自発的な行為の相互関係・協同関係として現象する（佐藤 二〇〇二）。（〈公〉と〈私〉によって生み出された）原発に対して異を唱えてきた、（〈共〉をなす市民一人一人の力によって支えられた）反原発運動は、その一例である。

自立した個人による自発的なアソシエーションと、それによって構成される領域としての「共的セクター」は、自己の目的性の発現による結びつきであり、個人としての〈実存の一回性＝永遠性〉に賭けるつながりである。人間は共同体の一員でありつつ、他の人間とは異なる一個の人格を有するかけがえのない存在でもある。人間は他の人間に対して異なる存在であろうとするとき、自らを人間－人間関係から――個人としての自己を集団としての共同体から――切り離し、自己の主体性を発揮しつつ、自らも一員であった社会（人間－人間関係）を対象化＝客体化し、人間の相互関係に対して、主体－客体関係を形成する。その関係は、近代の市民社会の成立を経て全面化していくが、こうした関係性に対応する形で類推される人間－自然関係とはいかなるものであろうか。人間は自然の一部でありつつ、社会的な存在でもある。人間は自然とは異なる存在（社会的な存在）であろうとするとき、人間としての主体性を発現しつつ、自らも一部であった自然から自らを切り離し、自然を対象化＝客体化し、人間と自然との関係において、主体－客体関係を形成する。

したがって、人間－自然関係および人間－人間関係において、近代の市民社会の通性として認識されるのは、主体－客体関係である。社会（共同体）から固有の目的性を備えた主体として個人が現れ、他の人間を対象化＝客体化するような社会が、市民社会である。人間－人間関係を客体化する市民社会は、〈公〉と〈私〉と〈共〉（公共圏）とによって構成され、それらは同時に、人間－自然関係を客体化する。まず、そうした基底のうえに、近代の市民社会における特性として析出されるのは、以下の視点である。近代の消極面として、〈公〉と〈私〉が、それぞれ（法）権力と貨幣を媒体にしてシステムとして主体化し、共同体としての〈共〉を客体化する。〈共〉が客体化されることで、人間と自然の主体性は剥奪され、人間－自然関係および人間－人間関係は、客体－客体関係として現象する。[7] 他方で、そういった状況に対抗する形で、近代の積極面として、公共圏としての〈共〉が、主体－客体関係を背景とした主体－主体関係の実現をめざす。この近代の市民社会に特有な〈共〉は、〈共〉における共通性を担保しながら、歴史貫通的な共同体としての〈共〉とは異なる形態をなす。両者とも、〈公〉〈私〉に対置される〈共〉として、現代において脱近代へ向けて求められるが、それぞれの存在形態は違う。〈共〉の人間‐自然関係をより積極的に把握するために、この両者の関係性について、さらなる検討を試みたい。

Ⅵ　共同体と公共圏の相互補完的関係

ここで再び佐藤の議論に戻って、「公的セクター」や「共的セクター」や「私的セクター」とは別に存在する固有の領域、「コミュニティ・セクター」に目を転じてみたい。これは、「人々の日常的な生活世界」であり、以上の三つのセクターにとっては基層的なセクターないし母体として位置づけられるが、参加・寄付や支援・アドボカシーといった表現が持ち出されているように、「コミュニティ・セクター」と「共的セクター」は他のセクターと比べてより積極的につながり合う関係にある（佐藤 二〇〇二）。「コミュニティ・セクター」（共同体）と「共的セクター」（公共圏）は、ともに〈共〉であるが、この共同体と公共圏の積極的関係性の観点から、人間‐自然関係（および人間‐人間関係）のあり様に迫ってみる。

佐藤の議論と同様に、共同体的視点と公共圏的視点を同時に見定めようとする、尾関周二の議論は、〈共〉のこの二形態の相互補完性と相互規定性について指摘するとともに、社会的構成体と自然的基盤との関係性に論及している。彼の議論は、ハーバーマスと井上真の議論を媒介にしている。市民社会論ないし公共圏論を先駆的に主唱してきたハーバーマスは、近代以降、人々の人格的なコミュニケーションによって成り立つ生活世界が、国家と市場からなるシステムの肥大化によって「植民地化」されその再生産が阻害されていることを問題視し、生活世界を活性化させるような「自由意志に基づく非国家的かつ非経済的結合関係およびアソシエーション」を重視する（ハーバーマス 一九九四、二〇〇三）。自由なコミュニケーション空間である公共圏を生活世界に結びつける、このような視点を積極的に支持する尾関は、しかし、生命や生態系にこそ生活世界を成り立たせる基盤があるという認識が、ハーバーマスの議論には稀薄であることを看破する。生活世界の重要性というのは人間－人間関係という視点からだけでは十分には見出せず、そこに、共同体そのものをも含めた包括的な概念としてのコモンズにみる、人間－自然関係の視点を組み込み、生活世界にコモンズとしての〈共〉を重ね合わせる必要性を主張する（尾関 二〇〇七）。

こうして尾関は、市場経済システム（〈私〉）と、国民国家の行政システム（〈公〉）からなる二項図式で担われてきた近代社会の限界、そして生活世界やコモンズを包含する〈共〉の意義を明確にするために、井上真の議論を援用する。井上は、具体的な森林管理制度としての「開かれた地元主義」（地域住民を中心としつつも外部との議論・合意を認める理念）と「かかわり主義」（多様な関係者を主体としつつもかかわりの深さに応じて発言権を認める理念）からなる「協治（協働型ガバナンス）」のあり方を提起する（井上 二〇〇四）。尾関は、このような構想に共鳴し、〈共〉を構成する共同体と公共圏へさらなる分析を加えて、「共生的共同体」と「共生的公共圏」という概念を創出する。

新たな共同体としての共生的共同体とは、異質さを排除あるいは同質化する伝統的共同体の慣習的共同性と異なる共同性、つまり、妥当性を内包したコミュニケーション的共同性を通じて、共同体成員の間の異質さを容認するものであり、これは、玉野井のいう「開かれた地域共同体」と呼応する。そして、この共生的共同体を現実化するための新たな公共圏、すなわち共生的公共圏が重要な役割を担う。これは、同質的な市民的公共圏と異なり、異質な対抗的諸公共圏を含むものであり、同意に至らなくとも厳しい論争を可能にさせる、より包括的でゆるやかな公共圏のことを指す。このように、共生的共同体や共生的公共圏によって二層構造としてより積極的に規定される〈共〉であるが、〈公〉〈私〉との関係を含めた社会構

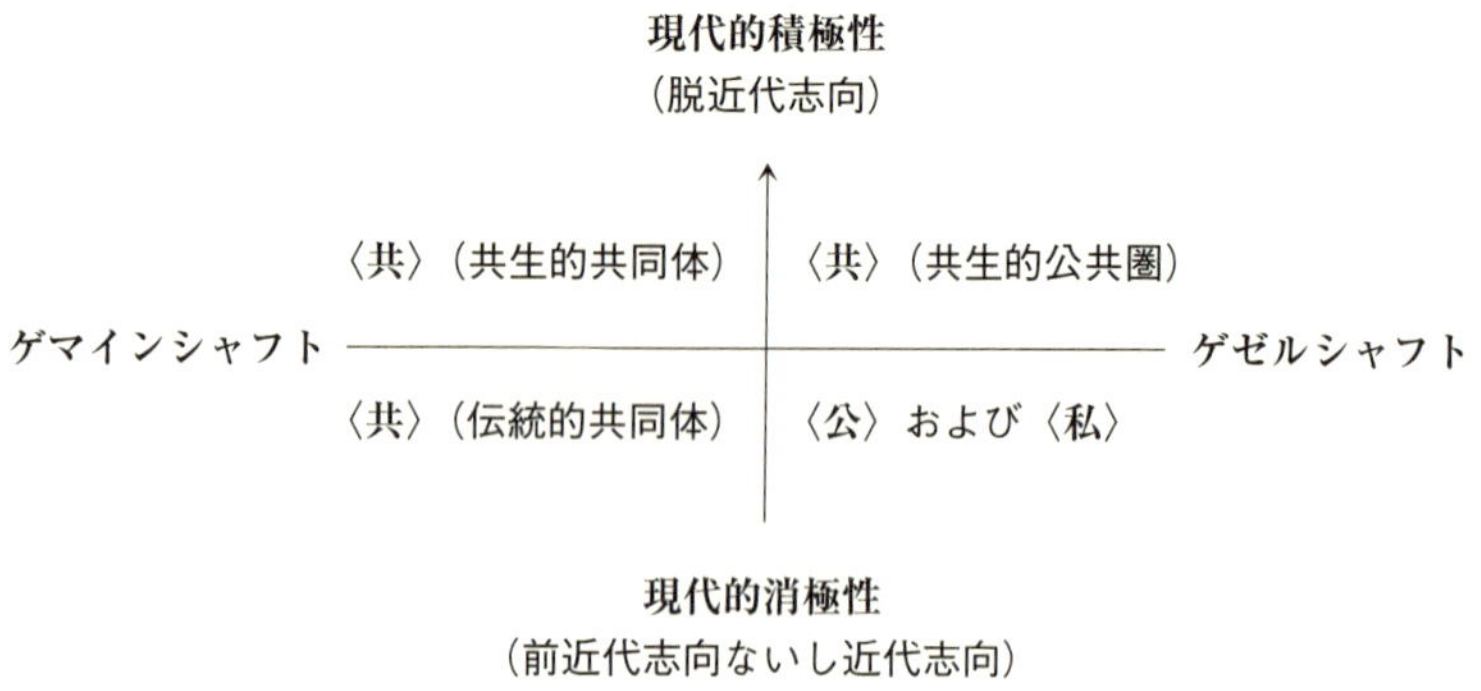

図５　脱近代と〈公〉〈共〉〈私〉の関係

想としては、共生的共同体と共生的公共圏の双方の協同により、国家（〈公〉）を活用しながら、市場（〈私〉）を縮減し社会のなかに適正に埋め込むことがめざされる（尾関 二〇〇七、二〇〇九）。その一端としてたとえば、広井や古沢が示しているような、〈共〉が〈公〉〈私〉のこれまでの役割の一部を移譲されたり、〈共〉が〈公〉〈私〉へ浸透したりしつつある現実を確認することができよう。

この新たな〈共〉のあり方というのは、言い換えると、伝統的共同体を解体し自由・平等な市民社会を建設していく、という単純な発想から、市民社会（公共圏）とコモンズ（共同体）の双方の理解を革新させることによって両者を補完的に捉えていく、という発想へと転換していくことでもある（尾関 二〇〇九）。このようにして、〈共〉の視座によって私たちは、共同体と公共圏という二つの独自の存在形態を切り離し区別したことによって獲得された、それぞれの特徴・性質を保持しつつ積極的に結びつけるような、新しい見方を手に入れることになる。〈共〉は〈公〉でも〈私〉でもないが、〈共〉は共同体でも公共圏でもある。前近代を含む人類史に貫通してみられる特徴を有するような共同体と、それを批判的に持続させていくために存在する、近代という特殊な時代のポジティブな特徴を現代において具現化するような公共圏とをつなぎ合わせるのが、脱近代の〈共〉の観方である（図5）。

Ⅶ　人間と自然の関係についての脱近代的構想

共同体と公共圏の相互補完性、共生的共同体と共生的公共圏の積極的相互補完性は、人間－自然関係を脱近代へ向けてより深く説得的に構想するうえで、有効な観点を提供する。〈共〉が現代において注目される重視される理由の一つは、人間－自然関係における主体－主体関係を現実化させてきた点、あるいは、そうさせる可能性がある点にある。共同体における人間と自然との間の主体－主体関係は、近代を通じて、〈公〉〈私〉によって主体－客体関係、さらには客体－客体関係へと変容させられてきた。〈公〉〈私〉は、生命（人間と自然）を客体化し手段化してきた。近代では、主体－客体という通性を有しつつ、一方で、〈公〉〈私〉（システム）が主体化され目的化されるとともに、〈共〉が客体化され手段化されていき、他方で、その問題性への反応・応答として、公共圏としての〈共〉が登場し、共同体で営まれる主体性の維持・再興を試みつつ、公共圏特有の主体性をめざす。つまり、主体－主体関係を志向する点において、共同体と公共圏は接続する。脱近代へ向けては、共同体の存続・再生と公共圏の生成・拡充によって、〈公〉〈私〉を縮減・適正化していくことになるが、それは、人間－自然関係を客体－客体関係から主体－主体関係へ転換していくことを内包する。生命の主体性の保持・発展は目的そのものであり、ゆえに、〈共〉が目的として措定され、〈公〉〈私〉はあくまでもそれのための手段として位置づけられるべきであり、それらの適正な規模への縮小ないし〈共〉への埋め込みが、〈共〉の拡大・深化を通じて模索される。

さて、これまでの人間－自然関係（および人間－人間関係）についての分析を総合してみると、以下のようになろう。すなわち、〈共〉（共同体）においては、主体－主体関係が、〈公〉〈私〉においては、主体－客体関係を背景とした客体－客体関係が、〈共〉（公共圏）においては、主体－客体関係を背景とした主体－主体関係が、それぞれ形成される。主体－主体関係の構築は、主体性を人間と自然の両者へ取り戻すことであり、共生の実現である。共同体において自然循環にのっとり節度をもって持続可能に自然を活用して生活することも、公共圏において自然環境を保護するために活動することも、どちらも人間と自然の共生の現れである。共同体と公共圏は、主体－主体関係において内的に連関する。人間と自然の主体性を志向するのは、〈公〉でも〈私〉でもなく、〈共〉である。以上を踏まえて、脱近代の人間－自然関係（および人間－人間関係）を定式化するとすれば、〈公〉〈私〉と〈共〉の間にみられる現代の主従関係の転倒を経て、（前近代から続く共同体の）主体－主体関係を基底に据えた、（近代の積極性を現実化する公共圏の）主体－客体関係を背景にした主体－主体関係の確立となろう。それはすなわち、疎外された主体としての〈公〉〈私〉による〈共〉の客体化を、公共圏の主体化を通じて、共同体の主体化へと転換していくことである。

こうした発想は、「〈公〉〈私〉対〈共〉」という単純な対置ではなく、それらを積極的に構造化して構想していくことを示している。〈公〉〈私〉と〈共〉の対立面のみを強調するのではなく、前者を後者に組み込む位置づけ方、それによる適切な方向づけの仕方がめざされる。〈公〉〈私〉は勝手に成長し人間の手に負えなくなるが、〈公〉〈私〉が自然と社会の中心にあり続けるならば、生命を脅かすエコロジー危機が繰り返されるのは必至だろう。たしかに、現代社会に生きるうえで、政府も市場も、国家も企業も、いずれも、ある面では必要な役割を担うが、独り歩きする〈公〉〈私〉を制御したり、より適正に機能させたりすることは達成されなければならない。また、〈公〉〈私〉をそれぞれ支える内的な志向性としての、権力や貨幣への自然な人間的欲求を単純に否定することはできないが、それらが社会的に一般化＝常識化し、社会の原理となることは回避されなければならない。これらの実現のためには少なくとも、私たち一人一人が〈共〉であろうとし続けることが求められる。主体－主体関係を志向する〈共〉を基底とするような脱近代の人間－自然関係および人間－人間関係を実現するためには、自然の一部であり社会の一員である私たち自身が主体的であろうとし、自然と社会とにおける他の多様な生命と――共通の主体性を分有しつつそれらが主体的であるように――関係していこうとすることが、一つの不可欠な条件となろう。

●注●

(1)「環境（environment）」は、個体ないし自己を取り囲む全体ないし全域のことであるが、とくに人間という存在形態に依拠した場合、社会環境と自然環境とに分類され、社会環境を形成する人間と自然環境との間の関係としての「人間－自然関係」と、社会環境における人間相互の関係としての「人間－人間関係」とが導出される。
(2) このように現代において求められる環境哲学の特徴は、それを構成要素とするとともに、それが核心的な役割を担うところの、現代の環境思想の問題意識とも符合する。というのも、現代の環境思想における一定の共通の方向性として、社会構造の視点の必要性と、近代と環境問題との密接な関連性を認めることが可能であるからである。その代表例として、須藤（二〇〇四）、尾関（二〇〇七）、松野（二〇〇九）などを挙げることができる。
(3) ここでいう脱近代の視座というのは、近代という歴史的に特殊な時代における決定的な問題性を直接的な基点として認識しつつも、近代のみを単純に否定するのではなく、また前近代を短絡的に肯定するのでもなく、近代と前近代を、両者が包含される人類史の観点からともに批判し、現代を、これまでの全歴史の結果とこれからの未来の萌芽として捉える。それはまた、現実において生起している事実に基づくような〈存在〉の視点と、旧来の主流的な価値とは別の価値にも光を当てるような〈当為〉の視点を併せ持つことにもつながり、現代を消極面と積極面とに一度、区別したうえで改めて結びつけて把握しようとする。ちなみに、「脱近代（de-modern）」という語を構成する「脱（de-）」という接頭辞（ドイツ語でいうent-）は、微妙で複雑な意味合いを含みもつが、ここでは「分離」や「離脱」と関係し、厳密には「従来とは異なる存在への変質・転成」を含意する。このことはたとえば、「発展」、「開発」、

「発現」などと訳される、「脱（de-）」および「包み（velop）」からなる develop あるいは development という語（ドイツ語でいう entwickeln あるいは Entwicklung）が「包みを解くこと」や「包み覆われた何かが表へ出ること」を意味することとの関連で理解されよう。
（4）〈共〉についての思想的探求としては、たとえば、「地域」および「新しい市民社会」の観点から農村社会と都市社会の共働の姿を構想する「共（コミューン）の思想」（磯辺 二〇〇〇）や、コモンズに関する思想の内容と対象範囲を定めるべく、「ローカル・コモンズの思想」と「公共性の思想」の接続を試みる「コモンズの思想」（井上 二〇〇四）といった、参考に供すべき先駆的な研究がある。この二つの研究はともに、〈公〉〈共〉〈私〉の概念を用い、後述する「共同体」的視点と「公共圏」的視点を同時に捉えているように、少なからぬ共通点を有しつつ、それぞれ独自の思想的成果を遂げている。
（5）「疎外（Entfremdung）」の形態をとるということは、たんに自身から分離・離脱し遠ざかってよそよそしい存在となることだけを意味するわけではない。そこには、それまでとは異なるものへの変質・転成が含意され、自身に対して対立的な立場、敵対的な立場、さらには支配的な立場となることが含まれている。つまり、疎外状態になるということは、本来の目的と手段の関係が逆転するということである。〈公〉と〈私〉は、生命として目的である〈共〉に対して疎遠なものとして対立し、〈共〉を補佐する手段から、それ自体が追求される目的へと、自らの立場を転換するのである。
（6）コモンズ論における〈共〉の基本的な視座は、「地域主義研究集談会」の組織（一九七六年）や「エントロピー学会」の創設（一九八三年）に大きくかかわった代表的論者、玉野井（一九七八）、室田（一九七九）、中村（一九八〇）、多辺田（一九九〇）などの議論のなかで確認することができる。
（7）「客体‐客体関係」とは、人間と自然がたんなる客体であることを超えて、疎外された客体となっていることを指し、近代の通性としての自己の主体性さえも客体化されていることを意味する。手段から目的へと転化した〈公〉と〈私〉は、人間や自然の主体性を押しつぶす形で独り歩きする。人間‐自然関係に関していえば、近代成立期においては特殊な見方であった、主体‐客体関係に基づく機械論的・要素還元的な自然観が、資本主義の勃興と国民国家の台頭を通じて市民社会全体に普遍化していき、客体（自然）へ向けて関心をもって関係していた主体（人間）自身も客体化していく。

●引用・参考文献●

磯部俊彦（二〇〇〇）『共の思想―農業問題再考』日本経済評論社
井上真（二〇〇四）『コモンズの思想を求めて―カリマンタンの森で考える』岩波書店
梅原猛（二〇一一）「『文明災』を乗り越え慈悲の精神みなぎる国家へ」『週刊朝日』一一六（二〇）
梅原猛・島大輔（二〇一一）「INTERVIEW 梅原猛／哲学者」『週刊東洋経済』六三二一
尾関周二（二〇〇一）「環境倫理の基底と社会観―倫理学的視点とともに社会哲学的視点」尾関周二編著『エコフィロソフィーの現在―自然と人間の対立をこえて』大月書店
尾関周二（二〇〇七）『環境思想と人間学の革新』青木書店
尾関周二（二〇〇九）「差別・抑圧のない共同性へ向けて―共生型共同社会の構築と連関して」藤谷秀・尾関周二・大屋定晴編著『共生と共同、連帯の未来―21世紀に託された思想』青木書店
佐藤慶幸（二〇〇二）「ボランタリー・セクターと社会システムの変革」佐々木毅・金泰昌編『公共哲学7　中間集団が開く公共性』東京大学出版会
須藤自由児（二〇〇四）「訳者あとがき」ジョイ・A・パルマー編『環境の思想家たち』（下）みすず書房
多辺田政弘（一九九〇）『コモンズの経済学』学陽書房
玉野井芳郎（一九七八）「地域主義のために」玉野井芳郎・清成忠男・中村尚司編著『地域主義―新しい思潮への理論と実践の試み』学陽書房
中村尚司（一九八〇）『〈増補〉地域と共同体』春秋社
広井良典（二〇〇九）『コミュニティを問いなおす―つながり・都市・日本社会の未来』ちくま新書
古沢広祐（二〇〇九）「グローバリゼーションと地球温暖化―環境・経済・社会・文化からみた持続可能・共生社会」共生社会システム学会編『共生社会システム研究』（Vol. 3, No. 1）
松野弘（二〇〇九）『環境思想とは何か―環境主義からエコロジズムへ』筑摩書房
室田武（一九七九）『エネルギーとエントロピーの経済学』東洋経済新報社
藪谷あや子（二〇〇五）「コモンズ論と環境政策―資源制御から共同体制御へ」『財政と公共政策』（第27巻、第2号）。
山口定（二〇〇四）『市民社会論―歴史的遺産と新展開』有斐閣
Habermas, J.（1981）*Theorie des kommunikativen Handelns*, 1-2, Suhrkamp.（J・ハーバーマス著／河上倫逸・平井俊

彦・藤澤賢一郎・岩倉正博・丸山高司・厚東洋輔他訳（一九八七）『コミュニケイション的行為の理論』未來社）
Habermas, J. (1990) *Strukturwandel der Öffentlichkeit: Untersuchungen zu einer Kategorie der bürgerlichen Gesellschaft: mit einem Vorwort zur Neuauflage 1990*. Suhrkamp.（J・ハーバーマス著／細谷貞雄・山田正行訳（一九九四）『公共性の構造転換―市民社会の一カテゴリーについての探究』未來社）
Habermas, J. (1992) *Faktizität und Geltung: Beiträge zur Diskurstheorie des Rechts und des demokratischen Rechtsstaats*. Suhrkamp.（J・ハーバーマス著／川上倫逸・耳野健二訳（二〇〇三）『事実性と妥当性―法と民主的法治国家の討議理論にかんする研究』（上・下）、未來社）
Tönnies, F. (1887) *Gemeinschaft und Gesellschaft: Grundbegriffe der reinen Soziologie*. Fues.（F・テンニエス著／杉之原寿一訳（一九五七）『ゲマインシャフトとゲゼルシャフト―純粋社会学の基礎概念』（上・下）岩波書店。）

あとがき

「3・11以後」において、日本と世界の有り様のラディカルな見直しが大きな課題になっているが、この点で、本書が少しでも応答できるものになっていることを念じたい。「3・11以後」はラディカルな「環境哲学」の出番であるというのが、本書の重要なメッセージのひとつである。

この本は、一六年前に編者たちが発刊した『環境哲学の探求』の姉妹編ともいえるものである。したがって、この本のタイトルの『環境哲学のラディカリズム』とは、われわれによる環境哲学の探求の今日的時点でのひとつの回答といえよう。そして、そのラディカリズムの神髄は、現代の環境・エコロジー問題を引き起こした〈近代〉の文明や社会の批判を通じて〈脱近代〉を展望するという点にあるとわれわれは考えているのである。

前著の発刊以来、さまざまな研究の蓄積を踏まえて、六年前に若手研究者が主体となり、われわれベテラン研究者がそれをサポートする形で環境哲学を核にした学際的な「環境思想・教育研究会」が発足した。またそれとともに、雑誌『環境思想・教育研究』が発刊されたが、今回のこの『環境哲学のラディカリズム』は、そういった蓄積の大きな成果のひとつといえよう。この本に収められた海外の方々の論稿は相互の研究交流を基礎にして雑誌へ寄稿された論稿のいくつかに加筆修正を加えたものである（布施元さんには、実務面でさまざまなサポートを受けたことをここに記して感謝したい）。

編集者の落合絵理さんには、この本をよくするためにさまざまな努力をして頂いたことに深く感謝したい。また、最後に、厳しい出版事情のなかで出版を引き受けて頂いた学文社に敬意を表したい。

二〇一二年一〇月
編者を代表して　尾関　周二

執筆者紹介

尾関周二〔序、9章〕　**武田一博**〔序、1章〕　「編者紹介」参照

キット-ファイ・ネス（Kit-Fai Naess）〔エッセイ〕
1950年マカオ生まれ　香港大学卒業、オスロ大学大学院修士課程修了　1976年以来、アルネ・ネスの共同研究者でかつパートナー

アラン・ゲイ（GARE, Arran）〔2章〕
1948年オーストラリア・パース生まれ　スウィンバン大学教授　西オーストラリア大学卒業、Murdoch大学にて博士号取得、ボストン大学研究員　研究分野：環境哲学、現代哲学

ライノルト・オプヒュルス鹿島
（OPHÜLS-KASHIMA, Reinold）〔3章、10章〕
1959年ドイツ・ヘレネ生まれ　上智大学外国語学部教授　ベルリン自由大学で博士号取得　研究分野：ディスクール分析、日本文学、ドイツ現代文化、ドイツにおける日本のイメージ、ヨーロッパの映画、日本の映画

穴見愼一（あなみ　しんいち）〔4章〕
1967年福岡県生まれ　東京農工大学非常勤講師・立教大学兼任講師　東京農工大学大学院連合農学研究科博士課程（後期課程）農林共生社会科学専攻（人間自然共生原論）修了　博士（学術）　研究分野：環境思想、人間学

永谷敏之（ながたに　としゆき）〔5章〕
1976年鹿児島県生まれ　高崎総合医療センター附属高崎看護学校非常勤講師　東京農工大学大学院連合農学研究科博士課程（後期課程）生物生産学専攻（人間自然関係原論）単位取得満期退学　研究分野：環境思想・社会思想、人間学

東方沙由理（とうほう　さゆり）〔6章〕
1984年福井県生まれ　東京農工大学博士特別研究生　東京農工大学大学院連合農学研究科博士課程（後期課程）農林共生社会科学専攻（人間自然関係原論）修了　博士（農学）　研究分野：環境思想、環境教育、人間学

大倉　茂（おおくら　しげる）〔7章〕
1982年広島県生まれ　茨城大学非常勤講師　東京農工大学大学院連合農学研究科博士課程（後期課程）農林共生社会科学専攻（人間自然関係原論）修了　博士（学術）　研究分野：環境共生哲学、人間学

吉田健彦（よしだ　たけひこ）〔8章〕
1973年東京都生まれ　東京家政大学非常勤講師　東京農工大学大学院連合農学研究科博士課程（後期課程）農林共生社会科学専攻（人間自然関係原論）修了　博士（農学）　研究分野：環境共生哲学、人間学

布施　元（ふせ　もとい）〔11章〕
1981年東京都生まれ　東京家政大学非常勤講師・東京農工大学非常勤講師　東京農工大学大学院連合農学研究科博士課程（後期課程）農林共生社会科学専攻（人間自然関係原論）修了　博士（学術）　研究分野：環境哲学、共生思想、人間学

（執筆順）

編者紹介

尾関 周二（おぜき しゅうじ）
1947年岐阜県生まれ
京都大学大学院文学研究科博士課程哲学専攻単位取得満期退学
博士（社会学）
東京農工大学名誉教授
研究分野：哲学（環境哲学、コミュニケーション哲学）、人間学
（主要著書）
『〈農〉と共生の思想』（共編著）農林統計出版　2011年
『環境思想と人間学の革新』（単著）青木書店　2007年
『言語的コミュニケーションと労働の弁証法』（単著）大月書店　2002年

武田 一博（たけだ かずひろ）
1950年広島県生まれ
大阪大学大学院文学研究科哲学哲学史専攻後期（博士）課程単位取得退学
沖縄国際大学法学部教授
研究分野：哲学（心の哲学、環境哲学）
（主要著書）
『〈農〉と共生の思想』（共編著）農林統計出版　2011年
『環境思想キーワード』（共編著）青木書店　2005年
『市場社会から共生社会へ』（単著）青木書店　1998年

環境哲学のラディカリズム——3.11をうけとめ脱近代へ向けて

2012年10月25日　第1版第1刷発行

編者　尾関 周二
　　　武田 一博

発行者　田 中 千津子
発行所　株式会社　学 文 社
〒153-0064 東京都目黒区下目黒3-6-1
電話　03（3715）1501㈹
FAX　03（3715）2012
http://www.gakubunsha.com

印刷　シナノ印刷

ISBN 978-4-7620-2320-0